BestMasters

Mit **„BestMasters“** zeichnet Springer die besten Masterarbeiten aus, die an renommierten Hochschulen in Deutschland, Österreich und der Schweiz entstanden sind. Die mit Höchstnote ausgezeichneten Arbeiten wurden durch Gutachter zur Veröffentlichung empfohlen und behandeln aktuelle Themen aus unterschiedlichen Fachgebieten der Naturwissenschaften, Psychologie, Technik und Wirtschaftswissenschaften. Die Reihe wendet sich an Praktiker und Wissenschaftler gleichermaßen und soll insbesondere auch Nachwuchswissenschaftlern Orientierung geben.

Springer awards **“BestMasters”** to the best master’s theses which have been completed at renowned Universities in Germany, Austria, and Switzerland. The studies received highest marks and were recommended for publication by supervisors. They address current issues from various fields of research in natural sciences, psychology, technology, and economics. The series addresses practitioners as well as scientists and, in particular, offers guidance for early stage researchers.

Karin Schiffleitner

Die Umsetzung der Corporate Sustainability Reporting Directive

Eine Analyse am Beispiel ausgewählter großer niederösterreichischer Industrieunternehmen

Springer Gabler

Karin Schiffleitner
Hochschule Burgenland
Eisenstadt, Österreich

ISSN 2625-3577 ISSN 2625-3615 (electronic)
BestMasters
ISBN 978-3-658-47607-6 ISBN 978-3-658-47608-3 (eBook)
https://doi.org/10.1007/978-3-658-47608-3

Die Deutsche Nationalbibliothek verzeichnet diese Publikation in der Deutschen Nationalbibliografie; detaillierte bibliografische Daten sind im Internet über https://portal.dnb.de abrufbar.

Planung/Lektorat: Karina Kowatsch
Springer Gabler ist ein Imprint der eingetragenen Gesellschaft Springer Fachmedien Wiesbaden GmbH und ist ein Teil von Springer Nature.
Die Anschrift der Gesellschaft ist: Abraham-Lincoln-Str. 46, 65189 Wiesbaden, Germany

Vorwort

Das Thema Umwelt und Nachhaltigkeit liegt mir am Herzen, daher war es mir ein Anliegen, meine Masterarbeit in diesem Bereich zu schreiben. Meine Expertise liegt im Bereich der Qualitätskontrolle, daher war im Vorfeld eine ausführliche Literaturrecherche rund um das Thema Nachhaltigkeitsberichterstattung nötig. Je mehr ich gelesen hatte, desto sicherer war ich, ein gutes und aktuelles Masterarbeitsthema gefunden zu haben.

An dieser Stelle möchte ich mich herzlich bei allen bedanken, die mich bei meiner Arbeit unterstützt haben. Besonders möchte ich die Nachhaltigkeitsexpert*innen erwähnen, die ich interviewen durfte. Die Gespräche empfand ich als sehr angenehm und ich war begeistert, wie viel ich erfahren durfte. Ohne diese Interviews gäbe es keine Masterarbeit und ich weiß es sehr zu schätzen, dass Expert*innen, die ohnehin sehr viel zu tun haben, sich dennoch die Zeit nehmen, eine Studentin bei ihrem Vorhaben zu unterstützen.

Meinem Betreuer der Masterarbeit, Herrn Prof. Dr. Daniel Schaebs, möchte ich ebenfalls danken. Die Betreuung empfand ich als sehr gut. Die Tipps im Zuge des Erstgesprächs waren sehr wichtig und die weiteren Abstimmungen waren wertschätzend und hilfreich.

Ein ganz besonderer Dank gilt meiner Familie und im Speziellen meinem Mann. Er hat mich während meines Studiums und besonders während der Bearbeitung meiner Masterarbeit, oftmals freigespielt und hat unsere wundervollen drei Jungs bestens betreut. Auch unserer Rasselbande möchte ich danken. Meine Kinder hatten Verständnis, dass ich nicht überall dabei sein konnte und freuen sich mit mir, dass diese Masterarbeit nun fertiggestellt ist. Ich bin dankbar und stolz, das geschafft zu haben.

Karin Schiffleitner

Zusammenfassung

Mit Inkraftsetzung der CSRD-Richtlinie (EU) 2022/2464 und der verpflichtenden Anwendung der European Sustainability Reporting Standards (ESRS) hat sich der Umfang für die Nachhaltigkeitsberichterstattung und die Anzahl der Unternehmen, die von der Berichtspflicht betroffen sind, deutlich erweitert. Das stellt viele Unternehmen vor Herausforderungen. Die vorliegende Masterarbeit ist, durch die Auswirkung auf Unternehmen und deren bestehende Prozesse, die aufgrund der Vorgaben der CSRD-Richtlinie und ESRS-Verordnung hervorgerufen wurde, relevant für den Hochschullehrgang Projekt- und Prozessmanagement. Es werden im Zuge dieser Arbeit zwei Forschungsfragen beantwortet. Die erste Forschungsfrage gewährt einen Einblick, wie die Nachhaltigkeitsberichterstattung des vergangenen Geschäftsjahres durchgeführt wurde und wie viele bzw. welche Themen noch zu berücksichtigen sind, damit die Nachhaltigkeitsberichterstattung den Vorgaben der CSRD-Richtlinie entspricht. Dafür werden die Nachhaltigkeitsberichte bzw. Geschäftsberichte drei ausgewählter niederösterreichischer Industrieunternehmen analysiert. Durch eine empirische Untersuchung soll im Zuge der zweiten Forschungsfrage festgestellt werden, vor welchen Herausforderungen große niederösterreichische Industrieunternehmen stehen, in Bezug auf die Umsetzung der CSRD-Richtlinie. Für diese qualitative Untersuchung werden Nachhaltigkeitsexpert*innen, unter Zuhilfenahme eines Interviewleitfadens, befragt. Im Anschluss an die Interviews werden die Transkriptionen mittels strukturierender qualitativer Inhaltsanalyse nach Mayring ausgewertet. Die Ergebnisse zeigen, dass die analysierten Industrieunternehmen gut auf die Nachhaltigkeitsberichterstattung vorbereitet sind, allerdings müssen Daten der vor- und nachgelagerten Wertschöpfungskette ergänzt werden. Das wird auch durch die

Befragungen bestätigt. Die Datensammlung der vor- und nachgelagerten Wertschöpfungskette stellt Unternehmen vor Herausforderungen. Eine weitere große Herausforderung ist dem Interpretationsspielraum zuzuordnen, wodurch es schon zu personeller Ressourcenverschwendung kam.

Schlüsselwörter Corporate Sustainability Reporting Directive (CSRD) · European Sustainability Reporting Standards (ESRS) · Nachhaltigkeitsberichterstattung · Nichtfinanzielle Erklärung · Doppelte Wesentlichkeit · Due Diligence.

Übersicht über verwendete Softwaretools

Die Auflistung verwendeter Hilfsmittel ist Tabelle 1.1 zu entnehmen.

Tabelle 1.1 Verwendete Softwaretools

Bezeichnung	Verwendungsdetails	Quelle
Microsoft Office Tool – Word	Verfassen der Masterarbeit	Installierte Microsoft Office Tools
Microsoft Office Tool – Excel	Bearbeiten der Exportdatei von MAXQDA (Tabelle 9.6 Definitionen und Ankerbeispiele, ist im Anhang im elektronischen Zusatzmaterial einsehbar)	Installierte Microsoft Office Tools
Microsoft Office Tool – PowerPoint	Erstellung von Abbildungen	Installierte Microsoft Office Tools
Paint	Zusammenfügen und bessere Darstellung der MAXQDA Screenshots des Kategoriensystems (Anhang 9.7.1 ist im elektronischen Zusatzmaterial einsehbar)	Microsoft Corporation Paint 3D
MAXQDA (Account)	Transkription der Interviews	https://teamcloud.maxqda.de/login/
MAXQDA Analytics Pro (24.3.0)	Kodierung und Auswertung der Transkriptionen	Anschaffung einer Studierenden-Lizenz für 6 Monate unter: https://www.maxqda.com/de/lizenzen

(Quelle: eigene Darstellung, 2024)

Inhaltsverzeichnis

1 Einleitung ... 1

1.1 Problemstellung ... 2

1.2 Forschungsfragen und Hypothesen ... 4

1.3 Methoden ... 6

1.3.1 Theoretischer Teil: Deduktive Literaturrecherche ... 7

1.3.2 Empirischer Teil: Qualitative Analyse mittels Expert*inneninterviews ... 8

1.4 Aufbau der Arbeit ... 8

2 Vorstellung der niederösterreichischen Industrielandschaft ... 11

2.1 Sparten der niederösterreichischen Industrie ... 11

2.2 Aufteilung der Unternehmen inkl. Vorstellung der größten niederösterreichischen Industrieunternehmen ... 14

3 Theorieteil ... 21

3.1 Definitionen ... 22

3.2 Historie bis zur Entstehung der CSRD-Richtlinie ... 24

3.3 Vorstellung wichtiger Gesetzestexte, Rahmenwerke und Standards ... 26

3.3.1 Gesetzestexte ... 27

3.3.1.1 Richtlinie 2014/95/EU (CSR-Richtlinie bzw. NFRD) ... 27

3.3.1.2 Richtlinie (EU) 2022/2464 (Corporate Sustainability Reporting Directive -CSRD) ... 28

3.3.1.3 Verordnung (EU) 2020/852 (EU-Taxonomie Verordnung) 30
3.3.1.4 EU-Lieferkettenrichtlinie (CSDDD) 32
3.3.2 Rahmenwerke 33
3.3.3 Standards 35
3.3.3.1 European Sustainability Reporting Standards (ESRS) 36
3.3.3.2 GRI Standards 42
3.3.3.3 International Sustainability Standards Board (ISSB) / IFRS Sustainability Disclosure Standards 43
3.3.3.4 SASB-Standards 46
3.3.3.5 Sustainable Development Goals (SDG) 48
3.4 Anforderungen und Berichtspflichten gemäß CSRD-Richtlinie 51
3.4.1 Ziel der CSRD-Richtlinie 51
3.4.2 Berichtsanforderungen gemäß CSRD-Richtlinie im Überblick 51
3.4.3 Wesentlichkeitsanalyse entlang der Wertschöpfungskette 55
3.4.4 Due Diligence (Sorgfaltspflicht) 59
3.4.5 Angabepflicht zu den Unternehmensorganen 59
3.4.6 Externe Prüfungspflicht 60
3.4.7 Offenlegung des Nachhaltigkeitsberichts und Strafen bei Unterlassung 61
3.4.8 Mögliche Schritte zur Implementierung der CSRD Berichterstattung 61
3.4.9 Verminderte Angabepflichten während Übergangsregelungen 63
3.5 Analyse der Geschäftsberichte ausgewählter großer niederösterreichischer Industrieunternehmen 66
3.5.1 EVN 67
3.5.2 Voestalpine 68
3.5.3 AGRANA 69
3.5.4 Gegenüberstellung der Nachhaltigkeitsberichte mit Anforderungen der CSRD / ESRS 71
3.6 Interpretation und Zwischenfazit 75
3.6.1 Interpretation Ganzheitsbericht 2022/23 – EVN 75

3.6.2 Interpretation Corporate Responsibility Report 2022/23 – voestalpine ... 76
3.6.3 Interpretation integrierter Geschäftsbericht 2023/24 – AGRANA ... 77
3.6.4 Zwischenfazit inkl. Beantwortung der ersten Forschungsfrage ... 77
3.6.4.1 Beantwortung der ersten Forschungsfrage ... 79
3.6.4.2 Gütekriterium ... 80

4 Empirischer Teil: Qualitative Analyse ... 81
4.1 Forschungsdesign: Qualitative Inhaltsanalyse ... 82
4.2 Aufbau der qualitativen Interviews ... 84
4.3 Probandinnen- und Probandenakquise ... 85
4.4 Pretest des Interviewleitfadens ... 86
4.5 Durchführung der qualitativen Interviews ... 88
4.6 Transkription ... 91
4.7 Auswertung nach der strukturierenden qualitativen Inhaltsanalyse ... 93
4.7.1 Methodik und Vorgehen ... 93
4.7.2 Datenaufbereitung ... 94
4.7.3 Datenauswertung ... 98
4.7.3.1 Stakeholder*innen und Shareholder*innen ... 99
4.7.3.2 Standards ... 105
4.7.3.3 Probleme ... 109
4.7.3.4 Herausforderungen ... 111
4.7.3.5 Umgesetzte Maßnahmen ... 117
4.7.3.6 Aufwand ... 121
4.7.3.7 Kostentreiber ... 123
4.7.3.8 Verbesserungsvorschläge ... 125
4.8 Interpretation der Ergebnisse ... 132
4.8.1 Interpretation Stakeholder*innen und Shareholder*innen ... 134
4.8.2 Interpretation Standards ... 136
4.8.3 Interpretation Probleme ... 137
4.8.4 Interpretation Herausforderungen ... 138
4.8.5 Interpretation umgesetzte Maßnahmen ... 140
4.8.6 Interpretation Aufwand ... 142

4.8.7 Interpretation Kostentreiber 143
4.8.8 Interpretation Verbesserungsvorschläge 144
4.8.9 Gruppenvergleich 146
4.8.9.1 Gruppenvergleich Herausforderungen 146
4.8.9.2 Gruppenvergleich umgesetzte Maßnahmen 148
4.8.9.3 Gruppenvergleich Kostentreiber 149
4.8.9.4 Gruppenvergleich Verbesserungsvorschläge 150
4.8.9.5 Kritik zur durchgeführten strukturierenden qualitativen Inhaltsanalyse 151
4.9 Reflektion der Gütekriterien qualitativer Forschung 152
4.9.1 Intercoder- bzw. Intracoderübereinstimmung (Reliabilität) 152
4.9.2 Validität 153
4.9.3 Objektivität 153
4.9.4 Intersubjektive Nachvollziehbarkeit (Verfahrensdokumentation) 154
4.9.5 Regelgeleitetheit 155
4.9.6 Argumentative Interpretationsabsicherung 156
4.9.7 Nähe zum Untersuchungsgegenstand 156
4.9.8 Kommunikative Validierung 157
4.9.9 Triangulation 157
4.9.10 Validierung der Interviewsituation 158
4.9.11 Indikation des Forschungsprozesses 158
4.9.12 Abschließende kritische Betrachtung 159
4.10 Vergleich der eigenen Befunde mit den Ergebnissen vergleichbarer früherer Studien 159
4.10.1 Studie von Aras Software GmbH Deutschland 2023 159
4.10.2 Studie der University of Cambridge 2022 162
4.10.3 EU Studie: Study on the Non-Financial Reporting Directive 2020 163
4.10.4 Studie der Task Force 2020; Umfrage von 2018 165

5 Fazit und Ausblick ... 169
5.1 Beantwortung der Forschungsfragen ... 172
5.2 Festlegung von Maßnahmen für die Nachhaltigkeitsberichterstattung gem. CSRD-Richtlinie ... 174
5.3 Handlungsempfehlungen ... 176
5.4 Ableitung von Hypothesen für künftige Forschung ... 180

6 Sustainable Development Goals (SDGs) ... 183

7 Glossar ... 191

Literaturverzeichnis ... 197

Abkürzungsverzeichnis

BKA	Bundeskanzleramt der Republik Österreich
BMEIA	Bundesministerium Europäische und internationale Angelegenheiten
ca.	circa
CDSB	Climate Disclosure Standards Board
CO_2	Kohlenstoffdioxid
CSDDD	Corporate Sustainability Due Diligence Directive
CSR	Corporate Social Responsibility
CSRD	Corporate Sustainability Reporting Directive
CSRD-Richtlinie	Richtlinie (EU) 2022/2464 Corporate Sustainability Reporting Directive
EFRAG	European Financial Reporting Advisory Group
ESAP	European Single Access Point
ESG	Environment, Social and Governance
ESMA	European Securities and Markets Authority
ESRS	European Sustainability Reporting Standard
ESRS-Verordnung	Delegierten Verordnung (EU) 2023/2772 European Sustainability Reporting Standard
EU	Europäische Union
EWR	Europäischer Wirtschafts-Raum
FF	Forschungsfrage
GAR	Green Asset Ratio
GLESI	Guidelines on Enforcement of Sustainability Information
GRI	Global Reporting Initiative

IAASB	International Auditing und Assurance Standards Board
IFRS	International Financial Reporting Standard (Internationaler Rechnungslegungsstandard)
IFRS SDS	International Financial Reporting Standard – Sustainability Disclosure Standards
IIRC	International Integrated Reporting Council
ISSB	International Sustainability Standards Board
KPI	Key Performance Indicator
LSME	ESRS for listed small- and medium-sized enterprises
NaDiVeG	Nachhaltigkeits- und Diversitätsverbesserungsgesetz
NFRD	Non-Financial Reporting Directive
NGOs	Non-Governmental Organizations / Nichtregierungsorganisationen
OECD	Organisation for Economic Co-operation and Development (Organisation für wirtschaftliche Zusammenarbeit und Entwicklung)
SASB	Sustainability Accounting Standards Board
SDG	Sustainable Development Goals
TCFD	Task Force on Climate-related Financial Disclosure
THG-Emissionen	Treibhausgasemissionen
UNGC	United Nations Global Compact
UNGP	United Nation Guiding Principles
VBA	Value Balancing Alliance
VO	Verordnung
VRF	Value Reporting Foundation
VSME	Voluntary ESRS for non-listed small- and medium-sized enterprises
WKO-NÖ	Wirtschaftskammer Niederösterreich
WKO-OÖ	Wirtschaftskammer Oberösterreich
z. B.	zum Beispiel

Abbildungsverzeichnis

Abbildung 1.1	Aufbau der Masterarbeit	9
Abbildung 2.1	Aufteilung der Sparten	14
Abbildung 3.1	Anspruchsniveau und Umfang der Standards	37
Abbildung 3.2	Aufbau der ESRS gem. ESRS-Verordnung	38
Abbildung 3.3	Überblick GRI Standards	42
Abbildung 3.4	Aufbau und Berichtspflichten IFRS SDS	44
Abbildung 3.5	Darstellung der doppelten Wesentlichkeit	56
Abbildung 3.6	Weg von der Wesentlichkeitsanalyse zum Inhalt der Nachhaltigkeitsberichterstattung	58
Abbildung 3.7	Projektschritte zur Implementierung der CSRD-Berichterstattung	62
Abbildung 4.1	Gruppen der Interviewpartner*innen	92
Abbildung 4.2	Prozess strukturierende qualitative Inhaltsanalyse	94
Abbildung 4.3	Kategorien der ersten und zweiten Ebene (erster Teil)	96
Abbildung 4.4	Kategorien der ersten und zweiten Ebene (zweiter Teil)	97
Abbildung 4.5	Anzahl Äußerungen der Befragten zu Stakeholder*innen / Shareholder*innen	100
Abbildung 4.6	Anzahl Äußerungen der Befragten zu Unterteilung Stakeholder*innen	101
Abbildung 4.7	Anzahl Äußerungen der Befragten zu Stakeholder*innen-Austausch	103
Abbildung 4.8	Anzahl Äußerungen der Befragten zu ESRS	105

Abbildung 4.9	Anzahl Äußerungen der Befragten zu internationalen Standards	108
Abbildung 4.10	Anzahl Äußerungen der Befragten zu Problemen	110
Abbildung 4.11	Anzahl Äußerungen der Befragten zu Herausforderungen	111
Abbildung 4.12	Anzahl Äußerungen der Befragten zu organisatorischen Herausforderungen	112
Abbildung 4.13	Anzahl Äußerungen der Befragten zu Herausforderungen in der Umsetzung	113
Abbildung 4.14	Anzahl Äußerungen der Befragten zu umgesetzte Maßnahmen	118
Abbildung 4.15	Anzahl Äußerungen der Befragten zum Aufwand	122
Abbildung 4.16	Anzahl Äußerungen der Befragten zu Kostentreiber	124
Abbildung 4.17	Anzahl Äußerungen der Befragten zu Verbesserungsvorschläge	126
Abbildung 4.18	Darstellung Wortwolke	133
Abbildung 4.19	Quantitativer Gruppenvergleich – Hauptkategorie Herausforderungen	147
Abbildung 4.20	Quantitativer Gruppenvergleich – Hauptkategorie umgesetzte Maßnahmen	148
Abbildung 4.21	Quantitativer Gruppenvergleich – Hauptkategorie Kostentreiber	149
Abbildung 4.22	Quantitativer Gruppenvergleich – Hauptkategorie Verbesserungsvorschläge	150
Abbildung 4.23	Ausschnitt der Zusammenhangsanalyse	151
Abbildung 4.24	Darstellung der Zufriedenheit von Unternehmen bezogen auf die Produktdatenqualität	160
Abbildung 4.25	Darstellung der Zugänglichkeit der gespeicherten Produktdaten	161
Abbildung 4.26	Darstellung der Auswirkungen auf befragte Unternehmen	164
Abbildung 7.1	Chancenreiche Schnittmenge – nachhaltige Entwicklung	193

Tabellenverzeichnis

Tabelle 2.1 Anzahl der Unternehmen der niederösterreichischen Industrie je Branche ... 13
Tabelle 2.2 Große Industrieunternehmen je Anzahl an Mitarbeiter*innen >1000 bzw. 501–1000 ... 15
Tabelle 2.3 Große Industrieunternehmen je Mitarbeiter*innen Anzahl 250–500 ... 16
Tabelle 2.4 Top 30 umsatzstärkste niederösterreichische Industrieunternehmen ... 18
Tabelle 3.1 Stufenweise Umsetzung CSRD-Richtlinie abhängig von der Unternehmensgröße ... 29
Tabelle 3.2 Umweltziele gem. EU-Taxonomie Verordnung ... 31
Tabelle 3.3 Auflistung wichtiger Kapitel und Anhänge der ESRS-Verordnung ... 40
Tabelle 3.4 Auflistung Sektoren und zugehörige Branchen der SASB Standards ... 46
Tabelle 3.5 Berichtspflichten Nachhaltigkeitsberichterstattung gemäß CSRD-Richtlinie ... 52
Tabelle 3.6 Schrittweise Angabepflichten, Übergangsbestimmungen für alle Unternehmen ... 64
Tabelle 3.7 Schrittweise Angabepflichten, Übergangsbestimmungen für Unternehmen mit einer max. durchschnittlichen Beschäftigtenanzahl von 750 ... 65
Tabelle 3.8 Analyse der Geschäftsberichte ... 71

Tabelle 4.1 Übersicht der Interviewpartner*innen 88
Tabelle 4.2 Zuordnung Textsegmente zu Hauptkategorie 134
Tabelle 5.1 Erforderliche Ergänzungen für Nachhaltigkeitsberichterstattung 175
Tabelle 5.2 Handlungsempfehlungen für große Unternehmen 177
Tabelle 5.3 Handlungsempfehlungen für EU / EFRAG 179
Tabelle 6.1 Auswahl der durch die Masterarbeit betroffenen SDGs 184

Einleitung

1

Das öffentliche Interesse an Nachhaltigkeitsthemen inklusive Nachhaltigkeitsberichterstattung nimmt stetig zu. Eine Ursache darin ist auf die spürbar gewordenen Klimaveränderungen zurückzuführen, welche zu einem Umdenken in der Gesellschaft geführt haben. Unternehmen müssen ihren Beitrag leisten, um die vereinbarten Klimaziele (z. B. EU Green Deal und Pariser Übereinkommen zur Begrenzung der Erderwärmung auf 1,5 °C) zu erreichen und weiters ihr Unternehmen langfristig widerstandsfähig auszurichten. Entsprechende Regularien wurden festgelegt um Unternehmen in die Pflicht zu nehmen ihre Chancen, Risiken sowie Auswirkungen und Investments anzugeben. Eines der Ziele dieser Regularien ist, Unternehmen dazu zu bringen, ihre Investitionen für die Umsetzung nachhaltiger Wirtschaftsleistungen einzusetzen, welches durch die Verordnung (EU) 2019/2088 Sustainable Finance Disclosure Regulation (SFDR) erreicht werden soll (vgl. Lanfermann 2022, S. 5). Mit dieser Verordnung (EU) 2019/2088 wurde eine nachhaltigkeitsbezogene Offenlegungspflicht für Investitionen im Finanzdienstleistungssektor festgelegt, wodurch Finanzmarktteilnehmer*innen (darunter fallen unter anderem Banken, Versicherungsunternehmen und Finanzberater*innen) verpflichtet werden, ihre Endanleger*innen auf nachhaltigkeitsbezogene Risiken der Unternehmen aufmerksam zu machen (vgl. (EU) 2019/2088, S. L317/1–7). Dadurch steigt im Gegenzug der Druck auf

Ergänzende Information Die elektronische Version dieses Kapitels enthält Zusatzmaterial, auf das über folgenden Link zugegriffen werden kann https://doi.org/10.1007/978-3-658-47608-3_1.

K. Schiffleitner, *Die Umsetzung der Corporate Sustainability Reporting Directive*, BestMasters, https://doi.org/10.1007/978-3-658-47608-3_1

Unternehmen ihre Wirtschaftstätigkeit unter Berücksichtigung von Nachhaltigkeitsaspekten auszuüben und diese entsprechend transparent offenzulegen, da die offenzulegende Nachhaltigkeitsberichterstattung ausschlaggebenden sein kann, ob Banken dem Unternehmen Kredite gewähren bzw. Investorinnen und Investoren sich positiv für eine Investition entscheiden.

Die EU-Richtlinie (EU) 2022/2464 des europäischen Parlaments und des Rates betreffend der Änderungen der Nachhaltigkeitsberichterstattung von Unternehmen (Corporate Sustainability Reporting Directive / CSRD) regelt die Nachhaltigkeitsberichterstattung von Unternehmen. Diese ist für große kapitalmarktorientierte Unternehmen ab dem Geschäftsjahr 01.Jan.2024 verpflichtend anzuwenden (vgl. (EU) 2022/2464, S. L322/15). Im Zuge dieser Masterarbeit wird die EU-Richtlinie (EU) 2022/2464 zwecks leichterer Lesbarkeit als CSRD-Richtlinie bezeichnet.

Erwähnenswert ist, dass viele Unternehmen aufgrund ihrer Lieferkette zu berichtspflichtigen Unternehmen, indirekt von der Nachhaltigkeitsberichterstattung betroffen sein werden, da diese vermehrt nichtfinanzielle Informationen nachfragen werden (vgl. Borcherding 2022, S. 226–227). Die Ursache ist in dem gemäß CSRD-Richtlinie geforderten Due Diligence Prozess, worunter die Sorgfaltspflicht eines Unternehmens verstanden wird, zu finden. Die Basis dafür wird durch die EU-Lieferkettenrichtlinie [Corporate Sustainability Due Diligence Directive (CSDDD)] gelegt, auf die sich die EU-Mitgliedsstaaten Mitte März 2024 einigen konnten (vgl. Das europäische Lieferkettengesetz 2024, o. S.).

1.1 Problemstellung

Mit der im Jahr 2021 veröffentlichten CSRD-Richtlinie (EU-Richtlinie (EU) 2022/2464) änderten sich der Umfang und der Anwendungsbereich der Nachhaltigkeitsberichterstattung deutlich (vgl. Lanfermann 2022, S. 5). Aufgrund der Ausweitung des Anwendungsbereichs werden innerhalb der EU von bisher ca. 12.000 betroffenen Unternehmen durch Inkraftsetzung der CSRD-Richtlinie ca. 50.000 Unternehmen in der EU direkt verpflichtet sein, Bericht zu Nachhaltigkeitsthemen zu erstatten. Ausgenommen von der Berichtspflicht sind nicht kapitalistisch orientierte Personenhandelsgesellschaften (vgl. Borcherding 2022, S. 226). Durch die Vorgaben der CSRD-Richtlinie soll die Nachhaltigkeitsberichterstattung verbessert werden und für mehr Transparenz sorgen, um zwei Nutzergruppen (Anleger*innen inkl. Vermögensverwalter*innen und NGOs /

Sozialpartner*innen) zu unterstützen. Weiters sollen „Greenwashing“ und Doppelzählungen verhindert werden (vgl. (EU) 2022/2464, S. L322/19). Die Umsetzung der CSRD-Richtlinie zur Nachhaltigkeitsberichterstattung ist, abhängig von der Unternehmensgröße (definiert in EU-Richtlinie 2013/34/EU), in drei Stufen geplant (vgl. (EU) 2022/2464, S. L322/77). Eine genauere Beschreibung ist Abschnitt 3.3.1.2 (Tabelle 3.1) dieser Masterarbeit zu entnehmen.

Um für Transparenz und Vergleichbarkeit zu sorgen, wurden die European Sustainability Reporting Standards (ESRS) von der Europäischen Kommission zur Verfügung gestellt, welche ab 01.Jan.2024 verpflichtet anzuwenden sind. Geregelt werden diese Standards über die Verordnung (EU) 2023/2772 (vgl. (EU) 2023/2772, S. 2/284).

Es ist davon auszugehen, dass viele Unternehmen vor großen Herausforderungen stehen, die Nachhaltigkeitsberichterstattung gemäß CSRD-Richtlinie umzusetzen, da die Berichterstattung umfangreicher ist als bisher und weitaus mehr Unternehmen verpflichtet sind Bericht zu erstatten. Auch die Vorgabe die gesamte Wertschöpfungskette zu berücksichtigen, wodurch Auswirkungen aufgrund der Tätigkeiten ihrer Lieferant*innen bis zu den Endverbraucher*innen ebenfalls bewertet werden müssen, wird vermutlich nicht leicht umsetzbar sein. Die Forderung nach der Durchführung einer doppelten Wesentlichkeitsanalyse, welche die Basis für die Identifizierung wesentlicher Nachhaltigkeitsaspekte darstellt, wird Unternehmen ebenfalls vor große Herausforderungen stellen. Des Weiteren sind die zur Verfügung gestellten European Sustainability Reporting Standards (ESRS) sehr umfangreich und es gilt sich mit diesen Standards frühzeitig auseinanderzusetzen.

Ziel dieser Masterarbeit ist es zu analysieren, wie gut niederösterreichische Industrieunternehmen auf die Umsetzung der CSRD-Richtlinie vorbereitet sind und weiters, vor welchen Herausforderungen sie noch stehen. Nachdem sich diese Masterarbeit in erster Linie auf große Unternehmen bezieht, wird als Zielgruppe das obere Management angesehen. Das Fix-Ziel dieser Masterarbeit stellt die Erarbeitung von Handlungsempfehlungen für das obere Management großer niederösterreichischer Industrieunternehmen dar. Nachdem die CSRD-Richtlinie EU-weit Gültigkeit besitzt, sollen diese Handlungsempfehlungen auch auf strukturell vergleichbare große Unternehmen anderer Regionen (z. B. gesamt Österreich bzw. Deutschland) anwendbar sein. Als Nicht-Ziel dieser Masterarbeit kann die Befragung kleiner niederösterreichischer Unternehmen genannt werden.

Die Masterarbeit soll einen Überblick über wichtige verfügbare Regularien und Standards sowie Rahmenwerke geben, da dies Einblick in die Weite und

Komplexität des Themas Nachhaltigkeitsberichterstattung gibt. Die im Zuge dieser Masterarbeit durchzuführende wissenschaftliche Untersuchung bezieht sich allerdings auf die Umsetzung der CSRD-Richtlinie.

1.2 Forschungsfragen und Hypothesen

Die Masterarbeit „Die Umsetzung der Corporate Sustainability Reporting Directive Richtlinie am Beispiel ausgewählter großer niederösterreichischer Industrieunternehmen" dient der Beantwortung der nachstehenden zwei Forschungsfragen (FF):

- FF 1: Inwiefern müssen Geschäftsberichte des vergangenen Geschäftsjahres am Beispiel ausgewählter großer Industrieunternehmen um Nachhaltigkeitsaspekte erweitert werden, um den Vorgaben der CSRD-Richtlinie zu entsprechen?
- FF 2: Welche Probleme bzw. Herausforderungen werden im Zuge der geplanten Umsetzung der CSRD-Richtlinie identifiziert?

Die erste Forschungsfrage gewährt einen Einblick, wie die Nachhaltigkeitsberichterstattung großer niederösterreichischer Industrieunternehmen bisher erfolgte. Sie soll Aufschluss darüber geben, inwiefern hier Anpassungen vorzunehmen sind, um der Nachhaltigkeitsberichterstattung gemäß CSRD-Richtlinie zu entsprechen.

Die Identifizierung von Problemen bzw. Herausforderungen, welche auf die Änderungen der Nachhaltigkeitsberichterstattung durch Inkraftsetzung der CSRD-Richtlinie zurückzuführen sind, werden aus Sicht diverser Nachhaltigkeitsexpertinnen und Nachhaltigkeitsexperten durch die Beantwortung der zweiten Forschungsfrage beleuchtet. Auch bereits umgesetzte Maßnahmen bzw. noch umzusetzende Maßnahmen sollen erhoben werden.

Die zugrundliegenden Hypothesen für die zwei Forschungsfragen werden wie folgt beschrieben:

Hypothese Forschungsfrage 1:
Die Nachhaltigkeitsthemen, die in den bisherigen Geschäftsberichten dokumentiert sind, sind nicht ausreichend, um den Vorgaben der CSRD-Richtlinie zu entsprechen.

Begründung Hypothese Forschungsfrage 1:
Wie auch der Problemstellung zu entnehmen ist, sind die Vorgaben der Nachhaltigkeitsberichterstattung gem. CSRD-Richtlinie umfangreicher, als bisher durch die CSR-Richtlinie 2014/95/EU gefordert. Auswirkungen entlang der gesamten Wertschöpfungskette sind zu bewerten, wodurch Daten von Lieferant*innen in die Nachhaltigkeitsberichterstattung aufzunehmen sind und der gesamte Prozess bis zum Endverbraucher / zur Endverbraucherin zu betrachten ist. Nachhaltigkeitsaspekte sind durch die Betrachtung der doppelten Wesentlichkeit, welche einen Dialog mit den wesentlichen Stakeholder*innen miteinschließt, zu identifizieren und zu bewerten. Weiters waren bisher keine Standards für die Bewertung der Nachhaltigkeitsaspekte verpflichtend anzuwenden. Beispiele zeigen, dass sich große Unternehmen zum Teil auf GRI-Standards bzw. Sustainable Development Goals (SDG) bezogen haben, um für Transparenz zu sorgen. Mit Inkrafttreten der CSRD-Richtlinie müssen die European Sustainability Reporting Standard (ESRS) eingehalten werden. Abschließend ist auf die Prüfung durch eine*n akkreditierte*n Prüfer*in bzw. Zertifizierer*in, welche verpflichtend mit Inkraftsetzung der CSRD-Richtlinie durchzuführen ist und der Vorgabe, dass die Nachhaltigkeitsberichterstattung Teil des Lageberichts des Geschäftsberichts sein muss, hinzuweisen. All diese Kriterien deuten darauf hin, dass die bisher durchgeführte Nachhaltigkeitsberichterstattung nicht alle gemäß CSRD-Richtlinie geforderten Punkte abdeckt.

Erste Hypothese Forschungsfrage 2:
Die Hauptproblematik zur Umsetzung der CSRD-Richtlinie wird in der Durchführung der Wesentlichkeitsanalyse (doppelte Wesentlichkeit) gesehen.

Begründung erste Hypothese Forschungsfrage 2:
Für die Durchführung der Wesentlichkeitsanalyse ist die outside-in und inside-out Betrachtung erforderlich. Das hat zur Folge, dass Unternehmen in Dialog mit den relevanten Stakeholder*innen gehen müssen, um die wesentlichen Nachhaltigkeitsaspekte identifizieren und bewerten zu können. Dafür muss ein entsprechender Prozess im Unternehmen etabliert werden, der diesen, am besten regelmäßigen Austausch, ermöglicht. Aus heutiger Sicht ist es fraglich, dass dieser Prozess bereits etabliert wurde.

Zweite Hypothese Forschungsfrage 2:
Eine weitere Herausforderung zur Umsetzung der CSRD-Richtlinie wird in der Datenerhebung (interne Daten als auch Daten von Lieferant*innen) gesehen.

Begründung zweite Hypothese Forschungsfrage 2:
Es besteht die Annahme, dass viele interne Daten manuell zu erfassen sind und vielen Mitarbeitern und Mitarbeiterinnen das Thema Nachhaltigkeit in Bezug auf den Geschäftsprozesses nicht ausreichend bewusst ist. Für eine gute Bewertung der Auswirkungen, Risiken und Chancen sowie zum Festlegen geeigneter Maßnahmen ist die Datenqualität entscheidend. Die Datenerhebung sollte, zumindest für die wichtigsten Kennzahlen, so gut wie möglich automatisiert und tagesaktuell abrufbar sein.

Bezogen auf externe Daten (z. B. von Lieferant*innen) wird angenommen, dass, sofern es sich um kleinere Unternehmen handelt, bisher noch keine Nachhaltigkeitsberichterstattung durchgeführt wurde und es diesen Unternehmen schwerer fallen wird, auf Anfrage von großen Unternehmen, die erforderlichen nachhaltigkeitsbezogenen Informationen rasch und ohne hohem zusätzlichem Aufwand, übermitteln zu können.

Dritte Hypothese Forschungsfrage 2:
Der Aufwand zur Durchführung der Nachhaltigkeitsberichterstellung ist hoch und es fehlen teilweise branchenübliche Kennzahlen bzw. Standards.

Begründung dritte Hypothese Forschungsfrage 2:
Wie auch bereits angemerkt, hat sich der Umfang der Nachhaltigkeitsberichterstattung deutlich erweitert. Bisher gab es keine Vorgaben zum verpflichteten Einsatz von Standards für die Nachhaltigkeitsberichterstattung. Wie Beispiele zeigen, haben sich große Unternehmen teilweise an GRI-Standards orientiert, die bisher für ca. 40 Branchen Standards bereitstellen. Diese Standards sollen Unternehmen bei der Entscheidung helfen, über welche wesentlichen Themen Bericht zu erstatten ist. Die Annahme, dass teilweise branchenübliche Standards bzw. Kennzahlen fehlen, resultiert daher, dass die bisher entwickelten Standards für 40 Branchen nicht alle Branchen abdecken, die gem. CSRD-Richtlinie Bericht erstatten müssen. Weiters liegen die sektorspezifischen ESRS noch nicht vor und lt. Glöckner wurde die Frist zur Bereitstellung dieser Standards von Juni 2024 auf Juni 2026 verschoben (vgl. Glöckner 2024, S. 33).

1.3 Methoden

Für die Beantwortung der Forschungsfragen wird ein Methodenmix eingesetzt. Er besteht aus einem Theorieteil sowie einem qualitativ-empirischen Teil. Im Theorieteil findet eine umfangreiche Literaturrecherche inkl. qualitativer Analyse der

Geschäftsberichte statt und dient der Beantwortung der ersten Forschungsfrage. Für die qualitativ-empirische Analyse werden Leitfadeninterviews mit Experten und Expertinnen durchgeführt, um die zweite Forschungsfrage zu beantworten. Die durch diese Methoden erlangten Erkenntnisse werden zusammengetragen, um daraus Handlungsempfehlungen abzuleiten. Dieser Methodenmix ist geeignet für die Beantwortung der Forschungsfragen, da durch die Betrachtung der Anforderungen der Berichterstattung gemäß CSRD-Richtlinie und der Ermittlung der, mit der Umsetzung der CSRD-Richtlinie verbundenen Herausforderungen und Problemen, eine umfassende Analyse ermöglicht wird. Eine genauere Betrachtung der Methoden erfolgt in den nachfolgenden Unterkapiteln.

1.3.1 Theoretischer Teil: Deduktive Literaturrecherche

Eine umfassende deduktive Literaturrecherche liefert einen Überblick bezüglich der Entwicklung und Vorgaben der Nachhaltigkeitsberichterstattung und ermöglicht, durch die Analyse von Geschäftsberichten ausgewählter niederösterreichischer Industrieunternehmen, einen Einblick der noch fehlenden offenzulegenden Nachhaltigkeitsinformationen, um den Anforderungen der CSRD-Richtlinie zu entsprechen. Die methodische Vorgehensweise der Literaturrecherche kann anhand dieser Auflistung nachvollzogen werden:

- Literaturrecherche von Gesetzestexten, Fachbüchern, wissenschaftlichen Zeitschriften sowie Geschäfts- und Nachhaltigkeitsberichten.
- Teilnahme an einer Webinar-Serie zum Thema Nachhaltigkeitsberichterstattung, die durch die Wirtschaftskammer Oberösterreich veranstaltet wurde.
- Internetrecherche zur Industrielandschaft Niederösterreich.
- Aufschlüsselung der Vorgaben der Berichterstattung gem. CSRD-Richtlinie und Analyse ausgewählter Geschäftsberichte, um mögliche Unterschiede festzustellen.
- Zusammenfassen der erlangten Erkenntnisse.
- Herausarbeiten von Maßnahmen für die spezifische Zielgruppe (oberes Management großer Industrieunternehmen).

Gütekriterium: Die für die Analyse der Geschäftsberichte eingesetzte Literatur, sowie die Literatur für die Entwicklung der Nachhaltigkeitsberichterstattung, soll aus Primärquellen stammen. Die Reflektion des Gütekriteriums für die Literaturrecherche und Analyse der Geschäftsberichte erfolgt im Theorieteil (Kapitel 3) dieser Masterarbeit.

1.3.2 Empirischer Teil: Qualitative Analyse mittels Expert*inneninterviews

Als Methode der qualitativen Erhebung wird ein Leitfadeninterview, mit dessen Hilfe Nachhaltigkeitsexpertinnen und Nachhaltigkeitsexperten befragt werden, gewählt. Dabei handelt es sich um eine induktive Vorgehensweise (vgl. Berger-Grabner 2022, S. 127). Als Auswerteinstrument dient die strukturierende qualitative Inhaltsanalyse nach Mayring. Es handelt sich dabei um ein deduktives-induktives Verfahren (vgl. Mayring 2022, S. 85). Eine genauere Beschreibung der Methode erfolgt in Abschnitt 4.7.1.

Die Auswahl der Methode ist zielführend für die im Zuge dieser Masterarbeit geplante Studie. Die Befragung von Nachhaltigkeitsexpert*innen, die in großen Industrieunternehmen tätig sind, stellt die Zielgruppe dar. Große Unternehmen sind mit beginnendem Geschäftsjahr 2024 dazu verpflichtet gem. CSRD-Richtlinie Bericht zu erstatten. Diese Unternehmen stehen aktuell vor der Herausforderung der Umsetzung und können den besten Input liefern. Um einen möglicherweise anderen Blickwinkel zuzulassen, werden auch Nachhaltigkeitsexpert*innen, die mit großen Unternehmen zusammenarbeiten und eine Person, die im Forschungsbereich für Nachhaltigkeit tätig ist, befragt. Aufgrund der Befragung dieser Expert*innen kann auch auf andere Industrieunternehmen geschlossen werden, d. h. eine Verallgemeinerung ist möglich.

Gütekriterien: In der Literatur sind einige Gütekriterien für die Beurteilung qualitativer Forschung zu finden. Mayring nennt in seinem Buch „Einführung in die qualitative Sozialforschung" folgende allgemein gültige Gütekriterien: Verfahrensdokumentation, Argumentative Interpretationsabsicherung, Regelgeleitetheit, Nähe zum Gegenstand, Kommunikative Validierung und Triangulation (vgl. Mayring 2016, S. 144–147). Kuckartz geht in seinem Buch „Qualitative Inhaltsanalyse. Methoden, Praxis, Computerunterstützung" ebenfalls auf Gütekriterien ein und stellt fest, dass erst im Zuge der Auswertung die Datenqualität beurteilt werden kann, demnach werden an dieser Stelle keine Gütekriterien festgelegt (vgl. Kuckartz 2018, S. 204). Die Reflektion der Gütekriterien erfolgt in Abschnitt 4.9 dieser Masterarbeit.

1.4 Aufbau der Arbeit

Die vorliegende Masterarbeit unterteilt sich grob dargestellt in fünf Kapitel:

- Teil 1 Einleitung

- Teil 2 Vorstellung der niederösterreichischen Industrielandschaft
- Teil 3 Theorieteil
- Teil 4 Empirischer Teil: Qualitative Forschung
- Teil 5 Fazit und Ausblick (inkl. Handlungsempfehlungen)

Der Beginn der Masterarbeit mit den Kapiteln 1 (Einleitung) und Kapitel 2 (Vorstellung der niederösterreichischen Industrielandschaft) ermöglicht dem Leser ein Verständnis für die Notwendigkeit der Nachhaltigkeitsberichterstattung und einen Überblick über die niederösterreichische Industrie zu erlangen.

Der Hauptteil besteht aus einem Theorieteil (Kapitel 3) sowie dem empirischen qualitativen Forschungsteil (Kapitel 4). In diesen Kapiteln werden unter anderem für die Nachhaltigkeitsberichterstattung wichtige Gesetzestexte, Rahmenwerke und Standards erläutert, Geschäftsberichte analysiert sowie die Durchführung und Auswertung der Expertinnen- und Experteninterviews dargestellt.

Abschließend werden in Kapitel 5 dieser Masterarbeit die Forschungsfragen beantwortet, Maßnahmen und Handlungsempfehlung definiert und Hypothesen für zukünftige Forschungen abgeleitet.

Der graphische Überblick über den Aufbau dieser Masterarbeit ist Abbildung 1.1 zu entnehmen.

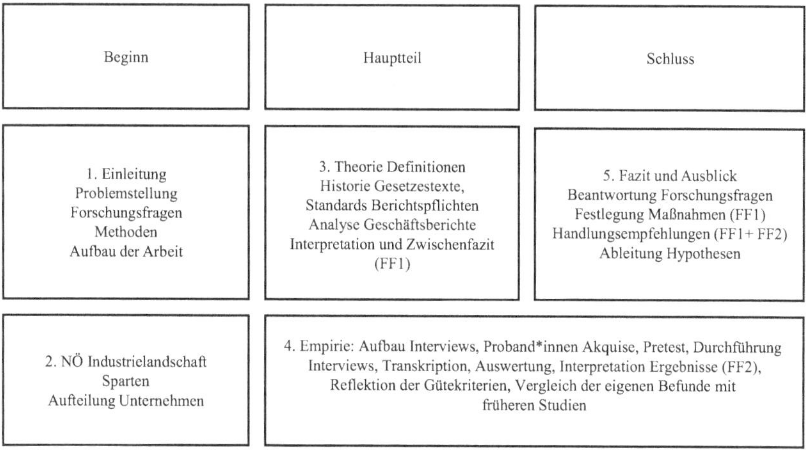

Abbildung 1.1 Aufbau der Masterarbeit. (Quelle: eigene Darstellung, 2024)

Abschließend sei darauf hingewiesen, dass die Bewertung der von dieser Masterarbeit betroffenen Sustainable Development Goals (SDG) Kapitel 6 zu entnehmen ist und Begriffe im Glossar (Kapitel 7) erläutert werden. Das Literaturverzeichnis ist Kapitel 8 zu entnehmen. Im Kapitel „Übersicht über verwendete Softwaretools“ sind eingesetzte Hilfsmittel angeführt.

Anhänge stellen das Kapitel 9 dieser Masterarbeit dar und sind dem elektronischen Zusatzmaterial zu entnehmen.

Vorstellung der niederösterreichischen Industrielandschaft

2

Die niederösterreichische Industrie hat einen hohen Stellenwert, da ca. ein Drittel der gesamten niederösterreichischen Wirtschaftsleistung durch die niederösterreichische Industrie erwirtschaftet wird (vgl. Industrie Niederösterreich, Startseite, 2024). Die folgenden Kapitel geben Aufschluss über die Sparten der niederösterreichischen Industrie (Abschnitt 2.1) sowie die Aufteilung und Vorstellung der größten Industrieunternehmen Niederösterreichs (Abschnitt 2.2).

2.1 Sparten der niederösterreichischen Industrie

Die Industrielandkarte Niederösterreich (wird von der Industriellenvereinigung Niederösterreich zur Verfügung gestellt) gibt Aufschluss über ihre Industrieunternehmen. Zur niederösterreichischen Industrie zählen 16 Sparten. Diese sind Tabelle 2.1 zu entnehmen. Die Anzahl an Unternehmen je Sparte (Branche) ist ebenfalls in Tabelle 2.1 aufgelistet und berücksichtigt, im Fall der Darstellung der Industrielandkarte Niederösterreich, den Standort. Das bedeutet, dass Unternehmen, die über mehrere Standorte in Niederösterreich verfügen, auch mehrmals in der Liste genannt werden. Die Wirtschaftskammer Niederösterreich (WKO-NÖ; Abteilung Umweltpolitik) konnte genauere Daten zur Verfügung stellen, ohne Mehrfachzählung des Standortes.

K. Schiffleitner, *Die Umsetzung der Corporate Sustainability Reporting Directive*, BestMasters, https://doi.org/10.1007/978-3-658-47608-3_2

Die Annahme, dass die Berücksichtigung des Standorts die alleinige Ursache der Unterschiede beim Vergleich der Anzahl der Industrieunternehmen je Sparte darstellt, ist nicht für alle Sparten zutreffend, da in den Sparten „Bergwerke und Stahl", „Industrielle Hersteller von Produkten aus Papier und Karton (PROPAK)" und „Holzindustrie" die Anzahl der Industrieunternehmen gem. Auflistung der WKO-NÖ höher ist, als im Vergleich zu den Daten der Industriellenvereinigung.

Nach Rücksprache mit der WKO-NÖ Abteilung Umweltpolitik können die Daten der Wirtschaftskammer Niederösterreich bevorzugt verwendet werden, da diese gesichert sind (vgl. WKO-NÖ Auskunft per E-Mail, 2024). Diese Daten können ebenfalls Tabelle 2.1 entnommen werden. Eine Mehrfachnennung der Unternehmen aufgrund der Branchenzugehörigkeit (Sparte, Fachgruppe) wird sowohl durch die Industrielandkarte Niederösterreich, als auch durch WKO-NÖ durchgeführt. Die Unterscheidung kann Tabelle 2.1 entnommen werden, welche in der Zeile „Summe" ersichtlich ist. Im Fall der Wirtschaftskammer Niederösterreich bedeutet es, dass ohne Berücksichtigung der Sparte (d. h. jedes Unternehmen wird nur einmal gezählt) mit Stand 31.12.2023 1069 Unternehmen der niederösterreichischen Industrie angehören. Wird die Mehrfachzählung von Unternehmen berücksichtig aufgrund der Zugehörigkeit zu mehr als nur einer Sparte, zählt die WKO-NÖ mit Stand 31.12.2023 1269 Industrieunternehmen.

Tabelle 2.1 Anzahl der Unternehmen der niederösterreichischen Industrie je Branche

Sparte Industrie: Branchen / Fachgruppen	Anzahl der Unternehmen (jeder Standort zählt) Industrielandkarte (Abfrage erfolgte am: 11.Mar.2024) (vgl. Industrielandkarte Niederösterreich, 2024)	Anzahl der Unternehmen Sparte Industrie je Branche – WKO-NÖ Stand 31.Dez.2023 (vgl. WKO-NÖ Auskunft per E-Mail, 2024)
Bergwerke und Stahl	8	9
Mineralölindustrie	19	7
Stein- und keramische Industrie	159	92
Glasindustrie	15	15
Chemische Industrie	163	118
Papierindustrie	11	7
Industrielle Hersteller von Produkten aus Papier und Karton (PROPAK)	13	24
Bauindustrie	77	18
Holzindustrie	279	294
Nahrungs- und Genussmittelindustrie (Lebensmittelindustrie)	199	155
Textil-, Bekleidungs-, Schuh- und Lederindustrie	47	41
Gas- und Wärmeversorgungsunternehmen	211	69
NE-Metallindustrie	19	19
Metalltechnische Industrie	390	296
Fahrzeugindustrie	49	33
Elektro- und Elektronikindustrie	104	72
Summe	1532[2)] (1763)[3)]	**1069**[1)] (1269)[3)]

(Quelle: eigene Darstellung, 2024)

1) Anzahl der Unternehmen ohne Mehrfachnennung (vgl. WKO-NÖ Auskunft per E-Mail, 2024).

2) Dargestellte Unternehmen lt. Industrielandkarte Niederösterreich (vgl. Industrielandkarte Niederösterreich, 2024).

3) Berechnung der Summe der Unternehmen je Sparte (Mehrfachnennung der Branche / Sparte ist berücksichtigt).

Die Nachhaltigkeitsberichterstattung ist je Unternehmen durchzuführen, unabhängig vom Standort bzw. der Branche / Sparte.

2.2 Aufteilung der Unternehmen inkl. Vorstellung der größten niederösterreichischen Industrieunternehmen

Die Aufteilung der 16 Sparten je Anzahl der Unternehmen ist übersichtlich in Abbildung 2.1 dargestellt. An dieser Stelle ist anzumerken, dass die Mehrfachnennung von Unternehmen je Sparte berücksichtigt wurde und die Daten der Wirtschaftskammer Niederösterreich in Abbildung 2.1 dargestellt sind, da diese als gesichert angesehen werden können. Wie Abbildung 2.1 zu entnehmen ist, stellen die Holzindustrie und metalltechnische Industrie die Sparten der niederösterreichischen Industrie dar, mit den meisten zugehörigen Unternehmen. Die drittgrößte Sparte ist in der Nahrungs- und Genussmittelindustrie zu finden, gefolgt von der chemischen Industrie und der Stein- und keramischen Industrie.

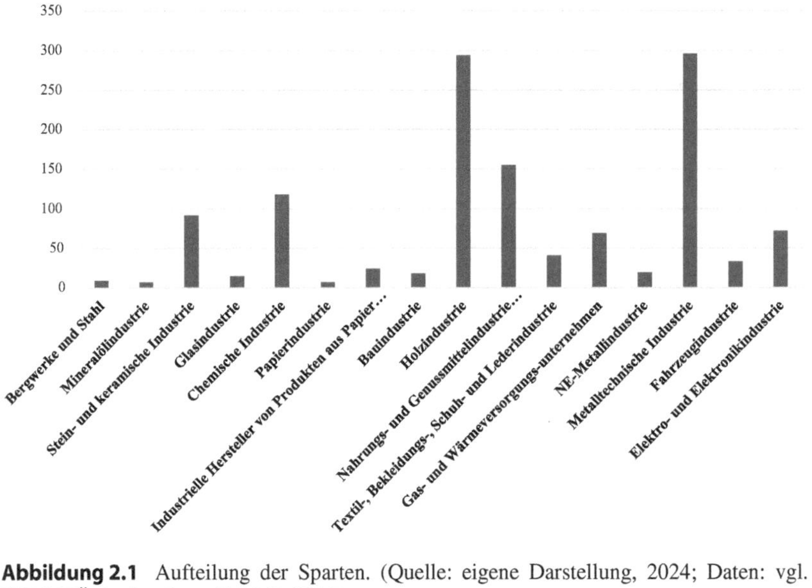

Abbildung 2.1 Aufteilung der Sparten. (Quelle: eigene Darstellung, 2024; Daten: vgl. WKO-NÖ Auskunft per E-Mail, 2024)

Die Industriellenvereinigung Niederösterreich bietet mit ihrer Industrielandkarte Niederösterreich eine gute Möglichkeit, Industrieunternehmen je Mitarbeiter*innen Anzahl zu gliedern. Tabelle 2.2 liefert einen Überblick über die größten niederösterreichischen Industrieunternehmen je Anzahl der Beschäftigten. Der Unternehmensumsatz wird in dieser Tabelle nicht berücksichtigt. Die Auflistung entstand unter Zuhilfenahme der Industrielandkarte Niederösterreich. Der Filter wurde auf „Suche nach Mitarbeiter >1000" bzw. „Suche nach Mitarbeiter 501 – 1000" gesetzt.

Tabelle 2.2 Große Industrieunternehmen je Anzahl an Mitarbeiter*innen >1000 bzw. 501–1000

Nummer	Mitarbeiter*innen Anzahl > 1000	Mitarbeiter*innen Anzahl 501–1000
1	Austrian Airlines AG	CNH Industrial Österreich GmbH
2	Doka GmbH	Constantia Teich GmbH
3	Leyrer + Graf Baugesellschaft m. b. H.	Eaton Industries (Austria) GmbH
4	Novomatic AG	ELK Fertighaus GmbH
5	Spar Österreichische Warenhandels-AG	Engel Austria GmbH
6	Umdasch Group AG	Essity Austria GmbH
7	Welser Profile Austria GmbH	EVN AG
8	ZKW Lichtsysteme GmbH	FHW Franz Haas Waffelmaschinen GmbH
9	–	Fried. v. Neuman Gesellschaft m. b. H.
10	–	Gebauer & Griller Kabelwerke Gesellschaft m. b. H.
11	–	Koenig & Bauer (AT) GmbH
12	–	Mondi Neusiedler GmbH
13	–	NÖM AG
14	–	OMV Austria Exploration & Production GmbH
15	–	Pollmann International GmbH
16	–	Schaeffler Austria GmbH
17	–	Schoeller-Bleckmann Edelstahlrohr GmbH

(Fortsetzung)

Tabelle 2.2 (Fortsetzung)

Nummer	Mitarbeiter*innen Anzahl > 1000	Mitarbeiter*innen Anzahl 501–1000
18	–	Semperit Technische Produkte Gesellschaft m. b. H.
19	–	Triumph International AG
20	–	voestalpine Giesserei Traisen GmbH
21	–	voestalpine Krems GmbH
22	–	voestalpine Precision Strip GmbH

(Quelle: eigene Darstellung, 2024; vgl. Daten von Industrielandkarte Niederösterreich, 2024)

Wie Tabelle 2.2 zu entnehmen ist, sind die drei Industrieunternehmen mit der höchsten Anzahl an Beschäftigten die Austrian Airlines AG, Doka GmbH und Leyrer + Graf Baugesellschaft m. b. H. Die drei größten Industrieunternehmen Niederösterreichs mit einer Mitarbeiter*innen Anzahl zwischen 501 und 1000 sind CNH Industrial Österreich GmbH, Constantia Teich GmbH und Eaton Industries (Austria) GmbH.

Die nachstehende Tabelle 2.3 stellt eine Auflistung großer niederösterreichischer Industrieunternehmen mit einer Beschäftigtenanzahl zwischen 250 und 500 dar. Der Unternehmensumsatz wird in dieser Tabelle nicht berücksichtigt. Die Auflistung entstand unter Zuhilfenahme der Industrielandkarte Niederösterreich. Der Filter wurde auf „Suche nach Mitarbeiter 101–500“ gesetzt. Im Anschluss wurde jedes der 124 aufgelisteten Industrieunternehmen angeklickt und unter „Factsheet“ wurde die Mitarbeiter*innen Anzahl herausgelesen. Nur die Unternehmen, deren Beschäftigtenanzahl dem Kriterium 250–500 entsprachen, wurden in Tabelle 2.3 aufgenommen.

Tabelle 2.3 Große Industrieunternehmen je Mitarbeiter*innen Anzahl 250–500

Nummer	Mitarbeiter*innen Anzahl 250–500	Nummer	Mitarbeiter*innen Anzahl 250–500
1	ABB AG	2	AGRANA Stärke GmbH
3	AGRANA Zucker GmbH	4	Asta Elektrodraht GmbH
5	Axalta Coating Systems Austria GmbH	6	Baxter AG (Wr. Neustadt u. Orth a. d. Donau)
7	Bene GmbH	8	Berndorf GmbH (Band und Metall- u. Bäderbau)
9	Borealis Polyolefine GmbH	10	Brau Union AG

(Fortsetzung)

Tabelle 2.3 (Fortsctzung)

Nummer	Mitarbeiter*innen Anzahl 250–500	Nummer	Mitarbeiter*innen Anzahl 250–500
11	Dormakaba Austria GmbH	12	Engineering Center Steyr GmbH & Co KG
13	Ertl Glas AG	14	Knorr-Bremse Gesellschaft mit beschränkter Haftung
15	Kotanyi GmbH	16	Laufen Austria AG
17	Leobersdorfer Maschinenfabrik GmbH	18	Liebherr-Transportation Systems GmbH & Co KG
19	Lohmann & Rauscher GmbH	20	MABA Fertigteilindustrie GmbH
21	Modine Austria GmbH	22	Mondi Korneuburg GmbH
23	Neuman Aluminium GmbH (Austria, Fließpresswerk und Strangpresswerk)	24	Pfizer Manufacturing Austria GmbH
25	Pollmann Austria GmbH	26	Rehau Polymer Industrie GmbH
27	Salvagnini Maschinenbau GmbH	28	Schoeller-Bleckmann Oilfield Technology GmbH
29	SMC Austria GmbH	30	Starlinger & Co Gesellschaft m. b. H.
31	Stora Enso Wood Products GmbH	32	Traktionssysteme Austria GmbH
33	Tyco Electronics Austria GmbH	34	Wieland Austria Ges. m. b. H.
35	Wittmann Battenfeld GmbH	36	Wittur Austria GmbH
37	Worthington Cylinders GmbH	38	ZKW Group GmbH

(Quelle: eigene Darstellung, 2024; vgl. Daten von Industrielandkarte Niederösterreich, 2024)

Wie Tabelle 2.3 zu entnehmen ist, sind die größten Industrieunternehmen Niederösterreichs mit einer Beschäftigtenanzahl von 250–500 die Unternehmen ABB AG, AGRANA Stärke bzw. Zucker GmbH und Astra Elektrodraht GmbH.

Das Industriemagazin vom August 2023 hat ein Ranking der größten Industrieunternehmen vorgenommen. Dieses Ranking bezog sich auf den erwirtschafteten Umsatz im Geschäftsjahr 2022. Festgehalten wurde, dass der kumulierte Umsatz bezogen auf die 31 größten niederösterreichischen Industrieunternehmen 22,2 Milliarden Euro umfasste, was einen Anstieg von 21,1 % im Vergleich zum Jahr

2021 bedeutete. Die Tabelle 2.4 liefert einen Überblick der Top 30 umsatzstärksten niederösterreichischen Industrieunternehmen bezogen auf das Geschäftsjahr 2022 (vgl. Industriemagazin 2023).

Tabelle 2.4 Top 30 umsatzstärkste niederösterreichische Industrieunternehmen

Platzierung	Unternehmen	Umsatz 2022	Änderung zum Vorjahr (2021)
1	EVN AG	4,1 Mrd. Euro	+69,6 %
2	Novomatic AG	2,9 Mrd. Euro	+55,2 %
3	Umdasch AG	1,8 Mrd. Euro	+16,2 %
4	CAG Holding	1,6 Mrd. Euro	+27,2 %
5	ZKW Group	1,4 Mrd. Euro	+27,1 %
6	CNH Industrial Österreich	1,2 Mrd. Euro	+20,9 %
7	JAF Group	1,1 Mrd. Euro	+4,9 %
8	Adapa Holding (vorm. Schur Flexibles)	743 Mio. Euro	+8,7 %
9	Berndorf AG	602 Mio. Euro	+13,8 %
10	Donau Chemie AG	592 Mio. Euro	+41,6 %
11	Klinger Holding	558 Mio. Euro	+22,3 %
12	Knorr Bremse	553 Mio. Euro	–0,5 %
13	Schoeller Bleckmann Oilfield Equipment AG	501 Mio. Euro	+71,2 %
14	ASTA Elektrodraht GmbH	480 Mio. Euro	+25,3 %
15	NÖM AG	478 Mio. Euro	+31,2 %
16	Stora Enso Wood Products GmbH	474 Mio. Euro	+24,1 %
17	SKB Industrieholding GmbH	378 Mio. Euro	+23,3 %
18	Wittmann Battenfeld GmbH	376 Mio. Euro	keine Veränderung
19	Metadynea Austria GmbH	366 Mio. Euro	+30,5 %
20	Spitz S. GmbH	290 Mio. Euro	+28,3 %
21	SKIDATA AG	266 Mio. Euro	+10,8 %
22	LISEC Austria GmbH	238 Mio. Euro	+11,7 %
23	Schaeffler Austria GmbH	236 Mio. Euro	+15,1 %

(Fortsetzung)

Tabelle 2.4 (Fortsetzung)

Platzierung	Unternehmen	Umsatz 2022	Änderung zum Vorjahr (2021)
24	Kremsmüller Gruppe	228 Mio. Euro	+11,2 %
25	Garant Tiernahrung GmbH	208 Mio. Euro	+26,3 %
26	ABB AG	176 Mio. Euro	+12,8 %
27	Pollmann International GmbH	158 Mio. Euro	+9,6 %
28	Salvagnini Maschinenbau GmbH	143 Mio. Euro	+2,1 %
29	Astotec Automotive GmbH	143 Mio. Euro	+21,1 %
30	Dormakaba Austria GmbH	109 Mio. Euro	–2,7 %

(Quelle: vgl. Industriemagazin 2023)

Wie Tabelle 2.4 zu entnehmen ist, konnten im Geschäftsjahr 2022 die Unternehmen Schoeller Bleckmann Oilfield Equipment AG mit 71,2 % (Platzierung 13), EVN AG mit 69,6 % (Platzierung 1) und Novomatic AG mit 55,2 % (Platzierung 2) besonders hohe Umsätze im Vergleich zum Vorjahr erzielen.

Die drei umsatzstärksten niederösterreichischen Industrieunternehmen im Geschäftsjahr 2022 waren EVN AG, Novomatic AG und Umdasch AG (siehe Tabelle 2.4). Laut Industrielandkarte Niederösterreich sind die drei umsatzstärksten Industrieunternehmen Niederösterreichs (Geschäftsjahr 2022) in folgenden Branchen tätig (vgl. Industrielandkarte Niederösterreich, 2024):

- EVN AG: Chemische Industrie, Nahrungs- u. Genussmittelindustrie (Lebensmittelindustrie), Gas- und Wärmeversorgungsunternehmen, Metalltechnische Industrie
- Novomatic AG: Elektro- und Elektronikindustrie
- Umdasch AG: Holzindustrie

Theorieteil 3

Das vorliegende Kapitel dient der Beantwortung der ersten Forschungsfrage *„Inwiefern müssen Geschäftsberichte des vergangenen Geschäftsjahres am Beispiel ausgewählter großer Industrieunternehmen um Nachhaltigkeitsaspekte erweitert werden, um den Vorgaben der CSRD-Richtlinie zu entsprechen?"*. Als Forschungsmethode dient die Literaturrecherche. Die Beantwortung der ersten Forschungsfrage ist Abschnitt 3.6.4 zu entnehmen.

Im Zuge der Auseinandersetzung mit den Themen Nachhaltigkeit und Nachhaltigkeitsberichterstattung war schnell klar, dass in der Literatur sehr viele Gesetzestexte und Zeitschriftenartikel zu finden sind. Die Vernetzung der einzelnen Gesetzestexte zueinander und die anzuwendenden Standards machen das Thema Nachhaltigkeitsberichterstattung komplex. Weiters hat die Literaturrecherche gezeigt, dass im Zusammenhang mit Nachhaltigkeit oftmals auch die Begriffe CSR (Corporate Social Responsibility) und ESG (Environment, Social and Governance) verwendet werden. Für ein besseres Verständnis werden an dieser Stelle die Begriffe erläutert. Die drei Begriffe (Nachhaltigkeit, ESG und CSR) haben alle mit Nachhaltigkeit zu tun. Unter Nachhaltigkeit wird ganz allgemein das Bestreben mit der Welt und den vorhandenen Ressourcen verantwortungsvoll und schonend umzugehen, um sie künftigen Generationen gut zu hinterlassen, verstanden. CSR ist ein Teil der Nachhaltigkeit und bezieht sich auf das Handeln von Unternehmen. Die Abkürzung ESG (Enviroment, Social und Governance)

Ergänzende Information Die elektronische Version dieses Kapitels enthält Zusatzmaterial, auf das über folgenden Link zugegriffen werden kann https://doi.org/10.1007/978-3-658-47608-3_3.

K. Schiffleitner, *Die Umsetzung der Corporate Sustainability Reporting Directive*, BestMasters, https://doi.org/10.1007/978-3-658-47608-3_3

bezieht sich auf die Nachhaltigkeitsberichterstattung. Der Ursprung von ESG ist in der Finanzanalyse zu finden, da Finanzexpertinnen und Finanzexperten bereits vor etwa 24 Jahren erkannten, dass der Unternehmenserfolg von Faktoren abhängig ist, die in der damaligen Zeit zum Teil noch nicht in der Bilanz abgebildet wurden (vgl. Baumüller 2023d, S. 29).

Rau und Yu nennen als Hauptunterscheidungsmerkmal von ESG und CSR, dass CSR ein Geschäftsmodell darstellt, welches von Unternehmen vorangetrieben wird. Dem steht ESG gegenüber, welches von Investoren genutzt wird, um die CSR Umsetzung von Unternehmen zu bewerten. Als weitere Unterscheidung kann hervorgehoben werden, dass CSR lediglich Umwelt- und Sozialthemen berücksichtigt, während ESG auch Corporate Governance miteinschließt (vgl. Rau/Yu 2022, Abschnitt 1.2 S. 4).

Der Theorieteil dieser Masterarbeit erklärt die wichtigsten Definitionen, die für die Nachhaltigkeitsberichterstattung relevant sind (Abschnitt 3.1) und gibt Aufschluss über die Historie und Entwicklung der CSRD-Richtlinie (Abschnitt 3.2), sowie deren Anforderungen und Berichtspflichten (Abschnitt 3.4). Es werden weitere Gesetzestexte und Standards vorgestellt (Abschnitt 3.3) und eine Analyse ausgewählter Geschäftsberichte durchgeführt (Abschnitt 3.5).

3.1 Definitionen

Im Kapitel Definitionen werden für die Nachhaltigkeitsberichterstattung relevante Fachbegriffe erklärt. Begriffserklärungen allgemeiner Natur werden im Kapitel 7 Glossar erläutert.

Auswirkungen: *„Die Auswirkungen geben den negativen oder positiven Beitrag des Unternehmens zur nachhaltigen Entwicklung an.“* (Quelle: EU 2023/2772, S. 280/288). Zu berücksichtigen sind Auswirkungen auf Umwelt und Gesellschaft, die durch die Geschäftstätigkeit bzw. Geschäftsbeziehungen tatsächlich bzw. potenziell hervorgerufen werden. Sie können negativer oder positiver Natur sein und sind kurz-, mittel- und langfristig zu betrachten (vgl. EU 2023/2772, S. 280/288). Aufgrund der Betrachtung der Auswirkungen auf Umwelt und Gesellschaft sind die Ziele der Sustainable Development Goals (SDG) für eine nachhaltige Entwicklung ebenfalls zu berücksichtigen (vgl. Baumüller/Mayr 2023f, S. 6).

CSR-Berichterstattung: Berichterstattung gemäß Richtlinie 2014/95/EU. Diese Richtlinie schaffte einen Rahmen für Unternehmen, wie sie mit der Berichterstattung nichtfinanzieller Informationen umgehen sollten. Wurde auch NFRD

Non Financial Reporting Directive genannt und hatte Gültigkeit, bis sie durch die CSRD-Richtlinie abgelöst wurde.

CSRD-Richtlinie: Abkürzung für die EU-Richtlinie (EU) 2022/2464. Sie beinhaltet die neuen Anforderungen zur Nachhaltigkeitsberichterstattung (Corporate Sustainability Reporting Directive / CSRD).

Doppelte Wesentlichkeit (outside-in und inside-out Perspektive): Die Auswirkungen der Unternehmenstätigkeiten auf Umwelt und Menschen (Inside-out-Sichtweise) sowie umgekehrt, die Auswirkungen der Nachhaltigkeitsaspekte auf das Unternehmen (Geschäftsergebnis, Lage des Unternehmens und Geschäftsverlauf; Outside-in-Sichtweise) sind zu bewerten (vgl. (EU) 2022/2464, S. L322/42). Nähere Ausführungen siehe Abschnitt 3.4.3.

ESRS-Verordnung: Abkürzung für die Delegierten Verordnung (EU) 2023/2772 European Sustainability Reporting Standards (ESRS). Sie dient als Ergänzung der Richtlinie 2013/34/EU und umfasst die Festlegung von Standards für die Nachhaltigkeitsberichterstattung (vgl. (EU) 2023/2772, S. 1/284).

EU-Taxonomie Verordnung: Abkürzung für die EU-Verordnung 2020/852 des europäischen Parlaments und des Rates über die Einrichtung eines Rahmens zur Erleichterung nachhaltiger Investitionen. Wird auch Sustainable Finance Disclosure Regulation (SFDR) genannt.

Sorgfaltspflicht: Bezieht sich auf das Verfahren eines Unternehmens zur Verhinderung bzw. der Verminderung der tatsächlichen und potenziellen negativen Auswirkungen, welche aufgrund seiner Geschäftstätigkeiten inkl. dessen vor- und nachgelagerten Wertschöpfungsketten einschließlich seiner Produkte, Dienstleistungen und seiner Geschäftsbeziehungen hervorgerufen werden (vgl. EU 2023/2772, S. 12/284). Nähere Ausführungen siehe Abschnitt 3.4.4.

Stakeholder*innen: Bezieht sich auf Personen bzw. Personengruppen, die durch das Unternehmen beeinflusst werden bzw. das Unternehmen beeinflussen. Es werden zwei Gruppen von Stakeholder*innen unterschieden. Eine Gruppe stellt Personen bzw. Personengruppen dar, die von der Auswirkung des Unternehmens betroffen sind. Die andere Gruppe umfasst Interessengruppen, die die Nachhaltigkeitsberichte der Unternehmen nutzen. (vgl. Baumüller/Mayr 2023f, S. 10)

3.2 Historie bis zur Entstehung der CSRD-Richtlinie

Nachhaltige Entwicklung ist schon seit fast 40 Jahren ein Thema, wie auch der Abschlussbericht der United Nations „Our Common Future“ aus dem Jahr 1987 belegt (vgl. United Nations 1987, Punkt 3.27). Mit Unterzeichnung des Pariser Klimaschutzübereinkommens durch die EU Mitgliedsstaaten, welches im November 2016 in Kraft ging und der Mitteilung der Europäischen Kommission „Der Europäische Grüne Deal“ vom Dezember 2019 wurden Klimaziele für die EU definiert um klima- und umweltbedingte Herausforderungen zu bewältigen. So wurde festgelegt, dass die Erderwärmung auf deutlich unter 2 °C, mit Anstrengung auf 1,5 °C begrenzt werden soll. Weiters sollen Maßnahmen getroffen werden zur besseren Anpassung an den Klimawandel und Minderung der Treibhausgasemissionen. Als drittes Ziel des Pariser Klimaschutzübereinkommens wurde bestimmt, dass Finanzflüsse mit den Klimazielen gekoppelt werden sollen (vgl. Consilium o. J. und vgl. Zemke et al. 2022, S. 247).

Durch den europäischen Grünen Deal wurde das Ziel definiert bis 2050 die netto Treibhausgasemissionen auf null zu reduzieren, wodurch Europa der erste klimaneutrale Kontinent werden würde. Dies soll unter anderem durch eine moderne, wettbewerbsfähige und ressourcenschonende Wirtschaft erreicht werden. Dafür müssen Wirtschaft und Gesellschaft hinsichtlich Nachhaltigkeit verändert werden (vgl. Der europäische Grüne Deal 2019, S. 2 und vgl. Zemke et al. 2022, S. 247). Damit dieses Vorhaben gelingt, hat die EU verbindliche Gesetze vorgeschlagen, um dadurch Anreize für private Investoren zu schaffen, in grüne Projekte zu investieren. Wie in der Mitteilung „Der europäische Grüne Deal“ vom Dezember 2019 nachzulesen ist, wird damit gerechnet, dass das Umgestalten eines Industriesektors inkl. dessen Wertschöpfungsketten 25 Jahre dauern wird. Das hat zur Folge, dass bis zum Jahr 2024 Beschlüsse festgelegt werden müssen, damit das Ziel der Klimaneutralität bis 2050 erreicht werden kann (vgl. Der europäische Grüne Deal 2019, S. 8). Durch die Inkraftsetzung der Verordnung EU 2021/1119 „Europäisches Klimagesetz“ wurde ein Rahmen geschaffen, um die zum Ziel gesetzte Klimaneutralität zu erreichen und die Reduktion von Treibhausgasemissionen verpflichtend vorzuschreiben. Wie auch dieser Verordnung zu entnehmen ist, stellt der Klimawandel eine existenzielle Bedrohung dar, die es einzudämmen gilt. Dies soll durch ehrgeizige Ziele und Klimaschutzmaßnahmen erreicht werden (vgl. (EU) 2021/1119, S. L 243/1 u. L 243/8).

Bereits vor Einigung auf das Pariser Klimaschutzübereinkommen, welches am 12.Dez.2015 unterzeichnet wurde (Inkraftsetzung des Übereinkommens am 04.Nov.2016) (vgl. Consilium o. J.), wurde die EU-Richtlinie 2014/95/EU im

Jahr 2014 in Kraft gesetzt. Diese Richtlinie schaffte einen Rahmen für Unternehmen, wie sie mit der Berichterstattung nichtfinanzieller Informationen umgehen sollten. Es handelte sich um die sogenannte CSR-Berichterstattung (auch NFRD Non Financial Reporting Directive genannt) (vgl. (EU) 2014/95/EU, S. L330/1). Die Einführung der EU-Richtlinie 2014/95/EU hatte auch Auswirkungen auf die EU-Richtlinie 2013/34/EU, welche die Durchführung des Jahresabschlusses und den damit verbundenen Berichten regelt, da ab Inkraftsetzung der EU-Richtlinie 2014/95/EU große Unternehmen verpflichtet waren eine nichtfinanzielle Erklärung offenzulegen (vgl. (EU) 2014/95/EU, S. L330/4). Die Umsetzung der EU-Richtlinie 2014/95/EU in nationales Gesetz erfolgte in Österreich am 17.Jänner 2017 durch das Nachhaltigkeits- und Diversitätsverbesserungsgesetz NaDiVeG (vgl. BKA 2017, S. 1–5).

Die EU-Richtlinie 2014/95/EU wurde im Jahr 2020 durch die EU-Taxonomie Verordnung (EU) 2020/852, welche nachhaltiges Wirtschaften definiert, erweitert (vgl. (EU) 2020/852, S. L 198/13). Durch die Einführung dieses Klassifikationssystems soll Greenwashing vorgebeugt werden (vgl. (EU) 2022/2464, S. L322/16). Die EU-Taxonomie Verordnung (EU) 2020/852 [auch als Sustainable Finance Disclosure Regulation (SFDR) bezeichnet] verpflichtet Investoren und Banken bei ihren Investitionsentscheidungen Nachhaltigkeitsaspekte zu berücksichtigen.

Im Jahr 2020 hat die EU eine Studie durchgeführt, bei der Unternehmen zur nichtfinanziellen Berichterstattung gem. EU-Richtlinie 2014/95/EU (CSR-Berichterstattung / Non Financial Reporting Directive NFRD) befragt wurden. Mit dieser Studie wurde unter anderem die Umsetzung und Überwachung der NFRD erhoben, um aufgrund der gesammelten Erkenntnisse eine Überarbeitung der EU-Richtlinie 2014/95/EU (NFRD) anzudenken (vgl. Groen et al. 2020, S. 14). Eine Erkenntnis dieser Studie war, dass der Begriff der Wesentlichkeit nichtfinanzieller Informationen deutlicher definiert werden muss, da dieser gem. EU-Richtlinie 2014/95/EU sehr flexibel und vom Kontext abhängig war. Unternehmen haben sich auch ein gemeinsames Rahmenwerk gewünscht, für eine bessere Orientierung während der Durchführung der nichtfinanziellen Berichterstattung und zur besseren Vergleichbarkeit der Berichte. Abschließend hält die Studie auch fest, dass die Art der nichtfinanziellen Berichterstattung nicht für alle Unternehmen klar war. So kommt es auch, dass manche Unternehmen die Durchführung der nichtfinanziellen Berichterstattung als eine Art Compliance Übung bzw. als Quelle von Verwaltungsaufwand sahen. Andere wiederum haben erkannt, dass das Bewusstsein für Nachhaltigkeitsthemen auch bei Stakeholder*innen und Geschäftspartner*innen zugenommen hat (vgl. Groen et al. 2020, S. 121).

Die Überarbeitung der EU-Richtlinie 2014/95/EU resultierte in EU-Richtlinie (EU) 2022/2464 CSRD-Corporate Sustainability Reporting Directive (kurz CSRD-Richtlinie), welche im Jahr 2021 veröffentlicht wurde und seit Jänner 2023 Gültigkeit besitzt. Mit Inkraftsetzung der CSRD-Richtlinie änderte sich der Umfang und Anwendungsbereich der nichtfinanziellen Berichterstattung deutlich (vgl. Lanfermann 2022, S. 5). Der Druck wurde auf die berichterstattenden Unternehmen erhöht, ihr Bestreben auf Nachhaltigkeitsthemen auszurichten, da nichtfinanzielle Berichtsinhalte die gleiche Wertigkeit erhalten, wie die finanziellen Berichtsinhalte (vgl. Wieben et al. 2023, S. 31).

Auf die Inhalte der CSRD-Richtlinie wird in späteren Kapiteln dieser Masterarbeit näher eingegangen.

Damit die nichtfinanzielle Berichterstattung möglichst einheitlich erfolgt und dadurch für Transparenz gesorgt wird, wurden zahlreiche Standards festgelegt. Unternehmen, die in die Berichtspflicht der CSRD-Richtlinie fallen, müssen verpflichtend die European Sustainability Reporting Standards (ESRS) anwenden.

3.3 Vorstellung wichtiger Gesetzestexte, Rahmenwerke und Standards

Das folgende Kapitel soll Aufschluss darüber geben, welche Gesetzestexte, Standards und Rahmenwerke für den europäischen Raum sowie international für die Nachhaltigkeitsberichterstattung verfügbar sind. Eine Beschränkung auf die europäische Berichterstattung gemäß CSRD-Richtlinie wird bewusst in diesem Kapitel vermieden, da Unternehmen in der Vergangenheit aufgrund fehlender Berichtstandards für den europäischen Raum zum Teil auf internationale Standards (z. B. SDG und GRI Standards) zurückgriffen. Weiters gab und gibt es Initiativen, die eine Harmonisierung der Rahmenwerke zur Aufgabe haben. Um einen besseren Überblick zu erlangen, werden die aus Sicht der Erstellerin dieser Masterarbeit wichtigsten Gesetzestexte, Rahmenwerke und Standards näher erläutert. Um die Änderung der CSR-Richtlinie zur CSRD-Richtlinie nachvollziehen zu können, wird im Abschnitt 3.3.1.1 die CSR-Richtlinie 2014/95/EU vorgestellt.

Im europäischen Raum sind die wichtigsten anzuwendenden Vorschriften für die Nachhaltigkeitsberichterstattung die Richtlinie (EU) 2022/2464 (CSRD-Richtlinie; siehe Abschnitt 3.3.1.2), die Verordnung (EU) 2023/2772 (ESRS; siehe Abschnitt 3.3.3.1) und die Verordnung (EU) 2020/852 (EU-Taxonomie Verordnung; siehe Abschnitt 3.3.1.3) (vgl. Baumüller 2024a, Webinar).

Für eine globale Umsetzung wurde durch die IFRS das International Sustainability Standards Board (ISSB) gegründet, mit dem Ziel IFRS Sustainability

Disclosure Standards (IFRS SDS) zu definieren (siehe Abschnitt 3.3.3.3) (vgl. Baumüller 2023b, S. 132).

3.3.1 Gesetzestexte

Die Tabelle für Überschneidungen der Gesetzestexte ist Anhang 9.2 (im elektronischen Zusatzmaterial einsehbar) zu entnehmen.

3.3.1.1 Richtlinie 2014/95/EU (CSR-Richtlinie bzw. NFRD)

Die CSR-Richtlinie 2014/95/EU wurde im Jahr 2014 verabschiedet. CSR steht für Corporate Social Responsibility. Die Richtlinie ist auch unter dem Namen Non Financial Reporting Directive (NFRD) bekannt. Sie sorgte für rechtliche Mindestanforderungen für die nichtfinanzielle Berichterstattung in Bezug auf Sozial- und Umweltthemen von Unternehmen und sollte für Transparenz sorgen (vgl. Borcherding 2022, S. 207). Große Unternehmen die von öffentlichem Interesse waren und mehr als 500 Mitarbeitende beschäftigten, mussten gemäß CSR-Richtlinie nichtfinanzielle Informationen offenlegen (vgl. (EU) 2022/2464, S. L322/17). Für die anzugebenden Informationen musste der Begriff der Wesentlichkeit zutreffen, der auf die gesamte Wertschöpfungskette zu beziehen war. Traf für andere Belange wie z. B. Kund*innen, Produkt, Datenschutz & -sicherheit der Begriff der Wesentlichkeit ebenfalls zu, waren diese Informationen in die nichtfinanziellen Berichterstattung aufzunehmen (vgl. Borcherding 2022, S. 211–212, S. 218). Die nichtfinanzielle Erklärung konnte als Teil des Lageberichts angesehen werden. Die Erstellung eines gesonderten nichtfinanziellen Berichts war ebenfalls zulässig. Eine inhaltliche Überprüfung der nichtfinanziellen Berichterstattung war rechtlich nicht vorgeschrieben und konnte auf freiwilliger Basis durch eine*n externe*n Dienstleister*in vorgenommen werden. Lediglich das Vorhandensein dieses Berichts war zu überprüfen (vgl. Borcherding 2022, S. 219–220).

Im Jahr 2018 wurde ein Fitness-Check durch die EU erhoben, bei dem die nichtfinanzielle Berichterstattung gemäß Richtlinie 2014/95/EU geprüft wurde. Dieser Check zeigte, dass die offengelegten Informationen bzgl. Auswirkungen des Unternehmens auf die Umwelt und umgekehrt, Umweltauswirkungen auf das Unternehmen, unzureichend dargestellt wurden. Die Verlässlichkeit und die Vergleichbarkeit der Daten wurden angezweifelt und es wurde beanstandet, dass die Unternehmen nicht alle wesentlichen Nachhaltigkeitsaspekte offenlegten. Weiters wurde bemängelt, dass teilweise Interessensgruppen wie Anleger*innen und Nutzer*innen nur schwer an die nichtfinanziellen Informationen gelangten und

Unternehmen von Unsicherheiten bei der Entscheidung, welche Nachhaltigkeitsaspekte offenzulegen sind, berichteten. Teilweise wurde von unterschiedlichen Offenlegungspflichten berichtet, die aufgrund verschiedener EU-Richtlinien resultierten. Eine Überarbeitung der CSR-Richtlinie wurde als notwendig erachtet und die CSRD-Richtlinie wurde entwickelt (vgl. Consultation Document – Review of the Non-Financial Reporting Directive 2020 S. 4).

3.3.1.2 Richtlinie (EU) 2022/2464 (Corporate Sustainability Reporting Directive -CSRD)

Mit Hilfe der seit 05.Jänner 2023 gültigen CSRD-Richtlinie (EU) 2022/2464 soll die Nachhaltigkeitstransparenz europäischer Unternehmen verbessert werden, was in weiterer Folge zu Klimaneutralität führen soll. Sie löst die Non-Financial Reporting Directive (NFRD) EU-Richtlinie 2014/95/EU ab (vgl. Baumüller/Mayr 2023f, S. 2).

Bisher mussten gemäß EU-Richtlinie 2014/95/EU zur CSR-Berichterstattung große Unternehmen von öffentlichem Interesse, sowie börsennotierte Unternehmen in der EU, Daten offenlegen. Mit Inkrafttreten der EU-Richtlinie (EU) 2022/2464 wurde die Berichtspflicht auch auf große Unternehmen ohne Kapitalmarktorientierung und kleinere & mittlere börsennotierte Unternehmen erweitert (vgl. Freiberg et al. 2022, S. 7). Aufgrund der Ausweitung des Anwendungsbereichs werden innerhalb der EU von bisher ca. 12.000 betroffenen Unternehmen durch Inkraftsetzung der CSRD-Richtlinie ca. 50.000 Unternehmen in der EU direkt verpflichtet sein, Bericht zu Nachhaltigkeitsthemen zu erstatten (vgl. Borcherding 2022, S. 226). Daher kann für die EU von einer mehr als Vervierfachung der Unternehmen gesprochen werden, die eine Nachhaltigkeitsberichterstattung durchführen müssen. In Österreich waren bisher nur etwa 90 Unternehmen verpflichtet gemäß EU-Richtlinie 2014/95/EU Bericht zu erstatten, durch die Berichtspflicht gemäß CSRD-Richtlinie verzwanzigfacht sich die Anzahl an betroffenen Unternehmen (vgl. Baumüller 2024a, Webinar).

Die Einführung der CSRD-Richtlinie erfolgt stufenweise und ist Tabelle 3.1 zu entnehmen. Sie startet beginnend mit dem Geschäftsjahr 01.Jan.2024 mit großen Unternehmen, die eine durchschnittliche Beschäftigungszahl von 500 im Geschäftsjahr überschreiten und von öffentlichem Interesse sind. Zusätzliche Kriterien sind Nettoumsatzerlöse min. 40 Mio. €, Bilanzsumme min. 20 Mio. €, wobei zwei der drei Kriterien zutreffen müssen (vgl. (EU) 2022/2464, S. L322/77 und (EU) 2013/34/EU, S. L182/28). Die erste Offenlegung dieser Nachhaltigkeitsberichterstattung erfolgt für diese Unternehmen im Jahr 2025. Beginnend mit dem Geschäftsjahr 01.Jan.2025 folgen alle großen Kapitalgesellschaften, die in der EU ansässig sind. Die Rechtsformen dieser Unternehmen können

AG, GmbH, Genossenschaften und andere öffentliche Unternehmen darstellen, sofern min. zwei der drei folgenden genannten Kriterien zutreffen: Nettoumsatzerlöse min. 40 Mio. €, Bilanzsumme min. 20 Mio. € bzw. durchschnittlich 250 Mitarbeitende. In Österreich werden davon etwa 2000 Unternehmen betroffen sein, die ab Geschäftsjahr 01.Jan.2025 Bericht zu erstatten haben (vgl. Baumüller 2023d, S. 29). Abschließend folgt die dritte Stufe der Umsetzung der CSRD-Richtlinie beginnend mit dem Geschäftsjahr 01.Jan.2026, für kleine und mittlere Unternehmen (KMU), sowie nicht komplexe Institute, die von öffentlichem Interesse sind (vgl. (EU) 2022/2464, S. L322/77). Die Kriterien gemäß EU Richtlinie 2013/34/EU für die Einstufung als mittleres Unternehmen sind, sofern min. zwei der drei folgenden genannten Kriterien zutreffen: Nettoumsatzerlöse max. 40 Mio. €, Bilanzsumme max. 20 Mio. € bzw. durchschnittlich max. 250 Mitarbeitende. Als Kleinunternehmen gelten Unternehmen, wenn min. zwei der drei folgenden genannten Kriterien zutreffen: Nettoumsatzerlöse max. 8 Mio. €, Bilanzsumme max. 4 Mio. € bzw. durchschnittlich max. 50 Mitarbeitende (vgl. (EU) 2013/34/EU, S. L182/28). Tabelle 3.1 liefert eine übersichtliche Darstellung der stufenweisen Umsetzung der CSRD-Richtlinie in Abhängigkeit der Unternehmensgröße.

Tabelle 3.1 Stufenweise Umsetzung CSRD-Richtlinie abhängig von der Unternehmensgröße

Kriterium (zwei von drei Kriterien müssen zutreffen)	Stufenweise Einführung der CSRD-Richtlinie			
	Große Unternehmen ab Geschäftsjahr 01.Jan.2024	Große Unternehmen ab Geschäftsjahr 01.Jan.2025	Klein- und Mittelunternehmen (KMU) ab Geschäftsjahr 01.Jan.2026	
			Mittel	Klein
Nettoumsatzerlöse	min. 40 Mio. €	min. 40 Mio. €	max. 40 Mio. €	max. 8 Mio. €
Bilanzsumme	min. 20 Mio. €	min. 20 Mio. €	max. 20 Mio. €	max. 4 Mio. €
Anzahl durchschnittlicher Mitarbeiter*innen	min. 500	min. 250	max. 250	max. 50

(Quelle: eigene Darstellung, 2024)

Große Unternehmensgruppen sind durch die CSRD-Richtlinie verpflichtet einen Konzernnachhaltigkeitsbericht offenzulegen (vgl. Borcherding 2022, S. 226). Mutterunternehmen sollen Nachhaltigkeitsinformationen auf Gruppenebene in ihrem Lagebericht zu Verfügung stellen. In diesem Fall müssen die

Tochterunternehmen keine gesonderten Berichte erstellen (vgl. (EU) 2022/2464, S. L322/20 und L322/22).

Die Vorgaben der CSRD-Richtlinie müssen in nationales Gesetz übertragen werden. Für Österreich lag zum Zeitpunkt der Erstellung dieser Masterarbeit noch kein nationales Gesetz vor. Nach Information des Vortragenden Baumüller der TU Wien im Zuge des Webinars „Berichtspflichten in Sachen Nachhaltigkeit. Was sind die Folgen für KMU?" durch die Wirtschaftskammer Oberösterreich vom 29.Feb.2024 wurde erwähnt, dass das österreichische Gesetz für Sommer 2024 fertiggestellt werden sollte, aber mit einer Verzögerung zu rechnen ist. Er riet Unternehmen sich an die Vorgaben der CSRD-Richtlinie zu halten, da kaum Spielraum für die nationale Gesetzgebung vorhanden ist und daher der Inhalt der Nachhaltigkeitsberichterstattung feststeht. Lediglich die Art und Höhe der Strafen bei Nichtentsprechen werden durch die CSRD-Richtlinie nicht geregelt, da diese durch das nationale Gesetz festzulegen sind (vgl. Baumüller 2024a, Webinar).

Ein Ziel der CSRD-Richtlinie ist Transparenz sicherzustellen, sie verpflichtet nicht zur Verbesserung. Die Verbesserung der Geschäftstätigkeiten in Richtung Nachhaltigkeit wird durch die EU-Taxonomie Verordnung (EU) 2020/852 angestrebt.

Die Inhalte der CSRD-Berichterstattung werden im Abschnitt 3.4 Anforderungen und Berichtspflichten näher erläutert.

3.3.1.3 Verordnung (EU) 2020/852 (EU-Taxonomie Verordnung)

Die EU-Taxonomie Verordnung ist für Unternehmen verpflichtend anzuwenden, die eine Nachhaltigkeitsberichterstattung gemäß Richtlinie 2013/34/EU offenlegen müssen (vgl. (EU) 2020/852, S. L 198/26). Demnach sind die EU-Taxonomie Verordnung und die CSRD-Richtlinie miteinander verknüpft und Unternehmen müssen beiden Rechtsnormen entsprechen (vgl. Baumüller 2023d, S. 33).

Durch die EU-Taxonomie Verordnung wurde ein Klassifikationssystem mit Kriterien zur Verfügung gestellt, durch das eine Einstufung der Geschäftstätigkeiten ermöglicht wird, inwiefern diese als ökologisch nachhaltig angesehen werden können, damit in weiterer Folge, der ökologische Nachhaltigkeitsgrad einer Investition bestimmen werden kann. Der Grundgedanke der EU ist, dass dadurch nachhaltige Investitionen forciert werden um das Ziel zu erreichen, die Agenda 2030 vollständig umsetzen zu können (vgl. Borcherding 2022, S. 261 und vgl. (EU) 2020/852, S. L 198/13). Nachhaltiges Wirtschaften basiert gemäß EU-Taxonomie Verordnung auf sechs Umweltzielen (siehe Tabelle 3.2). Es muss zumindest eines dieser Umweltziele verbessert werden, ohne dabei negative

Auswirkungen auf ein anderes Umweltziel zu haben, dann darf von einer nachhaltigen Wirtschaftsaktivität gesprochen werden (vgl. Zemke et al. 2022, S. 257). Tabelle 3.2 listet die sechs Umweltziele der EU-Taxonomie Verordnung, inkl. der Verweise der betreffenden Artikel der Verordnung, auf.

Tabelle 3.2 Umweltziele gem. EU-Taxonomie Verordnung

Umweltziel	Artikel in VO (EU) 2020/852	Seitenangaben in VO (EU) 2020/852
Klimaschutz	Artikel 10	L198/29
Anpassung an den Klimawandel	Artikel 11	L198/30
Nachhaltige Nutzung und Schutz von Wasser- und Meeresressourcen	Artikel 12	L198/31
Übergang zu einer Kreislaufwirtschaft	Artikel 13	L198/32
Vermeidung und Verminderung der Umweltverschmutzung	Artikel 14	L198/33
Schutz und Wiederherstellung der Biodiversität und der Ökosysteme	Artikel 15	L198/34

(Quelle: eigene Darstellung, 2024)

Die genauen Vorgaben je Umweltziel sind der EU-Taxonomie Verordnung (EU) 2020/852 ab Artikel 10 zu entnehmen (vgl. (EU) 2020/852, S. L198/29-L198/34).

Zusätzlich zu den sechs Umweltzielen muss das Unternehmen, sofern es unter die EU-Taxonomie Verordnung fällt, auch Leitsätze entsprechend dem sozialen Mindestschutz einhalten (siehe dazu auch Artikel 18 der VO (EU) 2020/852). Das umfasst die Offenlegung von Informationen zu Menschenrechten, Beschäftigung und Beziehungen zu Sozialpartnern, Bekämpfung von Bestechung, Verbraucherinteressen, Wissenschaft & Technologie sowie Wettbewerb & Besteuerung (vgl. Borcherding 2022, S. 267). Bei der Kreditvergabe bzw. Tätigung einer Investition muss die Einhaltung der Nachhaltigkeitsaspekte, sowie Menschen- und Arbeitsrechte geprüft werden und nur im Fall einer positiven nachhaltigen Bewertung, darf ein Kredit vergeben bzw. die Investition getätigt werden (vgl. Schäfer 2024, S. 48).

Banken müssen die Taxonomiekonformität ihrer Geschäfte das erste Mal im Geschäftsjahr 01.Jan.2024 nachweisen, was darauf schließen lässt, dass der Veranlagungsdruck im Finanzsektor steigen wird (vgl. Baumüller 2023e, S. 13). Durch die EU-Taxonomie Verordnung wird für Banken eine neue Kennzahl „Green Asset Ratio (GAR)“, die für Vergleichbarkeit sorgen soll, wirksam. Diese Verhältniszahl dient Banken um nachzuweisen, wie hoch der Anteil ihres Geschäfts ist, der nachhaltige Kriterien erfüllt. Für die Berechnung dieser Kennzahl müssen nachhaltig finanzierte Geschäftsvolumina und nachhaltige Investitionen addiert werden und diese Summe muss durch das gesamte Geschäftsvolumen dividiert werden. Daraus lässt sich schließen, dass Banken und Investoren die offenzulegenden Nachhaltigkeitsthemen der Unternehmen, die um Finanzierung ansuchen, genau begutachten werden (vgl. Stauder 2024, S. 43).

Die EU-Taxonomie Verordnung wird als Grundbaustein angesehen, die Wirtschaft zu einer nachhaltigen Wirtschaft zu verändern und wurde ergänzend zur EU Verordnung (EU) 2019/2088, welche die Offenlegungspflicht im Finanzdienstleistungssektor (Sustainable Finance Disclosure Regulation) regelt, verabschiedet. Auf die Verordnung (EU) 2019/2088 wird an dieser Stelle nicht näher eingegangen, da die Offenlegungspflicht im Finanzdienstleistungssektor nicht Teil dieser Masterarbeit ist.

Schäfer hinterfragt in seinem Artikel „Fünf Jahre EU-Aktionsplan „Nachhaltige Finanzierung" – ein wirtschaftspolitisches Experiment läuft aus dem Ruder" kritisch, ob die Wirkung, aufgrund von auf Nachhaltigkeit ausgerichteter Finanzierung, groß genug ist, um ein gesellschaftliches- und wirtschaftliches Umdenken hervorrufen zu können. Wirkungsvollere Maßnahmen sehen einige Expert*innen in der Möglichkeit nicht-nachhaltiges Verhalten zu besteuern und einen marktbasierten CO_2-Emissionshandel umzusetzen. Weiters merkt er kritisch an, dass vor Beschluss des EU-Aktionsplans keine Effizienzanalyse durchgeführt wurde. Es hätten eventuell andere, möglicherweise effizientere Maßnahmen gesetzt werden können, außer jene der nachhaltigen Finanzierung, wie es gemäß EU-Taxonomie Verordnung gefordert ist (vgl. Schäfer 2024, S. 49 u. 51).

3.3.1.4 EU-Lieferkettenrichtlinie (CSDDD)

Eine Einigung der Corporate Sustainability Due Diligence Directive (CSDDD), worunter die EU-Lieferkettenrichtlinie verstanden wird, konnte durch die EU-Mitgliedstaaten am 15.März 2024 erreicht werden. Große Unternehmen müssen diese Richtlinie verpflichtend anwenden, d. h. sie müssen menschenrechts- und umweltbezogene Sorgfaltspflichten entlang der Lieferkette im eigenen Geschäftsbereich und in den Tochtergesellschaften etablieren. Auch ist gefordert, dass Unternehmen einen Plan zu erstellen haben, wie sie mit Hilfe ihres Geschäftsmodells und ihrer Geschäftsstrategie dazu beitragen können, das Pariser Klimaschutzabkommen zu erreichen. Verpflichtend anzuwenden ist diese Richtlinie für große Unternehmen mit mehr als 1000 Beschäftigten und einem Umsatz von mehr als 450 Millionen Euro. Aufgrund dieser Größenordnung werden lediglich 0,05 % der in der EU tätigen Unternehmen von diesem Gesetz betroffen sein.

Eine Übergangsfrist für die Anwendung wurde mit fünf Jahren festgelegt. Für den Erhalt von öffentlichen Aufträgen kann die Einhaltung der CSDDD eine große Rolle spielen (vgl. Das europäische Lieferkettengesetz 2024, o.S.).

Ziel ist durch Einhaltung der CSDDD zu einer fairen und nachhaltigen Wirtschaft beizutragen. Die EU-Staaten müssen innerhalb von zwei Jahren nach Inkraftsetzung der CSDDD die Bestimmungen in nationales Recht umsetzen (vgl. Flöter et al. 2024, S. 19). Werden diese Vorgaben nicht eingehalten, kann es zivilrechtliche Folgen für Unternehmen haben (vgl. Glöckner 2024, S. 34).

Zum Zeitpunkt der Erstellung dieser Masterarbeit lag die CSDDD-Richtlinie sowie dessen Anhang lediglich als Vorschlag vor. Eine gültige CSDDD-Richtlinie konnte im Zuge der Literaturrecherche nicht gefunden werden. Das mag daran liegen, dass eine Einigung auf diesen Gesetzestext, wie zuvor erwähnt, erst vor kurzem (15.Mar.2024) erfolgte (vgl. EU 2022/0051 (CSDDD), 2022).

Unabhängig von der durch die CSDDD-Richtlinie betroffenen großen Unternehmen (>1000 Mitarbeitende und Umsatz >450 Millionen Euro) müssen Unternehmen, die gemäß CSRD-Richtlinie Bericht erstatten müssen, ihrer Due Diligence (Sorgfaltspflicht) nachkommen. Aufgrund der Vorgabe, dass die Chancen und Risiken der gesamten Wertschöpfungskette zu berücksichtigen sind, müssen die wesentlichen Informationen der relevanten Lieferantinnen und Lieferanten bzw. der Dienstleistungsbetriebe ebenfalls in die Nachhaltigkeitsberichterstattung aufgenommen werden (vgl. Brandenburg et al. 2022, S. 335).

Nähere Angaben zu Due Diligence (Sorgfaltspflicht) ist Abschnitt 3.4.4 zu entnehmen.

3.3.2 Rahmenwerke

Für die Nachhaltigkeitsberichterstattung sind unterschiedliche Rahmenwerke verfügbar, die Unternehmen in der Vergangenheit, zusätzlich zu den gesetzlich einzuhaltenden Vorgaben, herangezogen haben. Oftmals wurden diese Rahmenwerke eingesetzt für die formale, inhaltliche und zeitliche Gestaltung des Nachhaltigkeitsberichts. Aufgrund der Fülle der verfügbaren Rahmenwerke und der Tatsache, dass diese nicht harmonisiert waren, waren Unternehmen mit einer hohen Berichtslast konfrontiert und die erhobenen Daten waren nicht vergleichbar (vgl. Auer et al. 2022, S. 115).

Diese Masterarbeit soll beispielhaft Rahmenwerke anführen, mit dem Ziel, dem Lesenden die Weite der verfügbaren Rahmenwerke und Initiativen aufzuzeigen, ohne Anspruch auf Vollständigkeit. Ein grober Überblick über Rahmenwerke ist für diese Masterarbeit ausreichend, da sich die Masterarbeit mit der Umsetzung der CSRD-Richtlinie beschäftigt und es sich dabei um eine gesetzliche Vorschrift handelt.

Zum Zweck der Harmonisierung der Rahmenwerke wurde das Climate Disclosure Standards Board (CDSB) gegründet, welches einen Rat für Standards zu Umweltangaben darstellt. Der Rat setzt sich aus globalen Wirtschafts- und Umweltorganisationen zusammen. Im Jahr 2018 wurde darauf geachtet, mit den Empfehlungen der Task Force on Climate-related Financial Disclosures (TCFD) übereinzustimmen, daher wurde das Rahmenwerk des CDSB aktualisiert. Oberstes Ziel des CDSB ist für eine einheitliche und transparente Berichterstattung zu sorgen und die Umweltberichterstattung an die Finanzberichterstattung anzugleichen (vgl. Auer et al. 2022, S. 115–116). Im Juni 2022 wurde das CDSB in das neu gegründete International Sustainability Standards Board (ISSB) integriert. Das ISSB gehört zu der IFRS Foundation (vgl. Auer et al.2022, S. 120).

Ebenfalls im Juni 2022 wurde die Value Reporting Foundation (VRF) in die IFRS Foundation integriert. Ziel ist die IFRS bei der Entwicklung von globalen Standards für die nichtfinanzielle Berichterstattung für Kapitalmärkte zu unterstützen (vgl. IFRS Foundation completes consolidation with Value Reporting Foundation 2022). Ursprünglich wurde die VRF 2021 aufgrund des Zusammenschlusses vom International Integrated Reporting Council (IIRC) und dem Sustainability Accounting Standards Board (SASB) gegründet. Sie hatte zum Ziel Investoren und Unternehmen das Treffen von Entscheidungen zu erleichtern, indem sie unter anderem ein Reporting Rahmenwerk zur Verfügung stellte, welches für die finanzielle und nichtfinanzielle Berichterstattung sowie auf kurz-, mittel- und langfristige Wertschöpfung ausgerichtet war. Auch SASB Standards wurden von VRF zur Verfügung gestellt (vgl. Auer et al. 2022, S. 159–160).

Die Task Force on Climate-related Financial Disclosure (TCFD) ist eine globale Institution, welche im Jahr 2015 durch das Financial Stability Board (FSB) gegründet wurde mit dem Hauptziel, besser über klimabezogene finanzielle Auswirkungen Bericht zu erstatten. Die Mitglieder gehören unterschiedlichen Organisationen an (z. B. Versicherungen, große Banken, Pensionsfonds, große nichtfinanzielle Unternehmen und Wirtschaftsprüfer*innen) und haben eine Empfehlung über klimabezogene Finanzoffenlegungen abgegeben, die für verschiedene Interessensgruppen (z. B. Investoren, Kreditgeber und Versicherungen) hilfreich sein soll. Klimabezogene Risiken und Chancen sollen transparenter dargestellt werden, um es Interessensgruppen zu erleichtern, diese Chancen und Risiken besser bewerten zu können (vgl. Auer et al. 2022, S. 180).

Ein weiteres Rahmenwerke stellt das United Nation Guiding Principles (UNGP) Reporting Framework dar, welches von Human Rights Reporting und

Assurance Framework Initiative entwickelt und im Jahr 2015 veröffentlicht wurde. Es dient als Hilfestellung für Unternehmen über ihre menschenrechtliche Sorgfaltspflichten zu berichten und kann dabei helfen, eigenständige Menschenrechtsberichte zu erstellen bzw. das Thema Menschenrechte im Geschäftsbericht bzw. Nachhaltigkeitsbericht darzustellen (vgl. Auer et al. 2022, S. 153).

Die Value Balancing Alliance (VBA) wurde im Jahr 2019 durch den Zusammenschluss internationaler Unternehmen aus verschiedenen Branchen gegründet. Sie haben sich zum Ziel gesetzt Unternehmenstätigkeiten in Bezug auf Wirtschaft, Umwelt und Gesellschaft messbar und transparent zu machen. Dafür sollen die Auswirkungen (ökologische und soziale) des Unternehmens in Finanzdaten ausgedrückt und als Kennzahl in der Bilanz angeführt werden. Das Prinzip der doppelten Wesentlichkeit ist anzuwenden (vgl. Auer et al. 2022, S. 196–197).

Im Jahr 2000 wurde der United Nations Global Compact (UNGC) gegründet. Er stellt die weltweit größte unternehmerische Nachhaltigkeitsinitiative dar, mit Mitgliedern aus mehr als 12.000 beteiligten Unternehmen und über 3.000 nicht unternehmerischen Interessensgruppen aus 160 Ländern. Ziel ist es, dass sich Organisationen an die 10 Prinzipien der UNGC halten. Diese beziehen sich auf die Themen Menschenrechte, Korruptionsprävention, Arbeitsnormen und Umwelt. Unternehmen sind angehalten Maßnahmen festzulegen, um die gesellschaftlichen Ziele, wie sie auch in den UN Sustainable Development Goals (SDG) festgelegt wurden, einzuhalten und ihr Unternehmen zu verbessern (vgl. Auer et al. 2022, S. 145–146).

3.3.3 Standards

Das Ziel aller Standards ist für Vergleichbarkeit und Transparenz zu sorgen. Das gelingt nur, wenn sich die unterschiedlichen Standards nicht widersprechen (vgl. Auer et al. 2022, S. 142). Unternehmen, welche der CSRD-Richtlinie unterliegen, müssen verpflichtend die European Sustainability Reporting Standards (ESRS) anwenden. Diese wurden aus EU-Sicht erstellt und es wurde darauf hingearbeitet, dass ein hohes Maß an Übereinstimmung zwischen den neuen ESRS und den bestehenden GRI Standards vorherrscht. Der Tabelle des EFRAG Draft Dokuments kann entnommen werden, welcher ESRS mit welchem GRI Standard gleichzusetzen ist (vgl. GRI-ESRS Interoperability Index Draft 2023, S. 3 – 23). Das hilft bei der Übersetzung der GRI Standards in ESRS, sofern die bisherige Nachhaltigkeitsberichterstattung gemäß GRI Standards durchgeführt wurde.

Nachdem die European Sustainability Reporting Standards erst Ende Dezember 2023 veröffentlich wurden und viele Unternehmen für die bisher durchgeführten Nachhaltigkeitsberichterstattungen auf verfügbare Standards wie z. B. GRI Standards und SDG zurückgriffen, werden in diesem Kapitel neben der ESRS auch andere Standards vorgestellt. Anzumerken ist auch, dass lt. EU-Taxonomie Verordnung GRI Standards und SDG zu berücksichtigen sind.

Die Tabelle für Überschneidungen der Standards ist Anhang 9.3 (im elektronischen Zusatzmaterial einsehbar) zu entnehmen.

3.3.3.1 European Sustainability Reporting Standards (ESRS)

Die European Sustainability Reporting Standards (ESRS) wurden am 22.Dec.2023 im Amtsblatt der Europäischen Union veröffentlicht und sind ab 01.Jan.2024 für die Geschäftsjahre, die am oder nach dem 01.Jan.2024 beginnen für Unternehmen, die gemäß CSRD-Richtlinie Bericht erstatten müssen, verpflichtend anzuwenden (vgl. (EU) 2023/2772, S. 2/284). Die Delegierten Verordnung (EU) 2023/2772 dient als Ergänzung der Richtlinie 2013/34/EU und umfasst die Festlegung von Standards für die Nachhaltigkeitsberichterstattung (vgl. (EU) 2023/2772, S. 1/284). Für eine leichtere Lesbarkeit wird in weiterer Folge die Delegierten Verordnung (EU) 2023/2772 als ESRS-Verordnung bezeichnet.

Durch die ESRS-Verordnung wird festgelegt, wie Unternehmen Bericht zu erstatten haben. Dies umfasst die Offenlegung wesentlicher Auswirkungen, Chancen und Risiken der Unternehmenstätigkeit in Bezug auf Nachhaltigkeitsthemen (vgl. (EU) 2023/2772, S. 5/284). Die Standards stützen sich auf die Angaben der EU-Taxonomie Verordnung. Somit müssen Unternehmen ihre Geschäftsprozesse ausführlich darstellen und bewerten (vgl. Baumüller 2023d, S. 33).

Die ESRS-Verordnung ist mit fast 300 Seiten sehr umfangreich und jedes von der CSRD-Richtlinie betroffene Unternehmen sollte sich mit dieser Verordnung gut auseinandersetzen, da diese Standards für die Nachhaltigkeitsberichterstattung gem. CSRD-Richtlinie verpflichtend anzuwenden sind (vgl. (EU) 2023/2772). Entwickelt wurden die European Sustainability Reporting Standards durch die EFRAG, die ein EU-Gremium von Expertinnen und Experten darstellt (vgl. Lanfermann 2023, §1 S. 26).

Derzeit wird an einer Vereinfachung der Standards für kapitalmarktorientierte KMU gearbeitet. Diese sogenannten LSME-Standards sind nicht so umfangreich wie die ESRS-Verordnung (EU) 2023/2772. Große Unternehmen sind angehalten, nur die gemäß LSME-Standards geforderten Daten von ihren durch die Lieferkette betroffenen KMU einzuholen. Eine weitere, verminderte Form der Standards, stellen die VSME-Standards dar. Diese sind ebenfalls in Ausarbeitung und sollen für Unternehmen gelten, die nicht zur Nachhaltigkeitsberichterstattung verpflichtet sind, diese allerdings freiwillig durchführen möchten (vgl. Baumüller 2024a, Webinar). Die Entwürfe der LSME-Standards und VSME-Standards wurden im Jänner 2024 veröffentlicht. Die Begutachtungsfrist lief bis 21.Mai 2024 (vgl. EFRAG 2024a und vgl. EFRAG 2024c). Abbildung 3.1 zeigt eine Grafik, die einen guten Überblick über das Anspruchsniveau sowie den Umfang der Standards VSME und LSME im Vergleich zu den ESRS gibt.

Abbildung 3.1
Anspruchsniveau und Umfang der Standards. (vgl. Baumüller 2024a, Webinar)

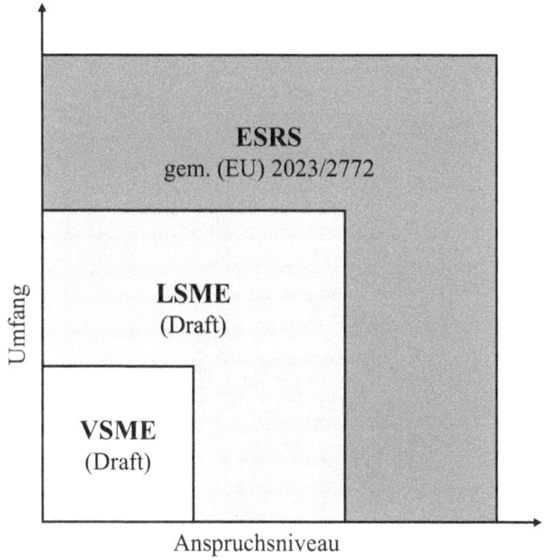

Wie auch Abbildung 3.1 zu entnehmen ist, sind die VSME Standards sowohl betreffend des Umfangs als auch betreffend des Anspruchsniveaus am einfachsten anzuwenden. Damit sollen Unternehmen, die auf freiwilliger Basis eine Nachhaltigkeitsberichterstattung durchführen wollen, unterstützt werden. Inhaltlich wird auf die Vereinfachung durch die Anwendung der LSME bzw. VSME an dieser Stelle nicht näher eingegangen, da sich die vorliegende Masterarbeit auf die Umsetzung der CSRD-Richtlinie am Beispiel großer Unternehmen bezieht und diese müssen verpflichtend die ESRS-Verordnung (EU) 2023/2772 anwenden.

Es wurden bisher 12 Themenbereiche der European Sustainability Reporting Standards definiert. Die Untergliederung dieser Themenbereiche ist der ESRS-Verordnung sowie Abbildung 3.2 zu entnehmen (vgl. (EU) 2023/2772, S. 1/284 und 3/284).

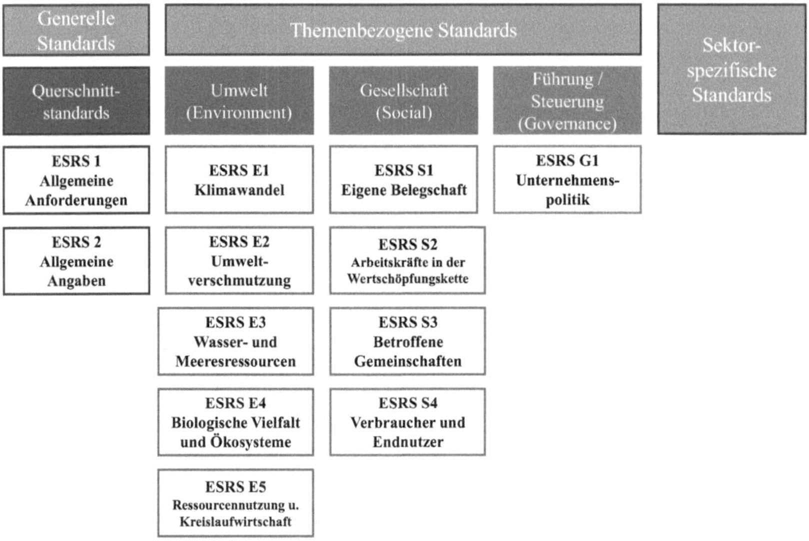

Abbildung 3.2 Aufbau der ESRS gem. ESRS-Verordnung. (vgl. (EU) 2023/2772, S. 3/284 u. 5/284)

Die European Sustainability Reporting Standards werden in drei Kategorien unterteilt, siehe auch Abbildung 3.2. Sektorunabhängige Standards sind durch die Kategorien „Generelle Standards“ (darunter fallen die Querschnittstandards ESRS 1 und ESRS 2) und „Themenbezogene Standards“ (darunter fallen die Umweltstandards ESRS E1-E5, Standards zu sozialen Themen ESRS S1-S4 und der Governance Standard ESRS G1) abgedeckt (vgl. (EU) 2023/2772, S. 5/284).

Die sektorspezifischen Standards befinden sich derzeit in Ausarbeitung. Auf der Homepage der EFRAG kann der aktuelle Stand der sektorspezifischen Standards abgefragt werden. So befindet sich zum Beispiel der Draft für die sektorspezifischen Standards für Öl & Gas sowie Kohle, Steinbruch & Bergbau derzeit in Genehmigungsrundlauf (Stand 14.Apr.2024). Es ist ebenfalls dieser Homepage zu entnehmen, dass aktuell die Implementierung der sektorunabhängigen Standards durch die EFRAG höher priorisiert ist, als die Bereitstellung sektorspezifischer Standards (vgl. EFRAG 2024b). Die Bereitstellung der sektorspezifischen Standards war ursprünglich für Juni 2024 geplant. Die Europäische Union plant diese Frist auf Juni 2026 zu verschieben (vgl. Glöckner 2024, S. 33). Durch sektorspezifische Standards sollen Auswirkungen (sowohl positive als auch negative), Chancen und Risiken eines bestimmten Wirtschaftszweigs bewertet werden können. Der Begriff der doppelten Wesentlichkeit der Auswirkungen spielt auch in der ESRS-Verordnung eine entscheidende Rolle. Die sektorspezifischen Standards sind ergänzend zu den generellen und themenbezogenen ESRS anzuwenden (vgl. (EU) 2023/2772, S. 6/284 und vgl. Baumüller 2023c, S. 280).

Die generellen Standards beziehen sich auf Nachhaltigkeitsaspekte, die es durch Themenstandards und sektorspezifische Standards abzudecken gilt (vgl. (EU) 2023/2772, S. 5/284).

Eine Auflistung der themenbezogenen European Sustainability Reporting Standards ist Anhang 9.1 (im elektronischen Zusatzmaterial einsehbar) zu entnehmen.

Eine übersichtliche Auflistung ausgewählter wichtiger Kapitel und Anhänge der ESRS-Verordnung ist Tabelle 3.3 zu entnehmen.

Tabelle 3.3 Auflistung wichtiger Kapitel und Anhänge der ESRS-Verordnung

Thema	Kapitel (EU) 2023/ 2772 (ESRS)	Seitenangaben (EU) 2023/2772 (ESRS)
ESRS 1		
Berichtigung von Fehlern in vorhergehender Nachhaltigkeitserklärung. Auf Transparenz und Nachvollziehbarkeit ist zu achten.	7.5	S. 17–18/284
Vertrauliche Informationen müssen nicht offengelegt werden, selbst wenn der Punkt wesentlich ist.	7.7	S. 18/284
– Übergangsbestimmungen – Eine Ausweitung der durch ESRS abgedeckten Nachhaltigkeitsaspekte wird erwartet, was vermutlich zu einer Abnahme an unternehmensspezifischen Angaben führen wird. – Unternehmensspezifische Angaben werden auch weniger relevant, wenn mehr sektorspezifische Standards angenommen werden.	10	S. 21–23/284
Anwendungsanforderungen zu: – Unternehmensspezifische Angaben – Doppelte Wesentlichkeit – Bewertung der Wesentlichkeit der Auswirkungen – Merkmale des Schweregrads von Auswirkung im Zusammenhang mit dem Unternehmen – Bewertung der finanziellen Wesentlichkeit und Bewertung der Wesentlichkeit zu berücksichtigender Nachhaltigkeitsaspekte.	Anlage A	S. 24–26/284
Tabelle zu Nachhaltigkeitsaspekten inkl. Unterscheidung in Thema, Unterthema und Unter-Unterthema (siehe auch Anhang 9.1, im elektronischen Zusatzmaterial einsehbar).	Anlage A	S. 27–29/284
Vorgaben zur Schätzung anhand von Sektor-Durchschnitten und Näherungswerten.	Anlage A	S. 29/284
Qualitative Merkmale von Informationen: – Relevanz, wahrheitsgetreue Darstellung, Vergleichbarkeit, Überprüfbarkeit und Verständlichkeit.	Anlage B	S. 30–32/284
Schrittweise Angabepflichten; Hinweis: Diese werden übersichtlich in Abschnitt 3.4.9 (Tabelle 3.6) dieser Masterarbeit dargestellt.	Anlage C	S. 33–35/284

(Fortsetzung)

Tabelle 3.3 (Fortsetzung)

Thema	Kapitel (EU) 2023/2772 (ESRS)	Seitenangaben (EU) 2023/2772 (ESRS)
Ablaufdiagramm zur Bestimmung der offenzulegenden Angaben: – Den Ausgangspunkt für die Nachhaltigkeitsberichterstattung stellt die Beurteilung der Wesentlichkeit in Bezug auf die Auswirkungen und die finanzielle Wesentlichkeit dar. Unternehmen müssen themenbezogene Standards nicht angeben, sofern diese für das Unternehmen nicht wesentlich sind. Eine entsprechende Begründung ist in der Nachhaltigkeitsberichterstattung anzugeben.	Anlage E	S. 37/284
Beispiel für den Aufbau der ESRS-Nachhaltigkeitserklärung	Anlage F	S. 38/284
Beispiel für die Aufnahme von Informationen mittels Verweis	Anlage G	S. 39/284
ESRS 2		
Punkte, die abhängig vom Tätigkeitsbereich des Unternehmens verpflichtend von allen Unternehmen anzuwenden sind.	ESRS 2	S. 40–56/284
Auflistung der Datenpunkte (generelle und themenbezogene Standards), die sich aus anderen EU-Rechtsvorschriften ergeben.	Anlage B	S. 62–70/284
Informationen zu jedem einzelnen themenspezifischen Standard		S. 72–254/284
Abkürzungen		S. 255–258/284
Begriffsbestimmungen		S. 259–284/284

(Quelle: eigene Darstellung, 2024)

Gemäß ESRS-Verordnung dürfen Unternehmen einzuholende Informationen betreffend vor- und nachgelagerter Wertschöpfungskette schätzen, sofern sie keine genaueren Informationen durch ihre Zulieferer erhalten. Diese Schätzung hat unter Zuhilfenahme von Näherungswerten wie z. B. Sektor-Durchschnittsdaten zu erfolgen. Auf Datenqualität bei der Angabe der geschätzten Informationen ist zu achten (vgl. (EU) 2023/2772, S. 16–17/284).

3.3.3.2 GRI Standards

Die Global Reporting Initiative (GRI) wurde 1997 in Boston gegründet und ist eine gemeinnützige Stiftung. Die GRI Standards beeinflussen die globale Nachhaltigkeitsberichterstattung positiv, da sie für Vergleichbarkeit, Transparenz und internationale Standardisierung sorgen (vgl. Auer et al. 2022, S. 128 und 130). Einen guten Überblick über die GRI Standards liefert das Dokument „A short introduction to the GRI Standards". Es dient dazu, Unternehmen eine Hilfestellung für die nichtfinanzielle Berichterstellung zu liefern. Des Weiteren haben Stakeholder*innen und andere Interessierte mit dieser Übersicht eine Anleitung, wie der Berichtsprozess zu erfolgen hat und worauf bei einem nichtfinanziellen Bericht zu achten ist (vgl. GRI Standards o. J., S. 2).

Wie Abbildung 3.3 zu entnehmen ist, sind die GRI Standards in drei Normenreihen aufgeteilt.

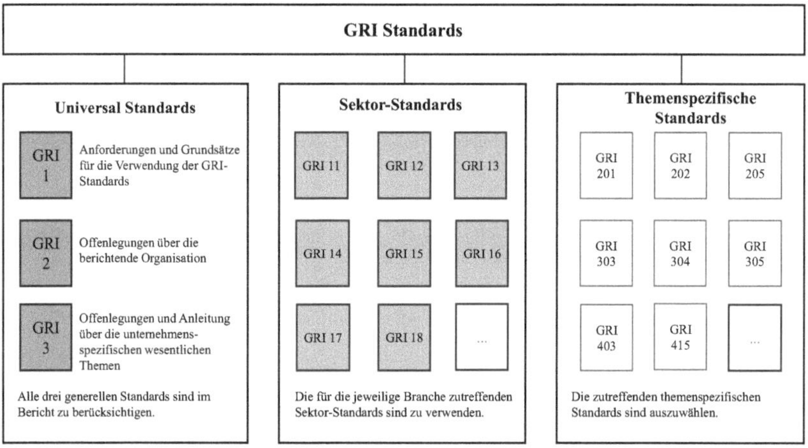

Abbildung 3.3 Überblick GRI Standards. (vgl. GRI Standards o. J., S. 3)

Diese Normenreihen sind Universal Standards, Sektor-Standards und themenspezifische Standards (vgl. GRI Standards o. J., S. 2–4). GRI Universal Standards gelten für alle Unternehmen und definieren, wie diese Standards einzusetzen sind und listen die zu erfüllenden Anforderungen auf. Zu Qualitätsstandards wie Genauigkeit, Ausgewogenheit und Überprüfbarkeit wird ebenso Stellung bezogen (vgl. GRI Standards o. J., S. 2–3). Für 40 Branchen wurden GRI Sektor Standards entwickelt. Zu den Branchen mit den größten Auswirkungen zählen: Öl und Gas,

Landwirtschaft, Aquakultur und Fischerei (vgl. GRI Standards o. J., S. 3). Die 40 Branchen sind dem Anhang 1 des Dokuments „GRI Sector Program – List of prioritized sectors Revision 3“ zu entnehmen. Die Einteilung der Sektoren erfolgt in vier Gruppen (Gruppe 1 Grundlegende Materialien und Bedürfnisse, Gruppe 2: Industrie, Gruppe 3: Verkehr, Infrastruktur und Tourismus und Gruppe 4: Sonstige Dienstleistungen und Leichtfertigung) (vgl. GRI Sector Program, S. 5–7). Mit Hilfe der Sektor Standards soll die Auswahl an Themen, die im Zuge der Wesentlichkeitsanalyse berücksichtigt werden müssen, vereinfacht werden (vgl. Auer et al. 2022, S. 140).

GRI Themen Standards sollen dem Unternehmen helfen festzulegen, welche Themen eines Unternehmens am meisten Relevanz besitzen, d. h. die größten Auswirkungen haben. Weiters wird beschrieben, wie die Sektor Standards in diesem Zusammenhang einzusetzen sind. Als Beispiele der Themenstandards können folgende aufgezählt werden: Abfall, Arbeitssicherheit, Gesundheitsschutz und Steuern (vgl. GRI Standards o. J., S. 4). Die GRI-200er Reihe der themenspezifischen Standards beinhaltet die Auswirkungen des Unternehmens in Bezug auf ökonomische Themen. Die GRI-300er Reihe bezieht sich auf ökologische und die GRI-400er Reihe auf soziale Themen (vgl. Auer et al. 2022, S. 131). Die Reihenfolge der Durchführung der Nachhaltigkeitsberichterstattung gemäß GRI-Standards ist dem Dokument „Consolidated Set of the GRI Standards“ zu entnehmen (vgl. Consolidated Set of the GRI Standards, S. 14).

3.3.3.3 International Sustainability Standards Board (ISSB) / IFRS Sustainability Disclosure Standards

Das International Sustainability Standards Board (ISSB), welches durch die IFRS Foundation 2021 gegründet wurde, dient der Schaffung eines einheitlichen Rahmens für die Offenlegung von Nachhaltigkeitsinformationen in Bezug auf Klima, Umwelt, Sozial- und Governance-Themen (ESG-Themen). Diese Daten sollen bei Investitionsentscheidungen helfen (vgl. Auer et al. 2022, S. 141).

Die Standards, die vom ISSB festgelegt wurden, lauten IFRS Sustainability Disclosure Standards und haben zum Ziel einen Normenrahmen vorzugeben, der weltweit angewandt werden kann und somit für eine Harmonisierung der Nachhaltigkeitsberichterstattung sorgen kann. Es wird in diesem Zusammenhang auch von einer „*Global Baseline*“ gesprochen (vgl. Baumüller IFRS Sustainability Disclosure Standards 2023, S. 132). Die ersten beiden Sets der IFRS SDS (IFRS S1 und IFRS S2) wurden am 26.Jun.2023 veröffentlicht (vgl. DeloitteESGNow 2023, S. 1). Abbildung 3.4 zeigt den Aufbau und die Berichtspflichten der IFRS SDS.

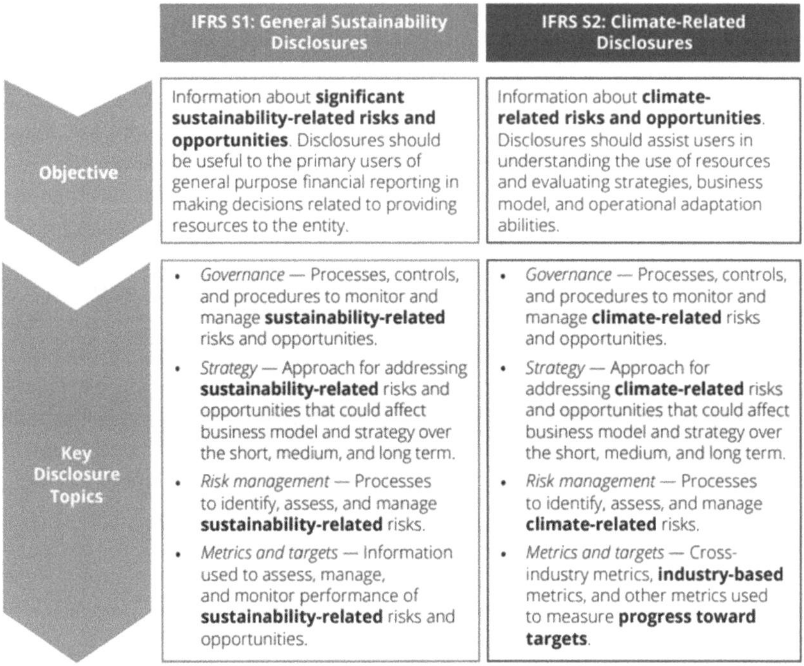

Abbildung 3.4 Aufbau und Berichtspflichten IFRS SDS. (Quelle: DeloitteESGNow 2023, S.3)

Wie Abbildung 3.4 zu entnehmen ist, sind gemäß IFRS S1 wesentliche Risiken und Chancen in Bezug auf Nachhaltigkeitsaspekte anzugeben unter Berücksichtigung der Bereiche Governance, Strategie, Risikomanagement sowie Kennzahlen und Ziele. IFRS S1 bezieht sich auf Grundlagen für die Nachhaltigkeitsberichterstattung, wobei zu erwähnen ist, dass sich die Struktur der Berichterstattung an der Gliederung der Task Force on Climate-related Financial Disclosures (TCFD) orientiert. Diese Informationen dienen in erster Linie Investoren für ihre Entscheidungsfindung. Die Finanzdaten und Annahmen müssen übereinstimmen mit den Angaben der Finanzberichterstattung (vgl. DeloitteESGNow 2023, S. 3). IFRS S2 bezieht sich konkret auf Offenlegungen klimabezogener Risiken und Chancen (im speziellen in Bezug auf die Treibhausgasemissionen Scope 1, Scope 2 und Scope 3) unter Berücksichtigung der Bereiche Governance, Strategie, Risikomanagement sowie Kennzahlen und Ziele. Ein Verständnis mit dem Umgang von Ressourcen soll erlangt werden und Möglichkeiten der Prozessanpassungen bzw. Strategieanpassungen sollen dadurch sichtbar werden (vgl. DeloitteESGNow 2023, S. 3).

Ein deutliches Unterscheidungsmerkmal der ESRS im Vergleich zu den IFRS SDS stellt die Ausrichtung dar. IFRS SDS ist auf Investoren, ESRS auf Stakeholder*innen ausgelegt. Daher ist auch der Fokus der Berichterstattung ein anderer. Die IFRS Berichterstattung beschäftigt sich vor allem mit der finanziellen Wesentlichkeit, gemäß ESRS ist die doppelte Wesentlichkeit anzuwenden. Dieser Unterschied hat zur Folge, dass die Berichterstattung gemäß IFRS SDS nicht so umfangreich ist, wie gemäß ESRS. Es kann vorkommen, dass aufgrund der unterschiedlichen Betrachtungsweise, Nachhaltigkeitsaspekte, die gemäß CSRD-Richtlinie als wesentlich eingestuft und somit berichtspflichtig sind, bei einer Bewertung gemäß IFRS SDS als unwesentlich eingestuft werden. Dieser Umstand hat zur Folge, dass Unternehmen, die eine Nachhaltigkeitsberichterstattung gemäß beider Standards durchführen müssen, vor großen Herausforderungen stehen. Ein modularer Aufbau der Nachhaltigkeitsberichterstattung kann hier möglicherweise von Vorteil sein (vgl. Baumüller 2023b, S. 132–133 und S. 136).

Die erstmalige Berichterstattung gemäß IFRS SDS soll mit dem Geschäftsjahr 01.01.2024 beginnen (gleicher Berichtsstartzeitpunkt gemäß CSRD-Richtlinie), unter Anwendung der IFRS S1 und S2 Standards). Nachdem die IFRS SDS nur einen Teil der Nachhaltigkeitsaspekte abdecken, wird im IFRS S1 auf die ESRS und GRI Standards verwiesen, wodurch Unternehmen erlaubt wird, auf diese Standards für ihrer Nachhaltigkeitsberichterstattung gemäß IFRS SDS zurückzugreifen. Anders als gemäß CSRD-Richtlinie gefordert, muss die Nachhaltigkeitsberichterstattung gemäß IFRS SDS nicht als Teil des Lageberichts erstellt werden und theoretisch wäre eine zeitlich versetzte Offenlegung dieser beiden Berichte möglich. Eine zeitgleiche Veröffentlichung wird allerdings erwartet (vgl. Baumüller 2023b, S. 134). Bei der Erstellung der ESRS 1, ESRS 2 und ESRS E1 wurden die Inhalte der IFRS S1 und IFRS S2 so gut es ging berücksichtigt und auf Harmonisierung Wert gelegt. Nachdem das Standardsystem der ESRS noch nicht alle benötigten Sektorstandards beinhaltet, wird in ESRS 1 darauf hingewiesen, den Anhang zu IFRS S2, das bedeutet die sektorspezifischen Angabepflichten der SASB-Standards heranzuziehen (vgl. Baumüller 2023b, S. 136).

Die IFRS SDS sind anzuwenden, wenn Unternehmen auch außerhalb des EU-Raums produzieren, oder sich ihre Investoren außerhalb des EU-Raums befinden (vgl. Baumüller 2023e, S. 13).

3.3.3.4 SASB-Standards

Das International Sustainability Standards Board (ISSB) von der IFRS Foundation ist seit August 2022 für die Sustainability Accounting Standards Board (SASB) Standards verantwortlich. Diese Standards hatten Einfluss auf die Erstellung der IFRS S1 und IFRS S2 Standards. Die SASB-Standards stellen branchenspezifische Standards dar, die aufgrund der Festlegung durch das ISSB und der fehlenden spezifischen IFRS-Standards, für die Nachhaltigkeitsberichterstattung zu berücksichtigen sind. Es soll damit sichergestellt werden, dass Unternehmen nachhaltigkeitsbezogene Risiken und Chancen sowie weiters deren relevante Kennzahlen identifizieren können. Viele Unternehmen greifen auf GRI Standards und SASB-Standards zurück, damit die Bedürfnisse möglichst vieler Interessensgruppen abgedeckt werden (vgl. SASB o. J.b).

Es wurden Standards für 11 Sektoren und insgesamt 77 Branchen entwickelt. Die Tabelle 3.4 gibt Aufschluss über die Sektoren und die zugehörigen Branchen (vgl. SASB o. J.a).

Tabelle 3.4 Auflistung Sektoren und zugehörige Branchen der SASB Standards

Sektor	Branche
Konsumgüter	– Kleidung, Accessoires und Schuhe – Herstellung von Haushaltsgeräten – Bauprodukte und Einrichtung – E-Commerce – Haushalts- und Körperpflegeprodukte – Mehrkanal- und Spezialhändler*innen und -verteiler*innen – Spiel- und Sportwaren
Rohstoff- und Mineralverarbeitung	– Kohleförderung – Baustoffe – Eisen- und Stahlproduzenten – Metallurgie und Bergbau – Öl und Gas – Exploration und Produktion – Öl und Gas – Verarbeitung (Midstream) – Öl und Gas – Veredelung und Absatz – Öl und Gas – Dienstleistungen

(Fortsetzung)

Tabelle 3.4 (Fortsetzung)

Sektor	Branche
Finanz	– Vermögensverwaltung und – verwahrung – Geschäftsbanken – Konsumentenfinanzierung – Versicherung – Investmentbanking und Maklergeschäft – Hypothekenfinanzierung – Wertpapier- und Rohstoffbörsen
Lebensmittel- und Getränke	– Landwirtschaftliche Produkte – Alkoholische Getränke – Lebensmitteleinzelhändler*innen und -vertriebsgesellschaften – Fleisch, Geflügel und Milchprodukte – Alkoholfreie Getränke – Verarbeitete Lebensmittel – Restaurants – Tabak
Gesundheit	– Biotechnologie und Pharmazeutika – Arzneimittelhändler*innen – Medizinische Versorgung – Medizinische Versorger*innen – Geführte Versorgung – Medizinische Ausstattung und Medizinbedarf
Infrastruktur	– Stromversorger*innen und -erzeuger*innen – Technik- und Baudienstleistungen – Gasversorger*innen und -händler*innen – Haus- und Wohnungsbau – Immobiliengeschäft – Immobiliendienstleistungen – Abfallwirtschaft – Wasserversorgungsbetriebe und Dienstleistungen
Erneuerbare Ressourcen und alternative Energien	– Biokraftstoffe – Forstwirtschaft – Brennstoffzellen und Industriebatterien – Zellstoff- und Papierprodukte – Solartechnologie und Projektentwickler*in – Windtechnologie und Projektentwickler*in

(Fortsetzung)

Tabelle 3.4 (Fortsetzung)

Sektor	Branche
Ressourcentransformation	– Luft- und Raumfahrt und Verteidigung – Chemikalien – Behälter und Verpackungen – Elektrische und elektronische Geräte – Industriemaschinen und -güter
Dienstleistung	– Werbung und Marketing – Casinos und Glücksspielunternehmen – Bildung – Hotels und Gastgewerbe – Freizeiteinrichtungen – Medien und Unterhaltung – Professionelle und kommerzielle Dienstleistungen
Technologie- und Kommunikation	– Elektronische Herstellungsservices und Herstellung nach Originaldesign – Hardware – Internetmedien und -services – Halbleiter – Software- und IT-Dienstleistungen – Telekommunikationsservices
Transport	– Luftfracht und Logistik – Fluggesellschaften – Autoteile – Automobile – Autovermietung und Leasing – Kreuzfahrtgesellschaften – Schiffstransport – Schienentransport – Straßentransport

(Quelle: eigene Darstellung, 2024; Daten: vgl. SASB o. J.a)

Die jeweiligen SASB-Standards sind als Download verfügbar (vgl. SASB o. J.a).

3.3.3.5 Sustainable Development Goals (SDG)

Die Sustainable Development Goals lösen die Milleniumsentwicklungsziele (MDGs), die zur Jahrtausendwende (2000) definiert wurden, ab. Die SDGs, auch „Global Goals“ genannt, wurden im Jahr 2015 von Vertretern der 193 UN-Staaten im Zuge der Agenda 2030 verabschiedet (vgl. BMEIA o. J.). Unternehmen sind gesetzlich nicht verpflichtet die SDGs für die Nachhaltigkeitsberichterstattung einzuhalten. Anders als die GRI Standards stellen die SDGs auch kein Rahmenwerk dar. Sie sollen Unternehmen bei der Nachhaltigkeitsberichterstattung als Orientierung dienen und können Unternehmen helfen, ihre Strategien, Tätigkeiten und Ziele an den globalen Entwicklungszielen (SDGs) auszurichten, um ihr Risiko zu senken (vgl. Kommentar: Die Rolle der Sustainable Development Goals (SDGs) beim CSR-Reporting und vgl. Auer et al. 2022, S. 177).

In Summe wurden 17 SDGs und 169 Zielsetzungen festgelegt, um aufzuzeigen, wie die Entwicklung für die nächsten 15 Jahre, d. h. bis zum Jahr 2030 sein sollte, um die Ziele der Agenda 2030 zu verwirklichen (vgl. Global Goals for people and planet, 2024). Die 169 Zielsetzungen bestehen aus 107 inhaltlichen Zielen (SDG1 – SDG16) und 62 Umsetzungszielen (19 davon sind Teil von SDG17, 43 gehören zu SDG1 – SDG16). Die Umsetzungsziele gehen auf die Mittel ein, die benötigt werden, um die definierten Ziele zu erreichen (vgl. Martens / Ellmers 2020, S. 11 und 14). Diese Ziele und Zielsetzungen beziehen sich auf nachhaltige Entwicklung und gelten für alle Staaten weltweit. Sie nehmen die Industriestaaten in die Pflicht, mit Ressourcen schonend umzugehen, für Sozialstandards zu sorgen und den Ausstoß klimaschädlicher Gase zu reduzieren, d. h. die Ausrichtungen Wirtschaft, Soziales und Umwelt werden berücksichtigt. Gesellschaftspolitische Ziele (z. B. Geschlechtergleichheit, gerechte Steuerpolitik) fallen ebenfalls unter die 17 Ziele. Die extreme Armut weltweit zu bekämpfen ist das oberste Ziel der SDGs (vgl. BMEIA o. J.).

Scholz&Friends Reputation erklären auf ihrer Homepage, dass sich die SDGs aus fünf Prinzipien ableiten. Diese Prinzipien sind Menschenwürde, Schutz unseres Planeten, Wohlstand für alle, Förderung von Frieden und Aufbau globaler Partnerschaften (vgl. Kommentar: Die Rolle der Sustainable Development Goals (SDGs) beim CSR-Reporting).

Die Definitionen der 17 Ziele für eine nachhaltige Entwicklung und die Auswahl der von dieser Masterarbeit betroffenen SDGs, sind Kapitel 6 zu entnehmen.

Im Jahr 2020 wurde ein Bericht erstellt, um die bisherige Entwicklung der Umsetzung der SDGs innerhalb der ersten fünf Jahre (2015 – 2020) zu bewerten. Der Trend vieler Ziele geht in die gegenteilige der erwünschten Richtung. Durch die Covid-19-Pandemie wurde dieser Trend noch verstärkt. So stieg zum Beispiel die Zahl der Menschen, die unter extremer Armut leiden, die Zerstörung der Lebensgrundlagen schritt voran, nur ca. die Hälfte der Weltbevölkerung verfügte über ausreichenden Zugang zu Gesundheitsdiensten, eine Million Tier- und Pflanzenarten waren vom Aussterben bedroht und die Temperaturrekorde und Aufzeichnungen der wärmsten Kalenderjahre nahm ebenfalls zu. Die Zunahme an autoritären Regimen steht auch nicht im Einklang mit den SDG Zielen (vgl.

Martens / Ellmers 2020, S. 6–7). An positiven Entwicklungen im Zusammenhang mit der Agenda 2030 sind an dieser Stelle zu erwähnen, dass die Agenda 2030 in vielen Ländern in nationale Nachhaltigkeitsstrategien übersetzt wurde und in mehr als 40 Ländern zivilgesellschaftliche SDG-Bündnisse entstanden sind. Auch durch diverse Protestbewegungen durch z. B. Fridays for future (Bekämpfung des Klimawandels), Black Lives Matter (gegen Rassismus und Diskriminierung) und #MeToo (Gewalt gegen Frauen) gelang es die Aufmerksamkeit vieler Themen in der Bevölkerung zu erhöhen (vgl. Martens / Ellmers 2020, S. 7).

Schäfer H. kommt in seinem Artikel „Fünf Jahre EU-Aktionsplan „Nachhaltige Finanzierung" – ein wirtschaftspolitisches Experiment läuft aus dem Ruder" zu einem vergleichbaren Bild bezüglich der bisherigen Zielerreichung der SDGs. So sind bei ca. 33 % der Staaten rückläufige bzw. stagnierende Bemühungen zu erkennen und bei etwa 50 % der Staaten werden die gesteckten SDGs nicht erreicht werden. Lediglich 10 % der Staaten sind auf einem positiven Weg zur Zielerreichung. Die Nachhaltigkeitsprobleme (Umweltschäden, hohes menschliches Leid) nehmen durch die in der Welt vorherrschenden Kriege und Konflikte stetig zu. Die CO_2-Reduktion entspricht in vielen Ländern nicht den gesteckten Klimaschutzzielen, was zur Folge hat, dass sich die Jahresemissionen auf Vorjahresniveau befinden. Die Hauptverursacher sind im Verkehrssektor und im Gebäudebereich zu finden (vgl. Schäfer 2024, S. 46–47).

In dem Bericht „Österreich und die Agenda 2030" wird die Entwicklung für die Umsetzung der Ziele und Vorgaben in Österreich bewertet. Die Quote der Armuts- und Ausgrenzungsgefährdeten (SDG1) sank in Österreich von 18,9 % (2010) auf 17,5 % (2018). Ebenfalls positiv ist der Trend Hunger zu beenden/ Ernährungssicherheit (SDG2) und ein gesundes Leben für alle (SDG3), wobei angemerkt wurde, dass die alkoholbedingte Todesursachen und Suizide für 2018 auf einem hohen Niveau liegen. SDG7 konnte zum Teil erfüllt werden. So nahm der Anteil an erneuerbarer Energie zu von 31,2 % (2010) auf 33,4 % (2018). Der EU-Durchschnitt liegt bei 18 %. Als negativ kann der Energieverbrauch angesehen werden, da dieser Wert konstant über den Energieeffizienzrichtwert liegt. Ebenfalls gestiegen sind der Energieverbrauch und die Treibhausgasemissionen des Verkehrs (SDG9), was ebenfalls einen negativen Trend bedeutet. SDG11 muss ebenfalls verbessert werden in Bezug auf hohe Wohnkosten, Flächeninanspruchnahme und Siedlungsabfälle. Beim Umweltschutz (SDG12) ist ein positiver Trend zu vernehmen, allerdings muss der inländische Materialverbrauch (Biomasse, metallische Erze, nichtmetallische Minerale, fossile Energieträger) verringert werden. Auch bei den Maßnahmen zum Klimaschutz (SDG13) hat Österreich Aufholbedarf, da die pro Kopf Emissionen in Österreich im Jahr 2017 ca. 8 % über den EU Durchschnitt lagen. Für SDG17 wurde angegeben, dass die Ausgaben für staatliche Entwicklungshilfe sanken. Auch wird erwähnt, dass die Covid-19-Pandemie sich ebenfalls auf die Erreichung der SDGs auswirken wird (vgl. Österreich und die Agenda 2030. 2020, S. 55, 58, 61, 73, 78, 83, 89, 100 und 102). Diese Auswirkungen werden dem nächsten Fortschrittsbericht, der vermutlich 2025 erstellt wird, zu entnehmen sein.

3.4 Anforderungen und Berichtspflichten gemäß CSRD-Richtlinie

Dieses Kapitel soll Aufschluss darüber geben welche Themenblöcke im Zuge der Nachhaltigkeitsberichterstattung gemäß CSRD-Richtlinie zu berücksichtigen sind. Ein Überblick über die Themenblöcke ist Abschnitt 3.4.2 zu entnehmen. Besonders wichtige Themen, wie zum Beispiel die Wesentlichkeitsanalyse (Abschnitt 3.4.3) werden in eigenen Kapiteln näher beschrieben.

3.4.1 Ziel der CSRD-Richtlinie

Ziel der Nachhaltigkeitsberichterstattung ist es, darzustellen, welche nachhaltigkeitsrelevanten Auswirkungen vorliegen und wie sich diese auf den Geschäftsverlauf, das Geschäftsergebnis und die Lage des Geschäftsbereichs auswirken (vgl. (EU) 2022/2464, S. L322/42). Die Transparenz der Nachhaltigkeitsberichterstattung soll erhöht werden, in dem Unternehmen sicherstellen müssen, dass ihre Nachhaltigkeitsinformationen den Gütekriterien Vollständigkeit, Verlässlichkeit und Vergleichbarkeit entsprechen. Die Erhöhung der Vergleichbarkeit der Daten kann durch die anzuwendenden European Sustainability Reporting Standards (ESRS) erreicht werden. Die einzuhaltenden Sorgfaltspflichten und die externe Prüfung soll die Datenverlässlichkeit inkl. Datenqualität sicherstellen und Greenwashing vorbeugen (vgl. Baumüller/Mayr 2023f, S. 2).

3.4.2 Berichtsanforderungen gemäß CSRD-Richtlinie im Überblick

Mit Inkraftsetzung der CSRD-Richtlinie müssen viele Punkte berücksichtigt und offengelegt werden. Die Tabelle 3.5 soll dabei helfen, eine Übersicht über die Berichtspflichten zu erlangen.

Tabelle 3.5 Berichtspflichten Nachhaltigkeitsberichterstattung gemäß CSRD-Richtlinie

Berichtspflicht (große Unternehmen sowie Klein- und Mittelunternehmen von öffentlichem Interesse)	Seitenangabe (EU) 2022/2464
Teil des Lageberichts.	Artikel 19a (1) L322/42
Angaben zu: – Auswirkungen der Unternehmenstätigkeiten auf Nachhaltigkeitsaspekte – Auswirkungen von Nachhaltigkeitsaspekten auf das Unternehmen (Geschäftsverlauf, Geschäftsergebnis, Lage des Unternehmens) Abschnitt muss im Lagebericht klar erkennbar sein. Die zu berichtenden Nachhaltigkeitsinformationen sollen sowohl rückblickend die Vergangenheit abdecken, als auch zukunftsbezogen aufgeschlüsselt werden. Diese Informationen können qualitativer und quantitativer Natur sein.	Artikel 19a (1) L322/42 Auflistung Gründe (33) L322/25
Beschreibung Geschäftsmodell und Unternehmensstrategie inkl.: – Widerstandsfähigkeit gegenüber Risiken in Zusammenhang mit Nachhaltigkeitsaspekten. – Chancen in Zusammenhang mit Nachhaltigkeitsaspekten. – Durchführungsmaßnahmen inkl. Finanz- und Investitionspläne, um das Pariser Übereinkommen zur Begrenzung der Erderwärmung auf 1,5 °C, sowie das Ziel der Klimaneutralität bis 2050 zu unterstützen und sofern zutreffend Darstellung des Umgangs des Unternehmens in Bezug auf Gas, Kohle und Öl. – Erklärung, wie das Unternehmen (durch das Geschäftsmodell und ihre Strategie) auf Bedürfnisse der Interessensträger eingeht. Erklärung des Umgangs des Unternehmens auf Auswirkungen auf Nachhaltigkeitsbelange, die aufgrund der Unternehmenstätigkeit hervorgerufen wurden. – Erklärung, wie die Unternehmensstrategie bezogen auf die Nachhaltigkeitsaspekte umgesetzt wird.	Artikel 19a (2a) L322/43
– Beschreibung der zeitgebundenen Nachhaltigkeitsziele. – Sofern zutreffend, Beschreibung der absoluten Ziele zur Verringerung der Treibhausgasemissionen für 2030 und 2050 und anführen der erzielten Fortschritte um diese Ziele zu erreichen. – Erklärung ob die Ziele, die sich auf Umweltfaktoren beziehen, auf schlüssigen wissenschaftlichen Beweisen basieren.	Artikel 19a (2b) L322/43

(Fortsetzung)

Tabelle 3.5 (Fortsetzung)

Berichtspflicht (große Unternehmen sowie Klein- und Mittelunternehmen von öffentlichem Interesse)	Seitenangabe (EU) 2022/2464
Verwaltungs-, Leitungs- und Aufsichtsorgane (siehe auch Abschnitt 3.4.5): – Beschreibung ihrer Rolle im Zusammenhang mit Nachhaltigkeitsaspekten. – Beschreibung ihres Fachwissens und ihrer Fähigkeiten bzw. zu ihrem Zugang zu diesen Fähigkeiten und Fachwissen um ihrer Rolle gerecht zu werden. – Beschreibung über ein mit Nachhaltigkeitsaspekten verbundenes Anreizsystem für Leitungs-, Aufsichts- und Verwaltungsorgane, sofern zutreffend. – Beschreibung des Diversitätskonzepts (in Zusammenhang mit den Verwaltungs-, Leitungs- und Aufsichtsorganen) inkl. dessen Ziele und Umsetzung sowie Ergebnisse im Berichtszeitraum. Das Konzept umfasst Geschlecht und z. B. Alter, Behinderungen, Bildungs- und Berufshintergrund. Bei nichtvorliegen eines derartigen Konzepts ist eine Erklärung abzugeben.	Artikel 19a (2c) Artikel 19a (2e) L322/43 Artikel 20 (1a) L322/46
Beschreibung der Unternehmenspolitik in Bezug auf Nachhaltigkeit.	Artikel 19a (2d) L322/43
Beschreibung: – Due-Diligence-Prozess (siehe auch Abschnitt 3.4.4). – Wesentliche negative Auswirkungen (potenziell oder tatsächlich) bezogen auf die Unternehmenstätigkeit und seiner Wertschöpfungskette (inkl. Produkte und Dienstleistungen, Lieferkette und Geschäftsbeziehungen) (siehe auch Abschnitt 3.4.3). – Maßnahmen zur Identifikation und Überwachung dieser Auswirkungen (Auswirkungen aufgrund der eigenen Geschäftstätigkeit und aufgrund Due-Diligence-Prozess sind abzudecken). – Maßnahmen zur Verminderung, Verhinderung, Behebung bzw. Beendigung tatsächlicher oder potenzieller Auswirkungen inkl. Beschreibung des Erfolgs dieser Maßnahmen.	Artikel 19a (2f) L322/43
Risiken und Abhängigkeiten basierend auf Nachhaltigkeitsaspekte, die auf das Unternehmen bzw. auf dessen Geschäftstätigkeit wirken, sind anzuführen. Auf deren Handhabung ist ebenfalls einzugehen.	Artikel 19a (2 g) L322/43
Beschreibung der Indikatoren für die bisher genannten Punkte (Artikel 19a 2a-2 g)	Artikel 19a (2h) L322/43

(Fortsetzung)

Tabelle 3.5 (Fortsetzung)

Berichtspflicht (große Unternehmen sowie Klein- und Mittelunternehmen von öffentlichem Interesse)	Seitenangabe (EU) 2022/2464
All diese Informationen können sich gegebenenfalls auf kurz, mittel oder langfristige Zeiträume beziehen.	Artikel 19a (2h) L322/43
Sofern es innerhalb der ersten Jahre der Anwendung dieser Richtlinie Unternehmen nicht möglich ist, alle zu meldenden Informationen über seine Wertschöpfungskette zu erhalten, ist dies im Bericht anzugeben inkl. einer Erklärung, welche Maßnahmen getroffen wurden, um diese zu erhalten. Des Weiteren sind Pläne zu definieren, wie es in Zukunft erreicht werden soll, diese Informationen zu erhalten. Diese Regelung gilt auch für die Berichterstattung von Mutterunternehmen.	Artikel 19a (3) L322/44 Artikel 29a (3) L322/48
In Ausnahmefällen dürfen Informationen über künftige Entwicklungen, über die Verhandlungen geführt werden, weggelassen werden, sofern sie der Geschäftslage ernsthaft schaden würden, unter der Voraussetzung, dass dadurch das Verständnis betreffend des Geschäftsverlaufs und der Geschäftsergebnisse nicht beeinträchtigt wird.	Artikel 19a (3) L322/44
Die Nachhaltigkeitsberichterstattung hat gemäß Standards zu erfolgen. Gemäß ESRS-Verordnung (EU) 2023/2772 (Seite 1/284) müssen Unternehmen, die gem. CSRD-Richtlinie Bericht zu erstatten haben, verpflichtend die European Sustainability Reporting Standards einsetzen (nähere Infos zur ESRS-Verordnung siehe Abschnitt 3.3.3.1).	Artikel 19a (4) L322/44
Unternehmen bzw. Mutterunternehmen müssen den Lagebericht in einem einheitlichen elektronischen Berichtsformat zur Verfügung stellen. Die hierfür gültigen Verordnung sind (EU) 2019/815 und (EU) 2020/852. Dieser Bericht ist innerhalb eines Jahres nach dem Bilanzstichtag der Öffentlichkeit zugänglich zu machen.	Artikel 29d (1) L322/54 Artikel 30 (1) L322/55
Abschlussprüfung und Bestätigung der Nachhaltigkeitsberichterstattung: Die Richtlinie 2006/43/EG regelt den Jahresabschluss sowie die Bestätigung der Nachhaltigkeitsberichterstattung. Hinweis: Die externe Prüfungspflicht wird in Abschnitt 3.4.6 näher erläutert.	L322/63
Verminderte Angabepflichten während bestimmter Übergangsregelungen sind Abschnitt 3.4.9 dieser Masterarbeit zu entnehmen.	

(Quelle: eigene Darstellung, 2024; Daten: vgl. (EU) 2022/2464, L322/42–44)

Tochterunternehmen sind davon befreit, einen eigenen Nachhaltigkeitsbericht / Lagebericht zu erstellen, sofern das Tochterunternehmen in den konsolidierten Lagebericht des Mutterunternehmens aufgenommen wurde. Voraussetzung dafür ist, dass die für das Mutterunternehmen verwendeten Standards gleichwertig mit den Vorgaben der CSRD-Richtlinie sind. Der Mitgliedstaat des befreiten Tochterunternehmens kann darauf bestehen, dass der Lagebericht des Mutterunternehmens in einer vom Mitgliedsstaat akzeptierten Sprache verfasst wird bzw. zusätzlich in dieser Sprache zu Verfügung gestellt werden muss. Diese Übersetzung muss beglaubigt sein, bzw. eine Erklärung beinhalten, warum keine beglaubigte Übersetzung vorliegt (vgl. (EU) 2022/2464, S. L322/45). Welche Nachhaltigkeitsinformationen in die Berichterstattung eines Mutterunternehmens aufzunehmen sind, sind in der CSRD-Richtlinie im Punkt „konsolidierte Nachhaltigkeitsberichterstattung“ (Artikel 29a) angegeben. Die zuvor genannten Punkte (siehe Tabelle 3.5) decken sich mit den Punkten der „konsolidierte Nachhaltigkeitsberichterstattung“ der CSRD-Richtlinie und sind im Lagebericht anzugeben. Sofern es gravierende Unterschiede zwischen den Tochtergesellschaften eines Mutterunternehmens gibt, sind auf die Risiken und Auswirkungen der betroffenen Tochtergesellschaft im Einzelnen einzugehen (vgl. (EU) 2022/2464, S. L322/48).

Für kleine und mittlere Betriebe sowie nicht komplexe Institutionen reicht eine verkürzte Form der Berichterstattung aus. Nachdem sich die hier vorliegende Masterarbeit auf Großbetriebe bezieht, wird an dieser Stelle nicht im Detail auf die Berichtspflicht der KMU eingegangen. Nachzulesen sind die Vorgaben dieser Betriebe in der CSRD-Richtlinie (EU) 2022/2464 Artikel 19a (6) S. L322/44.

3.4.3 Wesentlichkeitsanalyse entlang der Wertschöpfungskette

Kernelement der Nachhaltigkeitsberichterstattung gemäß CSRD-Richtlinie und Ausgangspunkt der Berichterstattung stellt das Prinzip der doppelten Wesentlichkeit dar. Das ist die Basis um festzulegen, welche Informationen Unternehmen offenlegen müssen (vgl. Baumüller/Mayr 2023f, S. 3). Abbildung 3.5 zeigt die Darstellung der doppelten Wesentlichkeit.

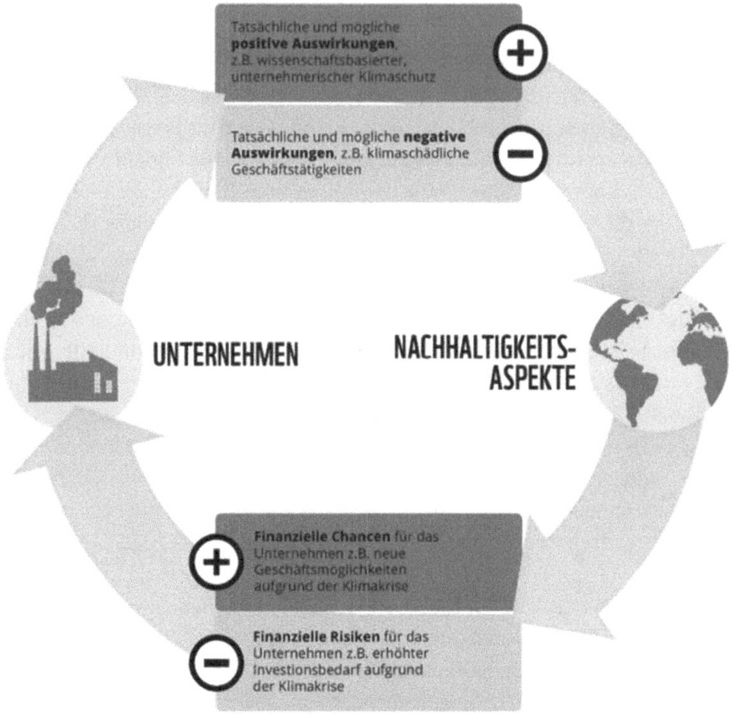

Abbildung 3.5 Darstellung der doppelten Wesentlichkeit. (Quelle: Baumüller/Mayr 2023f, S.3 und vgl. Baumüller et al. 2023g, S.118)

Wie Abbildung 3.5 zu entnehmen ist, sind die tatsächlichen bzw. möglichen positiven als auch negativen Auswirkungen der Unternehmenstätigkeit auf Nachhaltigkeitsaspekte, als auch die Auswirkungen (finanzielle Chancen und Risiken) der Nachhaltigkeitsaspekte auf das Unternehmen (Geschäftsverlauf, Geschäftsergebnis, Lage des Unternehmens) zu beurteilen (vgl. (EU) 2022/2464, S. L322/42).

Die Wesentlichkeitsanalyse basiert auf dem Prinzip der doppelten Wesentlichkeit, stellt einen dreistufigen Prozess dar und hat zum Ziel, ein möglichst objektives und umfangreiches Bild zu erhalten. Zu Beginn ist es notwendig, ein Verständnis zu den Umweltauswirkungen des Unternehmens und den betroffenen Stakeholder*innen zu erlangen. Auch Geschäftsbeziehungen zu Kundinnen und Kunden sowie Lieferanten und Lieferantinnen sind dabei zu berücksichtigen (vgl. Baumüller/Mayr 2023f, S. 5). Im zweiten Schritt hat ein Austausch mit den betroffenen Stakeholder*innen stattzufinden, um tatsächliche sowie potenzielle Auswirkungen festzustellen. Ziel dieses Dialogs ist es, die möglichen Chancen und Risiken zu erkennen. Ergänzend zum Austausch sind Unternehmen angehalten, ihre Beurteilung der Wesentlichkeit der Auswirkungen mit wissenschaftsbasierten Daten zu erweitern. Aufgrund des dadurch erlangten besseren Verständnisses, ist eine Priorisierung möglich (vgl. Baumüller/Mayr 2023f, S. 5–6 u. 12). Um mit den richtigen Stakeholderinnen und Stakeholdern in Austausch zu gehen ist es ratsam, ein Stakeholder-Mapping zu erstellen (vgl. Baumüller/Mayr 2023f, S. 10). Auswirkungen der gesamten Wertschöpfungskette sind zu berücksichtigen, d. h. die gesamte vorgelagerte Lieferkette sowie nachgelagert bis zum Endverbraucher sind zu berücksichtigen (vgl. Baumüller/Mayr 2023f, S. 7). Abschließend wird eine Bewertung der erkannten tatsächlichen sowie potenziellen Auswirkungen durchgeführt und es werden wesentliche Nachhaltigkeitsaspekte (Umweltfaktor, Sozial- und Menschenrechte und Governance-Faktor) bestimmt. Das stellt die Basis dar, welche dieser Auswirkungen in der Nachhaltigkeitsberichterstattung dargestellt und bewertet werden müssen (vgl. Baumüller/Mayr 2023f, S. 5–6).

Die Tabelle der ESRS 1 Anhang A stellt eine Mindestanforderung an Nachhaltigkeitsaspekten dar, die im Zuge einer Wesentlichkeitsanalyse zu bewerten sind (vgl. (EU) 2023/2772, S. 27–29/284). Die Umweltstandards ESRS E1-E5 entsprechen den Umweltaspekten der EU-Taxonomie Verordnung.

Unternehmen sind angehalten Schwellenwerte für Nachhaltigkeitsaspekte festzusetzen, damit festgestellt werden kann, ab wann ein Nachhaltigkeitsaspekt als wesentlich gilt. Diese Schwellenwerte können sich je Nachhaltigkeitsaspekt unterscheiden. Wichtig ist die gewählte Methode in der Nachhaltigkeitsberichterstattung zu beschreiben (vgl. Baumüller/Mayr 2023f, S. 9). Im Sinne der Nachvollziehbarkeit und Transparenz ist es essentiell, auf eine gute Dokumentation der Wesentlichkeitsanalyse zu achten.

Zusammenfassend kann festgehalten werden, dass es nicht ausreicht, wenn Unternehmen die Nachhaltigkeitsaspekte in der Tabelle ESRS 1 Anhang A in Form einer Checkliste bewerten, sondern ein umfangreicher Blick auch in Bezug auf Sektor-spezifische Standards sowie Sektor-unabhängige Standards wie z. B.

GRI Standards (siehe Abschnitt 3.3.3.2) und SASB-Standards (gehören zu ISSB) (siehe Abschnitt 3.3.3.4) können als Bezugspunkte für die Wesentlichkeitsanalyse herangezogen werden (vgl. Baumüller/Mayr 2023f, S. 13). Auswirkungen sind auf ihre Schwere (Ausmaß, Umfang und Unabänderlichkeit) und Eintrittswahrscheinlichkeit, unter Berücksichtigung der kurz-, mittel- und langfristigen Zeiträume, zu bewerten. Die Wesentlichkeitsanalyse muss entsprechend aufgebaut sein, damit feststellbar ist, ob ein wesentlicher Nachhaltigkeitsaspekt in einem Teilbereich des Konzerns, im Konzern selbst oder in einem Tochterunternehmen auftritt (vgl. Baumüller/Mayr 2023f, S. 14–15). Abbildung 3.6 liefert einen Überblick, wie die, durch die Wesentlichkeitsanalyse erlangten Daten, in die Nachhaltigkeitsberichterstattung überführt werden.

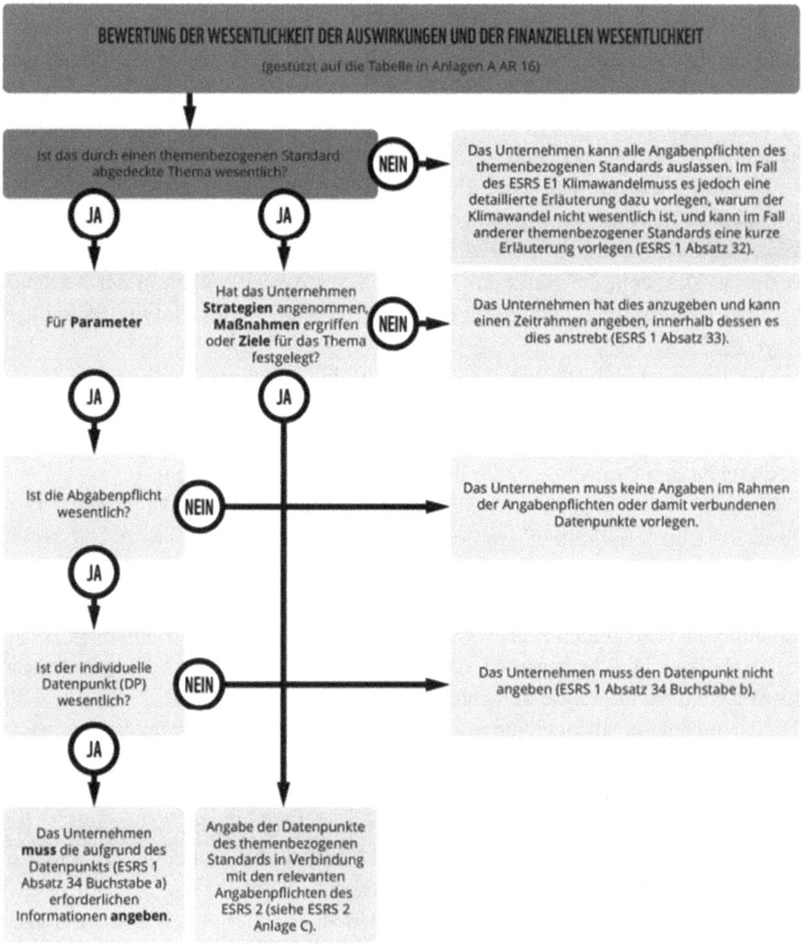

Abbildung 3.6 Weg von der Wesentlichkeitsanalyse zum Inhalt der Nachhaltigkeitsberichterstattung. (Quelle: Baumüller/Mayr 2023f, S.20 und vgl. Baumüller et al. 2023g, S.134)

Das in Abbildung 3.6 dargestellte Flussdiagramm hilft bei der Entscheidungsfindung, welche Daten in die Berichterstattung aufzunehmen sind. Wie auch dieser Abbildung zu entnehmen ist, trifft das Prinzip der Wesentlichkeit auch auf die Datenpunkte zu, daher sind nur wesentliche Datenpunkte in der Nachhaltigkeitsberichterstattung anzugeben. Es ist darauf zu achten, dass der Finanzbericht und der Nachhaltigkeitsbericht konsistent sind in ihrer Bewertung von Nachhaltigkeitsrisiken (vgl. Baumüller 2024b, S. 33). Wichtig ist auch zu erwähnen, dass für die Wesentlichkeitsanalyse aktuelle wissenschaftliche Methoden und Erkenntnisse anzuwenden sind (vgl. Baumüller 2023d, S. 30).

3.4.4 Due Diligence (Sorgfaltspflicht)

Die CSRD-Richtlinie stellt eine Rahmennorm dar. Sie fordert einen Sustainable Due Diligence Prozess, worunter eine Sorgfaltspflicht verstanden wird, die den Grundbaustein für die Nachhaltigkeitsberichterstattung darstellt (vgl. Baumüller 2023c, S. 279). Der Due Diligence Prozess soll gewährleisten, dass ein regelmäßiger Austausch mit den relevanten Stakeholdern und Stakeholderinnen erfolgt und sogenannte Beschwerdekanäle für Stakeholder*innen eingerichtet werden. Das ist essentiell für die Ermittlung, wie Unternehmen mit potenziellen negativen Auswirkungen ihrer Geschäftstätigkeit umgehen, diese vermindern bzw. verhindern, sowie darüber Bericht erstatten. An dieser Stelle sei auch erwähnt, dass ohne etablierten Due Diligence Prozess eine Wesentlichkeitsanalyse, wie sie gemäß CSRD-Richtlinie gefordert ist, nur schwer erstellt werden kann (vgl. Baumüller 2023c, S. 281). In der ESRS-Verordnung wird angemerkt, dass es für Unternehmen herausfordernd sein kann von vor- und nachgelagerten Unternehmen der Wertschöpfungskette, die nicht unter die Berichtspflicht der CSRD-Richtlinie fallen, die erforderlichen nichtfinanziellen Informationen zu erhalten (vgl. (EU) 2023/2772, S. 14/284).

Genauere Vorgaben für Due Diligence sind der Corporate Sustainability Due Diligence Directive (CSDDD), worunter die EU-Lieferkettenrichtlinie verstanden wird, zu entnehmen. Einzelheiten zu dieser Richtlinie sind dem Abschnitt 3.3.1.4 EU-Lieferkettenrichtlinie zu entnehmen.

3.4.5 Angabepflicht zu den Unternehmensorganen

Gemäß ESRS 2 Allgemeine Angaben wurde unter dem Punkt GOV-1 „Die Rolle der Verwaltungs-, Leitungs- und Aufsichtsorgane“ festgelegt, über welche

Themen berichtet werden müssen. Es sind unter anderem die Diversität (inkl. Geschlechter) und die Unabhängigkeit der Mitglieder*innen offenzulegen. Weiters müssen die Verantwortlichkeiten und Aufgaben der Unternehmensorgane, sofern diese in Zusammenhang mit den wesentlichen Auswirkungen, Risiken und Chancen der Unternehmenstätigkeit stehen, aufgeschlüsselt werden. Eine Darstellung, wie Nachhaltigkeitsthemen bearbeitet werden ist wichtig. Darunter fällt z. B. sofern zutreffend die Etablierung eines Nachhaltigkeitsausschusses bzw. die Entsendung von Nachhaltigkeitsexpertinnen und Nachhaltigkeitsexperten in den Aufsichtsrat. Weiters muss festgelegt werden, wie die Überwachung des Prozesses zur Festlegung der Ziele von Nachhaltigkeitsaspekten erfolgt (vgl. Baumüller 2023c, S. 283).

Gemäß ESRS 2 Allgemeine Angaben sind unter Punkt GOV-2 Informationen und Nachhaltigkeitsaspekte anzugeben, die in den Zuständigkeitsbereich der Verwaltungs-, Leitungs- und Aufsichtsorgane fallen. Darunter ist zu verstehen, wie diese Interessensgruppe informiert wurde und wie bzw. mit welchen Nachhaltigkeitsthemen sie sich während des Berichtszeitraums befasst hat (vgl. Baumüller 2023c, S. 283).

Gemäß ESRS 2 Allgemeine Angaben sind unter Punkt GOV-3 anzugeben, welche Anreizsysteme den Unternehmensorganen zur Verfügung stehen. Zum einen sind die Ziele, die durch das Anreizsystem festgelegt sind, darzustellen und inwiefern darauf Boni oder andere Vergütungen für das Management verknüpft sind. Die zuständige Stelle für diese Anreizsysteme ist ebenfalls im Zuge der Berichterstattung anzugeben. Sofern der Nachhaltigkeitsaspekt Klimawandel für das berichterstattende Unternehmen zutreffend ist, muss unter anderem dargestellt werden (gemäß ESRS E1), ob klimabezogene Vorgaben in den Anreizsystemen Berücksichtigung finden (vgl. Baumüller 2023c, S. 284).

3.4.6 Externe Prüfungspflicht

Ab dem Zeitpunkt der ersten Nachhaltigkeitsberichterstattung gemäß CSRD-Richtlinie muss diese verpflichtend einer externen Prüfung unterzogen werden (vgl. Baumüller 2024b, S. 31). Zu Beginn ist eine Prüfung mit begrenzter Sicherheit durch eine*n Abschlussprüfer*in ausreichend. Nachhaltigkeitsberichte von Unternehmen, deren Wertpapiere für den Handel auf dem EU Markt zugelassen sind, müssen durch eine nationale zuständige Aufsichtsbehörde beaufsichtigt werden (Enforcement). Damit die Beaufsichtigungen der zuständigen Behörden möglichst gleich ablaufen, wurden Leitlinien durch die European Securities and Markets Authority (ESMA) entwickelt. Diese Leitlinien werden Guidelines on Enforcement of Sustainability Information (GLESI) genannt (vgl. Stawinoga 2024, S. 60). Die nationalen Aufsichtsbehörden sind gefordert eine entsprechende Expertise aufzubauen, um diese verpflichtende Beaufsichtigung der relevanten Nachhaltigkeitsaspekte durchführen zu können (vgl. Stawinoga 2024, S. 64).

Ziel der Prüfung des Nachhaltigkeitsberichts durch unabhängige Dritte ist es, die Verlässlichkeit der offenzulegenden Daten zu erhöhen. Das International Auditing und Assurance Standards Board (IAASB) ist damit beschäftigt, Standards (International Standard on Sustainability Assurance [ISSA] 5000 „General Requirements for Sustainability Assurance Engagements“) für die Prüfung zu erstellen (vgl. Stawinoga 2024, S. 64).

Diese Änderungen durch die externe Prüfung bzw. Beaufsichtigung durch die Aufsichtsbehörde führt dazu, dass das interne Kontrollsystem im Unternehmen auch die Nachhaltigkeitsberichterstattung abdecken sollte (vgl. Baumüller 2023d, S. 31).

3.4.7 Offenlegung des Nachhaltigkeitsberichts und Strafen bei Unterlassung

Durch die CSRD-Richtlinie wurde die verpflichtende Vorgabe festgelegt, dass der Nachhaltigkeitsbericht Teil des Lageberichts sein muss. Dieser ist in digitaler Form der Öffentlichkeit zur Verfügung zu stellen. Derzeit in Ausarbeitung ist ein Reformpaket (European Single Access Point – ESAP) zur Veröffentlichung der Daten in einer öffentlichen Datenbank. Mit Strafen ist zu rechnen, wenn Unternehmen ihrer Offenlegungspflicht nicht nachkommen (vgl. Baumüller 2023d, S. 32).

3.4.8 Mögliche Schritte zur Implementierung der CSRD Berichterstattung

Eine gute Möglichkeit die Nachhaltigkeitsberichterstattung gem. CSRD-Richtlinie im Unternehmen zu etablieren, ist dies mit Hilfe eines Projektteams abzuwickeln (vgl. Baumüller 2023d, S. 36). Auch Graewe verweist in seinem Artikel „Die Umsetzungsschritte der CSRD in der Praxis“ auf die Umsetzung im Zuge eines Projekts. Die folgende Abbildung 3.7 stellt die Projektschritte übersichtlich dar.

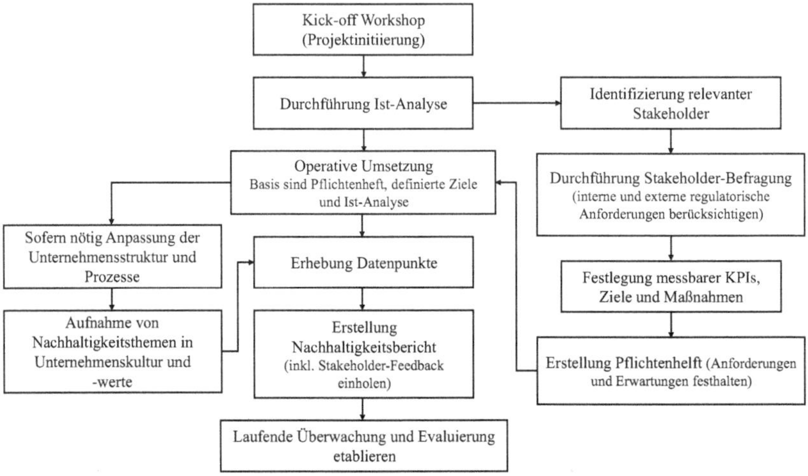

Abbildung 3.7 Projektschritte zur Implementierung der CSRD-Berichterstattung. (Quelle: eigene Darstellung, 2024; Schritte: vgl. Graewe 2024, S.34-37)

Als Startzeitpunkt wird ein Kick-off Workshop unter Teilnahme der Bereiche Controlling, Finanzen, HR, Marketing, Recht, Einkauf und Produktion gesehen. Projektziele und Zweck des Projekts sowie ein grober Zeitplan inkl. Meilensteine sind zu definieren (vgl. Graewe 2024, S. 34). Im nächsten Schritt hat eine Ist-Analyse zu erfolgen (vgl. Graewe 2024, S. 35). Danach sind die Stakeholder*innen des Unternehmens zu identifizieren (darunter fallen: Kund*innen, Zulieferer, Mitarbeiter*innen, Management, Gesellschafter*innen) und eine Befragung relevanter Stakeholder*innen sollte durchgeführt werden. Hierbei sind Umweltaspekte, soziale Aspekte und finanzielle Aspekte unterschiedlicher Stakeholder*innen, durch die inside-out und outside-in Betrachtungsweise, qualitativ und quantitativ zu bestimmen. Die regulatorischen internen sowie externen Anforderungen des Unternehmens dürfen bei der Analyse nicht außer Acht gelassen werden (vgl. Graewe 2024, S. 35). Messbare KPIs müssen festgelegt werden, ebenso wie lang- und kurzfristige Ziele und konkrete Maßnahmen. Ein Pflichtenheft ist zu erstellen, wo unter anderem die Anforderungen und Erwartungen festzuhalten sind (vgl. Graewe 2024, S. 36). Danach erfolgt die operative Umsetzung unter Zuhilfenahme des Pflichtenheftes der Ist-Analyse und der bereits definierten Ziele. Unternehmensstrukturen und Prozesse sind gegebenenfalls anzupassen (vgl. Graewe 2024, S. 36). Datenpunkte, welche aufgrund der Wesentlichkeitsanalyse als wesentlich erkannt wurden und entsprechend offenzulegen sind, müssen im nächsten Schritt erhoben werden. Weiters ist zu überprüfen, an welcher Stelle des Unternehmens diese Datenpunkte erhoben werden bzw., sofern sie bisher noch nicht erfasst wurden, ist ein System zu entwickeln, diese Datenpunkte zu erfassen. Sofern Tools für die Analyse dieser Daten etabliert werden können, sind diese zu etablieren und die zuständigen Mitarbeiter und Mitarbeiterinnen entsprechend zu schulen. Danach kann mit der Erstellung des Nachhaltigkeitsberichts gestartet werden. Nach Fertigstellung des Berichts sollte dieser an die Geschäftsleitung und Kontrollorgane, zwecks Einholung von Feedback, zugeschickt werden. Im Anschluss ist der Nachhaltigkeitsbericht an die Stakeholder*innen zu schicken, damit auch diese ihr Feedback abgeben können. Dieses Feedback dient der Evaluierung des Projekterfolgs (vgl. Graewe 2024, S. 37). Zu guter Letzt muss eine laufende Überwachung erfolgen, damit das Unternehmen auf Veränderungen seiner Umwelt reagieren kann (vgl. Graewe 2024, S. 37).

3.4.9 Verminderte Angabepflichten während Übergangsregelungen

Es wurden Übergangsregelungen festgesetzt, worunter die schrittweise Einführung von Angabepflichten verstanden wird, d. h. nicht alle Angabepflichten sind bereits bei der Erstanwendung der European Sustainability Reporting Standards umzusetzen. Eine genaue Auflistung dieser Phase-in Regelungen sind in ESRS 1 Abschnitt 10.4 in Anlage C festgehalten. Diese Übergangsbestimmungen sind auch den Tabellen 3.6 und 3.7 zu entnehmen (vgl. Baumüller 2023a, S. 122).

Es wurde eine Unterscheidung getroffen für Übergangsregelungen, die alle Unternehmen betreffen (siehe Tabelle 3.6) und Regelungen, die nur für Unternehmen gelten, die in dem zu berichtenden Geschäftsjahr die Anzahl von durchschnittlich 750 Mitarbeitende nicht überschritten haben (siehe Tabelle 3.7).

Tabelle 3.6 Schrittweise Angabepflichten, Übergangsbestimmungen für alle Unternehmen

ESRS	Bezeichnung Angabepflicht	Möglichkeit der Auslassung
ESRS 2	Strategie, Geschäftsmodell und Wertschöpfungskette	ESRS 2 SBM-1 Absatz 40b: Aufschlüsselung der Gesamteinnahmen nach den wichtigsten ESRS-Sektoren können ausgelassen werden. ESRS 2 SBM-1 Absatz 40c: Liste der zusätzlichen maßgeblichen ESRS-Sektoren können ausgelassen werden.
ESRS 2	Wesentliche Auswirkungen, Chancen und Risiken inkl. des Zusammenspiels mit Strategie und Geschäftsmodell	Gilt für das erste Berichtsjahr: ESRS 2 SBM-3 Absatz 48e: erwartete finanzielle Auswirkungen auslassen bzw. innerhalb der ersten drei Jahre nur qualitative Daten übermitteln sofern quantitative nicht möglich sind.
ESRS E1	Erwartete finanzielle Auswirkungen wesentlicher physischer Risiken und Übergangsrisiken inkl. potenzieller klimabezogener Chancen	Gilt für das erste Berichtsjahr: ESRS E1–9: Angaben können entfallen bzw. innerhalb der ersten drei Jahre nur qualitative Daten übermitteln sofern quantitative nicht möglich sind.
ESRS E2	Erwartete finanzielle Auswirkungen, Chancen und Risiken verursacht durch Umweltverschmutzung.	Gilt für das erste Berichtsjahr: ESRS E2–6: Angaben können entfallen. Innerhalb der ersten drei Jahre können, mit Ausnahme der Forderungen von Absatz 40b (Betriebs- und Investitionsausgaben mit größeren Vorfällen und Einlagen) nur qualitative Daten übermittelt werden.
ESRS E3	Erwartete finanzielle Auswirkungen, Chancen und Risiken bezogen auf Wasser- und Meeresressourcen	Gilt für das erste Berichtsjahr: ESRS E3–5: Angaben können entfallen bzw. innerhalb der ersten drei Jahre nur qualitative Daten übermitteln.
ESRS E4	Erwartete finanzielle Auswirkungen, Chancen und Risiken bezogen auf biologische Vielfalt und Ökosysteme	Gilt für das erste Berichtsjahr: ESRS E4–6: Angaben können entfallen bzw. innerhalb der ersten drei Jahre nur qualitative Daten übermitteln.
ESRS E5	Erwartete finanzielle Auswirkungen, Chancen und Risiken bezogen auf die Kreislaufwirtschaft und die Ressourcennutzung	Gilt für das erste Berichtsjahr: ESRS E5–6: Angaben können entfallen bzw. innerhalb der ersten drei Jahre nur qualitative Daten übermitteln.
ESRS S1	Merkmale der nicht angestellten Arbeitskräfte in der eigenen Belegschaft	Gilt für das erste Berichtsjahr: ESRS S1–7: Angabepflichten aller Datenpunkte können ausgelassen werden.
ESRS S1	Tarifvertragliche Abdeckung und sozialer Austausch	Gilt für das erste Berichtsjahr: ESRS S1–8: Angabepflichten in Bezug auf eigene Belegschaft in Nicht-EWR-Ländern, können ausgelassen werden.

(Fortsetzung)

Tabelle 3.6 (Fortsetzung)

ESRS	Bezeichnung Angabepflicht	Möglichkeit der Auslassung
ESRS S1	Sozialschutz, Prozentsatz der Beschäftigten mit Behinderungen, Schulungen & Kompetenzentwicklungen und Vereinbarkeit von Berufs- und Privatleben	Gilt für das erste Berichtsjahr: ESRS S1–11, ESRS S1–12, ESRS S1–13, ESRS S1–15: Angabepflichten können ausgelassen werden.
ESRS S1	Gesundheitsschutz und Sicherheit	Gilt für das erste Berichtsjahr: ESRS S1–14: Angabepflichten in Bezug auf Datenpunkte der eigenen Belegschaft zu arbeitsbedingten Erkrankungen und Zahl der Ausfallstage aufgrund von Verletzungen, Unfälle, Todesfälle und arbeitsbedingten Erkrankungen können ausgelassen werden. Weites kann die Berichterstattung nicht angestellter Mitarbeitender entfallen.

(Quelle: eigene Darstellung, 2024; vgl. Verordnung EU 2023/2772, ESRS 1 Anlage C S. 33–35/284)

Tabelle 3.7 Schrittweise Angabepflichten, Übergangsbestimmungen für Unternehmen mit einer max. durchschnittlichen Beschäftigtenanzahl von 750

ESRS	Bezeichnung Angabepflicht	Möglichkeit der Auslassung
ESRS E1	THG-Bruttoemissionen der Kategorie Scope 1, 2 und 3 und THG-Gesamtemissionen	Gilt für das erste Berichtsjahr: ESRS E1–6: Datenpunkte zu Scope-3 Emissionen und THG-Gesamtemissionen können ausgelassen werden.
ESRS E4	Alle Angabepflichten (E4 = Ökologische Vielfalt und Ökosysteme)	Gilt für die ersten beiden Berichtsjahre: ESRS E4: Angaben können ausgelassen werden
ESRS S1	Alle Angabepflichten (S1 = eigene Belegschaft)	Gilt für das erste Berichtsjahr: ESRS S1: Angaben können ausgelassen werden
ESRS S2, S3 und S4	Alle Angabepflichten (S2 = Arbeitskräfte in der Wertschöpfungskette S3 = Betroffene Gemeinschaften S4 = Verbraucher und Endnutzer)	Gilt für die ersten beiden Berichtsjahre: ESRS S2, ESRS S3 und ESRS S4: Angaben können ausgelassen werden

(Quelle: eigene Darstellung, 2024; vgl. Verordnung EU 2023/2772, ESRS 1 Anlage C S. 33–35/284)
Hinweis zur Festlegung des Schwellenwertes von 750 Beschäftigten (Tabelle 3.7). Diese Zahl wurde willkürlich festgelegt, vermutlich mit dem Hintergrund, dass die davon betroffene Anzahl an Unternehmen vertretbar sind für die Anwendung dieser Ausnahmeregelungen (vgl. Baumüller 2023a, S. 125).

Sofern Unternehmen von der Möglichkeit der Auslassung der Angabepflicht Gebrauch machen, müssen diese angeben, ob der betroffene Nachhaltigkeitsaspekt als wesentlich eingestuft wurde. Die Auslassung der Angabepflicht bezieht sich demnach lediglich auf die Nachhaltigkeitsberichterstattung, nicht auf die Wesentlichkeitsanalyse. Im Zuge der Wesentlichkeitsanalyse sind alle wesentlichen Nachhaltigkeitsaspekte zu bewerten. Nicht alle stehen diesen Übergangsregelungen positiv gegenüber. Gegenstimmen kommen z. B. aus dem Finanzsektor und von NGOs. Befürworter der Übergangsregelung der Angabepflichten sehen eine Möglichkeit Know-how aufzubauen sowie Lernmöglichkeiten durch die Erstanwender (vgl. Baumüller 2023a, S. 125).

Unternehmen müssen gut abwägen, ob sie die Auslassungsmöglichkeiten anwenden. Auf der einen Seite können sie aufgrund der reduzierten Berichtspflicht interne Ressourcen schonen und können durch den Zeitgewinn ihren dahinterliegenden Prozess besser erarbeiten. Auf der anderen Seite kann es zu kritischen Nachfragen seitens der Stakeholder*innen oder Finanzgeber*innen kommen und dadurch der Kommunikationsbedarf steigen (vgl. Baumüller 2023a, S. 126).

3.5 Analyse der Geschäftsberichte ausgewählter großer niederösterreichischer Industrieunternehmen

Das vorliegende Kapitel dient der Bearbeitung und Beantwortung der ersten Forschungsfrage: *„Inwiefern müssen Geschäftsberichte des vergangenen Geschäftsjahres am Beispiel ausgewählter großer Industrieunternehmen um Nachhaltigkeitsaspekte erweitert werden, um den Vorgaben der CSRD-Richtlinie zu entsprechen?“ (FF1).*

Aufgrund der Größe der Industrieunternehmen und der Zuordnung verschiedener Branchen wurden die Geschäftsberichte der EVN und AGRANA sowie der Nachhaltigkeitsbericht der voestalpine für die Analyse herangezogen. Diese Industrieunternehmen haben unter anderem Standorte in Niederösterreich und fallen in den Geltungsbereich dieser Masterarbeit. Eine Vorstellung der Unternehmen und eine Gegenüberstellung der berichteten Nachhaltigkeitsaspekte unter Bezugnahme der, durch die CSRD-Richtlinie abzudeckenden Themen, sind den nachfolgenden Unterkapiteln 3.5.1 – 3.5.4 zu entnehmen. Diese Analyse soll Aufschluss darüber geben, welche Nachhaltigkeitsaspekte noch zu integrieren und bewerten sind, um den Anforderungen der CSRD-Richtlinie zu entsprechen.

Ein Zwischenfazit und die Beantwortung der ersten Forschungsfrage sind in Abschnitt 3.6.4 zu finden.

3.5.1 EVN

Die drei Geschäftsbereiche der EVN sind das Energiegeschäft, Umweltgeschäft und Beteiligungen. Zum Energiegeschäft zählen die Erzeugung von Energie, Versorgung der Endkund*innen mit Strom, Wärme und Erdgas und der Betrieb von Verteilernetzen. Die Trinkwasserversorgung in Niederösterreich gehört zum Umweltgeschäft. Beteiligungen zur Absicherung der Wertschöpfungskette gibt es mit Verbund AG, Burgenland Holding und RAG. Das Industrieunternehmen mit Hauptsitz in Niederösterreich gehört den Branchen „Chemische Industrie", „Nahrungs- und Genussmittelindustrie (Lebensmittelindustrie)", „Gas- und Wärmeversorgungsunternehmen" und „Metalltechnische Industrie" an (vgl. Industrielandkarte Niederösterreich, 2024; vgl. EVN 2022/23, S. 6).

Die EVN hat für das Geschäftsjahr 2022/2023 einen Ganzheitsbericht erstellt, der im Dezember 2023 veröffentlicht wurde. Der Bericht ist mit 311 Seiten sehr umfangreich und umfasst unter anderem die Kapitel nichtfinanzielle Berichterstattung, nachhaltige Unternehmenswertsteigerung, Versorgungssicherheit, Klima- und Umweltschutz, Stakeholder-Dialog, Nachhaltigkeitsprogramm, unabhängige Prüfung des nichtfinanziellen Berichts und den Konzernlagebericht (vgl. EVN 2022/23, S. 2–3). Dem Geschäftsbericht ist zu entnehmen, dass ein Geschäftsjahr der EVN den Zeitraum von 01.Okober bis 30.September abdeckt und, dass die finanziellen und nichtfinanziellen Themen gleichranging behandelt werden. Der vorliegende Bericht entspricht den Vorgaben des Nachhaltigkeits- und Diversitätsverbesserungsgesetzes (NaDiVeG) und es wird darauf hingewiesen, dass ein eigenständiger nichtfinanzieller Bericht in dem Ganzheitsbericht integriert wurde. Weiters mussten die Vorgaben der EU-Taxonomie Verordnung eingehalten werden, daher sind die davon betroffenen Themen ebenfalls in dem nichtfinanziellen Bericht zu finden (vgl. EVN 2022/23, S. 4). Die EVN erwähnt in ihrem Bericht, dass die Anforderungen des UN Global Compact eingehalten und die Fortschritte ausgewiesen wurden. Zur Erhebung und Berechnung der Daten wurde auf nationale und internationale Standards zurückgegriffen. Der Konzernabschluss erfolgte gem. den Vorschriften des International Accounting Standards Board und den zugehörigen IFRS. Bezüglich der Berichtsinhalte dokumentierte die EVN, dass diese aufgrund der vollständigen Offenlegung aller wesentlichen Themen unter Einbeziehung der Stakeholder und Stakeholderinnen erfolge. Die Befragung der Stakeholder*innen wird im Fall der EVN alle drei Jahre durchgeführt und erfolgte zuletzt im Jahr 2021. Dafür wurden interne und externe Stakeholder*innen mittels Fragebogen befragt (vgl. EVN 2022/23, S. 4, 17).

Aufgefallen sind im Zuge der Analyse des nichtfinanziellen Berichts der EVN die Angaben der Überprüfung der Geschäftspartner*innen, also die Umsetzung des Due-Diligence Prozesses. Sie wies darauf hin, einen risikoorientierten Ansatz unter Berücksichtigung von Branchen- und Länderrisiken zu verfolgen. Des Weiteren setzt sie eine Compliance Datenbank und eine Compliance Software eines externen Dienstleisters ein. Sollten diese Screenings sensible Ergebnisse liefern, werden seitens der EVN Maßnahmen zur Reduktion des Risikos gesetzt (vgl. EVN 2022/23, S. 31–32). In Bezug auf die Ermittlung der Risiken weist die EVN in ihrem Geschäftsbericht 2022/23 – Teil nichtfinanzieller Bericht, darauf hin, dass die jährlich durchgeführte Risikoinventur alle Auswirkungen der eigenen Geschäftstätigkeit und die der Geschäftspartner*innen enthalte. Im nichtfinanziellen Bericht ist die Auflistung der wesentlichen potenziellen Auswirkungen der eigenen Unternehmenstätigkeit ersichtlich (vgl. EVN 2022/23, S. 21 und 23–25). Die Art der Einbeziehungen der Stakeholderinnen und Stakeholder der EVN wird im nichtfinanziellen Teil des Ganzheitsberichts ausführlich erläutert (vgl. EVN 2022/23, S. 21 und 132–135).

3.5.2 Voestalpine

Die Unternehmensgruppe der voestalpine ist global tätig. Zu dieser Unternehmensgruppe gehören über 500 Konzerngesellschaften und -standorte. Sie stellen Produkte für die Automobilindustrie, Energieindustrie, Bahnindustrie und für die Schweißtechnik her. Der Hauptsitz der voestalpine ist in Linz. Die Werke in Niederösterreich gehören den Branchen „Bergwerk und Stahl“ sowie „Metalltechnische Industrie“ an (vgl. Industrielandkarte Niederösterreich, 2024). Der Geschäftsbericht 2023/24 der voestalpine beinhaltet keine nichtfinanzielle Berichterstattung (vgl. voestalpine 2023/24).

Für die nichtfinanzielle Berichterstattung wurde ein eigener Bericht (Corporate Responsibility Report 2022/23) erstellt, das ist lt. Internetrecherche der aktuellste Nachhaltigkeitsbericht der voestalpine und ist mit 166 Seiten umfangreich (vgl. voestalpine 2022/23). Das Inhaltsverzeichnis lässt einen ersten Überblick zu. Die lt. NaDiVeG vorgeschriebenen ESG-Themen (Umwelt, Mitarbeiter*innen und Health&Safety sowie Gesellschaft) wurden betrachtet (vgl. voestalpine 2022/23, S. 4–5). Im Corporate Responsibility Report wird darauf verwiesen, dass es sich um den bereits achten konzernweiten Bericht handle und dieser unter Berücksichtigung der GRI-Standards erstellt wurde. Weiters wird darauf hingewiesen, dass die Vorgaben des NaDiVeG und der EU-Taxonomie Verordnung eingehalten wurden, welche im Zuge der von Deloitte durchgeführten unabhängigen Prüfung der nichtfinanziellen Berichterstattung bestätigt wurde (vgl. voestalpine 2022/23, S. 8–9, 160–164).

Die Interessensgruppen (Stakeholder*innen) wurden im nichtfinanziellen Bericht aufgeschlüsselt und die Kommunikationsmöglichkeiten genannt. Im Zusammenhang der Bestimmung der wesentlichen Themen wurde auf den internen und externen Austausch mit den Stakeholder*innen verwiesen (vgl. voestalpine 2022/23, S. 18–22).

Die Nachhaltigkeitsstrategie wird ebenfalls erwähnt und angemerkt, dass diese unter Berücksichtigung der SDGs im Jahr 2021 überarbeitet wurde (vgl. voestalpine 2022/23, S. 24). Auf Nachhaltigkeit in der Lieferkette wurde ebenfalls Wert gelegt und für die in Deutschland ansässigen Gesellschaften wurden die Anforderungen des deutschen Lieferkettensorgfaltspflichtengesetzes (LkSG) eingehalten. Beim Bezug von Rohstoffen wurde mittels CMRT (Conflict Minerals Reporting Template) darauf geachtet, dass es sich um „conflict free“ Rohstoffe handelt (vgl. voestalpine 2022/23, S. 28–29).

Die Kennzahlen, die laut EU-Taxonomie Verordnung gefordert sind, können dem Nachhaltigkeitsbericht entnommen werden (vgl. voestalpine 2022/23, S. 72–78). Das Risikomanagement wurde in diesem Bericht ebenfalls thematisiert. So wurde darauf hingewiesen, dass das Risikomanagement der voestalpine die Nachhaltigkeitsrisiken abdecke und sowohl strategische als auch operative Ebenen berücksichtige (vgl. voestalpine 2022/23, S. 84–87). Der Fokus auf CO_2-Reduktion sowie Ressourcenschonung und Kreislaufwirtschaft wurde in dem Bericht thematisiert und die Umweltinvestitionen der letzten Jahre wurden ausgewiesen (vgl. voestalpine 2022/23, S. 88, 95).

3.5.3 AGRANA

Die AGRANA Beteiligungs-AG besteht aus den Geschäftsbereichen Segment Frucht (Fruchtzuckergeschäft), Segment Stärke (Stärke- und Verzuckerungsprodukte) und Segment Zucker (Rübenverarbeitung). AGRANA ist mit dem Geschäftsbereich Frucht weltweit tätig, mit den Segmenten Stärke und Zucker hauptsächlich in Europa (vgl. AGRANA 2023/24, S. 12, 27). Das niederösterreichische Industrieunternehmen gehört den Branchen „Chemische Industrie“ und „Nahrungs- und Genussmittelindustrie (Lebensmittelindustrie)“ an (vgl. Industrielandkarte Niederösterreich, 2024).

Der integrierte Geschäftsbericht 2023/24 von AGRANA umfasst 225 Seiten und beinhaltet den finanziellen und nichtfinanziellen Bericht. Ein Geschäftsjahr bezieht sich auf den Zeitraum 01.März bis 29.Februar. Die nichtfinanzielle Erklärung entspricht dem NaDiVeG, wurde in Übereinstimmung mit den GRI-Standards erstellt und einer unabhängigen Prüfung mit beschränkter Sicherheit unterzogen. Die nichtfinanziellen Themen sind im Bereich der nichtfinanziellen Erklärung und in den jeweiligen zutreffenden Kapiteln des integrierten Geschäftsberichts 2023/24 zu finden. Es wurde darauf hingewiesen, dass AGRANA sich an den Berichtsempfehlungen der Task Force on Climate-related Financial Disclosures (TCFD) orientierte. Nachhaltigkeitsbezogene Themen wurden Zwecks leichterer Auffindbarkeit mittels grünem Fußabdruck markiert. So sind z. B. die nichtfinanziellen Unternehmenskennzahlen in der Aufstellung wichtiger Kennzahlen rasch zu finden (vgl. AGRANA 2023/24, S. 10–11).

Das Thema Nachhaltigkeit findet sich in der Revision der Unternehmensstrategie vom Juli 2023 wieder. So wurden Schwerpunkte gesetzt unter anderem in Richtung Innovation, Ausweitung der Wertschöpfungskette, Kundenorientierung, Entwicklung neuer Lösungen unter Bezugnahme auf natürlich wachsende Rohstoffe, Weiterentwicklung der Organisation inkl. Unternehmenskultur und Erreichen der Netto-Null-Treibhausgasemissionen bis spätestens 2050 (vgl. AGRANA 2023/24, S. 27–29). Die Aktien von AGRANA werden im österreichischen Nachhaltigkeitsindex VÖNIX geführt. VÖNIX ist ein Aktienindex, der österreichische börsennotierte Unternehmen, die führend bezüglich sozialer und ökologischer Nachhaltigkeitsaspekte sind, listet (vgl. AGRANA 2023/24, S. 33). Auf wesentliche Stakeholder-Gruppen sowie dem erfolgten Austausch wurde eingegangen. Ein Hinweis auf die gemäß GRI-Anforderungen überprüfte Wesentlichkeitsanalyse, die aufgrund der Inside-Out-Perspektive entstand, wurde ebenfalls verwiesen. Wie einem Hinweis in der nichtfinanziellen Erklärung zu entnehmen ist, wurde die Wesentlichkeitsanalyse bereits hinsichtlich der Vorgaben der CSRD-Richtlinie weiterentwickelt und soll im neuen Geschäftsjahr (2024/25) erstmalig veröffentlicht werden (vgl. AGRANA 2023/24, S. 40–41). Das Thema Nachhaltigkeit wurde lt. Geschäftsbericht 2023/24 am C-Level (CTO) angesiedelt und es wurde festgehalten, dass der Aufsichtsrat im Ausschuss für Strategie und Nachhaltigkeit über relevante Aspekte unterrichtet werde (vgl. AGRANA 2023/24, S. 43). Daten der vor- und nachgelagerten Wertschöpfungskette konnten dem Geschäftsbericht nicht entnommen werden. Es wird allerdings auf Initiativen von AGRANA verwiesen, um die Verarbeitung von Früchten mit Nachhaltigkeitsnachweis zu erhöhen. Dieser Nachhaltigkeitsnachweis entspreche den Grundsätzen von AGRANA und beziehe sich auf die Beschaffung agrarische Rohstoffe und Vorprodukte (vgl. AGRANA 2023/24, S. 76).

3.5.4 Gegenüberstellung der Nachhaltigkeitsberichte mit Anforderungen der CSRD / ESRS

In Tabelle 3.8 wurde die Analyse der Geschäftsberichte bzw. des Nachhaltigkeitsberichts (Abschnitt 3.5.1 – 3.5.3) übersichtlich dargestellt. Sie gibt Aufschluss darüber, welche Nachhaltigkeitsaspekte der gem. CSRD-Richtlinie und European Sustainability Reporting Standards geforderten Themen, bereits in den hier analysierten nichtfinanziellen Berichten beurteilt wurden. Diese Analyse soll einen Einblick ermöglichen, welche Themen in die nächste Berichterstattung aufzunehmen sind. Als „NB 1" wurde der Ganzheitsbericht 2022/2023 der EVN bezeichnet. Die Bewertung der nichtfinanzielle Berichterstattung (Corporate Responsibility Report) 2022/23 der voestalpine ist in Spalte „NB 2" zu finden. „NB 3" bezieht sich auf den integrierten Geschäftsbericht 2023/24 von AGRANA.

Tabelle 3.8 Analyse der Geschäftsberichte

Anforderung gem. CSRD-Richtlinie[1)] und ESRS[2)]	Thema in Nachhaltigkeitsbericht abgedeckt?		
	NB 1[3)]	NB 2[4)]	NB 3[5)]
Nichtfinanzielle Berichterstattung als Teil des Lageberichts. [1)]	+	–	+
Angabe ob nichtfinanzielle Berichterstattung auf individueller oder konsolidierter Ebene erfolgte.[2)]	+	+	+
Angabe ob nichtfinanzielle Berichterstattung vor- und nachgelagerte Wertschöpfungskette inkludiert.[2)]	+	–	–
Angabe sofern Schätzung bzw. Ergebnisunsicherheiten bezogen auf Daten der vor- und/oder nachgelagerten Wertschöpfungskette vorliegen.[2)]	–	–	–
Angabe zur Ingebrauchnahme von Auslassungsmöglichkeiten.[2)]	–	–	–
Berücksichtigung der doppelten Wesentlichkeit.[1)]	+	+	–
Beschreibung des Geschäftsmodells und Strategie (inkl. Verfahren, Kontrollen und Vorgänge zur Überwachung von Chancen, Auswirkungen und Risiken sowie der Maßnahmen und Finanz- und Investitionspläne zur Zielerreichung des Pariser Klimaschutzabkommens – Klimaneutralität bis 2050).[1)]	+	+	+

(Fortsetzung)

Tabelle 3.8 (Fortsetzung)

Anforderung gem. CSRD-Richtlinie[1] und ESRS[2]	Thema in Nachhaltigkeitsbericht abgedeckt?		
	NB 1[3]	NB 2[4]	NB 3[5]
Beschreibung der Rolle der Verwaltungs-, Leitungs- und Aufsichtsorgane inkl. Angaben zu Anreizsystem für Nachhaltigkeitsaspekte.[1]	–	+/–	+/–
Beschreibung Unternehmenspolitik hinsichtlich Nachhaltigkeit.[1]	+	+	+
Beschreibung der Durchführung eines Due-Diligence Prozesses (Sorgfaltspflicht).[1]	+	+	+
Auflistung der tatsächlichen bzw. potenziellen negativen Auswirkungen der eigenen Geschäftstätigkeit und entlang seiner Lieferkette.[1]	+	+/–	+
Auflistung aller Maßnahmen zur Reduktion, Verhinderung bzw. Behebung der tatsächlichen bzw. potenziellen negativen Auswirkungen.[1]	+	+/–	+
Auflistung der relevantesten Risiken (inkl. deren Abhängigkeiten).[1]	+	+	+
Einbeziehung von Interessensgruppen (Stakeholder*innen).[2]	+	+	+
Beschreibung des Prozesses zur Ermittlung und Bewertung wesentlicher Risiken, Chancen und Auswirkungen.[2]	+/–	+/–	+
Angaben zur Nachverfolgung der Wirksamkeit von Strategie und Maßnahmen.[2]	+	+	+
Berücksichtigung der geforderten Zeithorizonte kurz-, mittel- und langfristig, andernfalls Erklärung warum von Vorgabe abgewichen.[2]	+	+	+
Hinweis auf Änderungen der Darstellungen bzw. Fehlerkorrektur im Vergleich zur Berichterstattung des Vorjahres. [2]	–	–	–
Angaben zu ESRS E1 Klimaschutz[2]	+	+	+
Angaben zu ESRS E2 Umweltverschmutzung[2]	+	+	+
Angaben zu ESRS E3 Wasser- und Meeresressourcen[2]	+	+	+
Angaben zu ESRS E4 Biologische Vielfalt und Ökosysteme[2]	+	–	+/–
Angaben zu ESRS E5 Ressourcennutzung und Kreislaufwirtschaft[2]	+	+	+/–

(Fortsetzung)

Tabelle 3.8 (Fortsetzung)

Anforderung gem. CSRD-Richtlinie[1)] und ESRS[2)]	Thema in Nachhaltigkeitsbericht abgedeckt?		
	NB 1[3)]	NB 2[4)]	NB 3[5)]
Angaben zu ESRS S1 Eigene Belegschaft[2)]	+	+	+
Angaben zu ESRS S2 Arbeitskräfte in der Wertschöpfungskette[2)]	–	–	–
Angaben zu ESRS S3 Betroffene Gemeinschaften[2)]	–	–	–
Angaben zu ESRS S4 Verbraucher*innen und Endnutzer*innen[2)]	–	–	–
Angaben zu ESRS G1 Unternehmenspolitik[2)]	+	+	+
Unabhängige Prüfung (begrenzte Sicherheit) des nichtfinanziellen Berichts	+	+	+
Verwendung internationaler Standards	GRI SDG IFRS	GRI SDG	GRI SDG IFRS

(Quelle: eigene Darstellung, 2024)
Legende: „–" ... nicht erfüllt; „ + /–" ... teilweise erfüllt; „ + " ... erfüllt
1)... vgl. EU 2022/2464, S.L322/24, 26 und 43
2)... vgl. EU 2023/2772, S. 3 und 40–42/284
3)... vgl. EVN 2022/23, S. 3–5, 17–21, 23–25, 28, 62–72, 93–109, 115–129, 136–146
4)... vgl. voestalpine 2022/23, S. 4–5, 8–9, 18–22, 24, 28–29, 38–39, 50, 56–63, 84–87, 98–127, 160–164
5)... vgl. AGRANA 2023/24, S. 11, 23–29, 39–41, 43, 74–93, 97- 103, 109–111, 206, 215–221

Wie Tabelle 3.8 zu entnehmen ist, wurden in den nichtfinanziellen Berichten die meisten der gemäß CSRD-Richtlinie und ESRS-Vorordnung geforderten Nachhaltigkeitsaspekte bereits berücksichtigt. Eine Prüfung mit beschränkter Sicherheit wurde durchführt und bestätigte die Einhaltung des NaDiVeG und der EU-Taxonomie Verordnung (vgl. EVN 2022/23; vgl. voestalpine 2022/23 und vgl. AGRANA 2023/24). Die Dokumentation der Rolle der Leitungs-, Verwaltungs- und Aufsichtsorgane wurde in der Tabelle 3.8 zweimal als „ + /–" und einmal als „–" eingestuft, da den Berichten keine Informationen zu Anreizsysteme für Nachhaltigkeitsaspekte entnommen werden konnten. Anzumerken ist allerdings, dass die Nachhaltigkeitsberichterstattung von AGRANA (NB 3) in Bezug auf offengelegte Informationen zum Vorstand und Aufsichtsrat sehr aufschlussreich und umfassend war (vgl. EVN 2022/23; vgl. voestalpine 2022/23 und vgl. AGRANA 2023/24).

Der Nachhaltigkeitsbericht der voestalpine (NB 2), ist noch nicht in den Geschäftsbericht inkludiert (vgl. voestalpine 2022/23). Die Wichtigkeit der Betrachtung der Nachhaltigkeit entlang der Liefer- und Wertschöpfungskette ist in allen drei analysierten Nachhaltigkeitsberichten ersichtlich, allerdings können den Berichten keine qualitativen oder quantitativen Daten der Wertschöpfungskette entnommen werden. Weiters ist für alle drei nichtfinanziellen Erklärungen festzuhalten, dass auf das Risikomanagement eingegangen und ein paar wesentliche Risiken genannt wurden, allerdings wurden Chancen nicht offengelegt, daher erfolgte in der Tabelle 3.8 die Einstufung mit „+/–" (vgl. EVN 2022/23; vgl. voestalpine 2022/23 und vgl. AGRANA 2023/24). Erwähnenswert in diesem Zusammenhang ist, dass das Risikomanagement in der nichtfinanziellen Erklärung von AGRANA umfassend erläutert und darauf hingewiesen wurde, dass für die vorgelagerte Lieferkette eine langfristige Klimawandel-Szenarioanalyse für den Rohstoff Zuckerrüber erstellt wurde (vgl. AGRANA 2023/24, S. 45 und 104–115).

Der nichtfinanziellen Berichterstattung von AGRANA konnte entnommen werden, dass im Geschäftsjahr 2023/24 eine Wesentlichkeitsanalyse durchgeführt wurde, allerdings diese Wesentlichkeitsanalyse auf Basis der Inside-Out-Perspektive erfolgte. Für die doppelte Wesentlichkeit muss die Outside-In-Perspektive ebenfalls betrachtet werden, daher wurde dieser Punkt in Tabelle 3.8 mit „–" bewertet (vgl. AGRANA 2023/24, S. 41). Die Angabe der Daten zu Energieeinsatz, Emissionen, Wasserverbrauch und Abfall erfolgt je Geschäftsbereich (Segment) (vgl. AGRANA 2023/24, S. 74–93). Für Biodiversität und Kreislaufwirtschaft wurde, bezüglich der Einhaltung der EU-Taxonomie Verordnung, auf die vorgeschriebene Kreislaufwirtschaft und Schutz der Biodiversität hingewiesen. Konkrete Informationen, mit Ausnahme des Hinweises der Kreislaufwirtschaft für Reststoffe aus der Früchteverarbeitung, konnten dem Bericht nicht entnommen werden, daher wurde die Einstufung „+/–" in der Tabelle 3.8 gewählt (vgl. AGRANA 2023/24, S. 55 und 94).

Konkrete Daten zu ESRS S2 Arbeitskräfte in der Wertschöpfungskette, ESRS S3 Betroffene Gemeinschaften und ESRS S4 Verbraucher*innen und Endnutzer*innen konnten den nichtfinanziellen Berichten nicht entnommen werden, weshalb die Bewertung in Tabelle 3.8 als nicht erfüllt gewählt wurde (vgl. EVN 2022/23; vgl. voestalpine 2022/23).

Interessant ist der VÖNIX Nachhaltigkeitsindex heimischer börsennotierter Unternehmen, worauf im integrierten Geschäftsbericht von AGRANA verwiesen wurde. Dem Nachhaltigkeitsindex ist zu entnehmen, dass die Unternehmen mit einem Score von 1,5 (AGRANA Beteiligungs-AG) bzw. 1,7 (EVN AG) gut abschnitten. Positiv hervorgehoben wurde, dass AGRANA besondere Bemühungen in Bezug auf die Einbeziehung der Lieferant*innen agrarischer Rohstoffe hinsichtlich Nachhaltigkeit anstelle. Für die EVN AG wurde angemerkt, dass die Herausforderung im Ausbau der erneuerbaren Energie liege (vgl. VÖNIX Nachhaltigkeitsindex 2022/23, S. 136–137).

3.6 Interpretation und Zwischenfazit

Innerhalb dieses Kapitels werden die Analysenergebnisse aus den Geschäftsberichten der Industrieunternehmen EVN und AGRANA (Abschnitt 3.6.1 und 3.6.3) bzw. dem Nachhaltigkeitsbericht der voestalpine (Abschnitt 3.6.2) interpretiert. Im Abschnitt 3.6.4 erfolgt die Beantwortung der ersten Forschungsfrage.

3.6.1 Interpretation Ganzheitsbericht 2022/23 - EVN

Allgemein ist festzuhalten, dass der nichtfinanzielle Bericht (als Teil des Ganzheitsbericht 2022/23) der EVN sehr umfangreich ist und bereits viele der gem. CSRD-Richtlinie geforderten Punkte abdeckt. Im Text herauslesbar war, dass die potenziellen Auswirkungen auf die eigene Geschäftstätigkeit und die der Geschäftspartner im Zuge der jährlich durchgeführten Risikoinventur bestimmt wurden. Im Zuge der Analyse des Ganzheitsbericht 2022/23 (nichtfinanzieller Bericht) konnte festgestellt werden, dass die wesentlichen potenziellen Auswirkungen der eigenen Geschäftstätigkeit übersichtlich dokumentiert wurden, die wesentlichen potenziellen Auswirkungen der Geschäftspartner*innen konnten dem Bericht allerdings nicht entnommen werden. Die Beschreibung des Prozesses zur Ermittlung und Bewertung wesentlicher Risiken, Chancen und Auswirkungen muss aus Sicht der Autorin dieser Masterarbeit für die nichtfinanzielle Berichterstattung gem. CSRD-Richtlinie ausführlicher beschrieben werden. Chancen konnten der nichtfinanziellen Erklärung nicht entnommen werden und der Prozess zur Ermittlung wurde nicht genau beschrieben. Unsicher ist die Autorin, ob der Hinweis auf eine jährlich durchgeführte Risikoinventur ausreicht, um der Vorgabe der CSRD-Richtlinie hinsichtlich der Beschreibung des Prozesses zur

Ermittlung und Bewertung wesentlicher Risiken, Chancen und Auswirkungen zu entsprechen.

Daten der vor- und nachgelagerten Wertschöpfungskette inkl. der Beurteilung der Arbeitskräfte der Wertschöpfungskette müssen für die nächste Nachhaltigkeitsberichterstattung ergänzt werden, um den Vorgaben der CSRD-Richtlinie zu entsprechen.

Eine Beschreibung der Rolle der Verwaltungs-, Leitungs- und Aufsichtsorgane inkl. Beschreibung des Anreizsystems konnte aus dem aktuellen nichtfinanziellen Bericht nicht herausgelesen werden und ist ebenfalls in den nächsten Nachhaltigkeitsbericht aufzunehmen.

3.6.2 Interpretation Corporate Responsibility Report 2022/23 - voestalpine

Der erste Eindruck des Nachhaltigkeitsberichts der voestalpine ist gut, da dieser als übersichtlich und umfangreich wahrgenommen wurde. Es ist klar ersichtlich, dass der Geschäftsbericht und der Nachhaltigkeitsbericht zwei eigenständige Berichte darstellen.

Als positiv und der Nachvollziehbarkeit förderlich wurde das Inhaltsverzeichnis, der Aufbau und die Überschriftenwahl der Kapitel des nichtfinanziellen Berichts empfunden. Die meisten der gemäß CSRD-Richtlinie und ESRS-Verordnung geforderten Themen, waren bereits Bestandteil der Nachhaltigkeitsberichterstattung des vergangenen Geschäftsjahres.

Bei der Durchsicht des Nachhaltigkeitsberichts wurde festgestellt, dass für die im Zuge der CSRD-Richtlinie geforderte Nachhaltigkeitsberichterstattung, Daten entlang der vor- und nachgelagerten Wertschöpfungskette offengelegt werden müssen. Diese Daten, sowie die Bewertung der Risiken und Chancen des eigenen Geschäftsfeldes und der vor- und nachgelagerten Wertschöpfungskette, konnten dem analysierten Nachhaltigkeitsbericht nicht entnommen werden. Die Rolle der Verwaltungs-, Leitungs- und Aufsichtsorgane und eine Beschreibung des Anreizsystems für Nachhaltigkeitsaspekte sollten sich ebenfalls in dem nichtfinanziellen Bericht finden lassen.

Für die Nachhaltigkeitsberichterstattung des kommenden Geschäftsjahres, welche unter Einhaltung der Vorgaben der CSRD-Richtlinie zu erfolgen hat, muss der nichtfinanzielle Bericht in den Geschäftsbericht integriert werden.

3.6.3 Interpretation integrierter Geschäftsbericht 2023/24 – AGRANA

Der integrierte Geschäftsbericht 2023/24 des Industrieunternehmens AGRANA umfasst finanzielle und nichtfinanzielle Informationen. Die Markierung der nichtfinanziellen Informationen mit einem grünen Fußabdruck, um eine schnelle Auffindbarkeit der nichtfinanziellen Informationen zu ermöglichen, wird als gute Lösung empfunden und half bei der durchgeführten Analyse des Geschäftsberichts. Einen guten Überblick liefert der Global Reporting Initiative Content Index, sowie der Content Index der Task Force on Climate-related Financial Disclosures (TCFD) im Anhang des integrierten Geschäftsberichts (vgl. AGRANA 2023/24, S. 215–223). Das Risikomanagement wurde ausführlich beschrieben, allerdings ist anzumerken, dass dem Bericht keine Chancen entnommen werden konnten. Aufgrund des Hinweises beim Handlungsfeld „Rohstoffbeschaffung", dass Risiken und Chancen zu berücksichtigen sind, wird davon ausgegangen, dass Chancen im Zuge der Risikobewertung ebenfalls thematisiert wurden (vgl. AGRANA 2023/24, S. 42). Eine nachvollziehbarere Dokumentation in der nichtfinanziellen Berichterstattung wäre empfehlenswert. Die geforderte Berücksichtigung der doppelten Wesentlichkeit wurde im aktuellen integrierten Geschäftsbericht nicht erfüllt, allerdings wurde darauf hingewiesen, dass die Wesentlichkeitsanalyse um die Outside-In-Perspektive erweitert wurde und eine Offenlegung im Zuge der nächsten Berichterstattung erfolgen wird. Es macht demnach den Anschein, als wäre dieser Punkt für die Nachhaltigkeitsberichterstattung des laufenden Geschäftsjahres erfüllt.

Aus Sicht der Autorin ist der vorliegende Nachhaltigkeitsbericht gut und umfangreich. Qualitative bzw. quantitative Daten zur vor- und nachgelagerten Wertschöpfungskette konnten dem Bericht aber nicht entnommen werden und sind, aus Sicht der Erstellerin der Masterarbeit zu ergänzen, um den Vorgaben der CSRD-Richtlinie zu entsprechen. So sind auch Daten zu Arbeitskräften in der Wertschöpfungskette, zu betroffenen Gemeinschaften und Verbraucher*innen & Endnutzer*innen zu ergänzen.

3.6.4 Zwischenfazit inkl. Beantwortung der ersten Forschungsfrage

Mithilfe der Beantwortung der ersten Forschungsfrage *„Inwiefern müssen Geschäftsberichte des vergangenen Geschäftsjahres am Beispiel ausgewählter großer Industrieunternehmen um Nachhaltigkeitsaspekte erweitert werden, um den*

Vorgaben der CSRD-Richtlinie zu entsprechen?" (FF1) soll geklärt werden, wie gut große Unternehmen, die ab dem Geschäftsjahr 2024 ihre Nachhaltigkeitsberichterstattung gemäß CSRD-Richtlinie offenlegen müssen, auf die gestiegenen Anforderungen vorbereitet sind. Die Erkenntnisse, die für die Beantwortung dieser Forschungsfrage benötigt werden, konnten durch die, auf Nachhaltigkeitsberichte gerichtete Literaturrecherche, gewonnen werden. Die für die Analyse der nichtfinanziellen Berichterstattung herangezogenen Unternehmen (EVN, voestalpine und AGRANA), werden als repräsentativ angesehen. Es handelt sich um große Industrieunternehmen, die über Standorte in Niederösterreich verfügen und bereits gemäß NaDiVeG zur Abgabe einer nichtfinanziellen Erklärung verpflichtet waren.

Wie sich durch die Analyse der Nachhaltigkeitsberichte des vergangenen Geschäftsjahres herausstellte, sind die hier betrachteten großen niederösterreichischen Industrieunternehmen gut auf die Nachhaltigkeitsberichterstattung gem. CSRD-Richtlinie vorbereitet, da diese aufgrund des einzuhaltenden Nachhaltigkeits- und Diversitätsverbesserungsgesetzes (NaDiVeG) und der geltenden EU-Taxonomie Verordnung bereits umfassende Nachhaltigkeitsberichte erstellten und zu vielen der geforderten Themen Stellung bezogen. Es zeigte sich, dass sich die Berichte in ihrer Gestaltung und Aufbereitung unterscheiden. Im Falle der Industrieunternehmen AGRANA und EVN wurde bereits, wie gemäß CSRD-Richtlinie gefordert, ein integrierter Geschäftsbericht bzw. Ganzheitsbericht, der sowohl die finanzielle als auch nichtfinanzielle Berichterstattung abgedeckt, erstellt. Die Herangehensweise der Darstellung ist allerdings unterschiedlich. So erstellte die EVN den nichtfinanziellen Bericht als ersten Teil des Ganzheitsberichts 2022/23, der mit der Beschreibung der unabhängige Prüfung endet. Anschließend wurde mittels Bericht des Aufsichtsrates zum Konzernlagebericht übergeleitet (vgl. EVN 2022/23).

AGRANA hat sich bei der Erstellung ihres integrierten Geschäftsbericht 2023/24 für eine andere Abfolge entschieden. Es wurde eine nichtfinanzielle Erklärung abgegeben und zusätzlich wurden Nachhaltigkeitsthemen in den entsprechenden Kapiteln integriert und mittels grünem Fußabdruck gekennzeichnet.

Das Berichtsformat des Nachhaltigkeitsberichts des vergangenen Geschäftsjahres der voestalpine würde der Vorgabe der CSRD-Richtlinie nicht entsprechen, da der Nachhaltigkeitsbericht Teil des Lageberichts sein muss und die voestalpine zwei eigenständige Berichte offenlegte.

3.6.4.1 Beantwortung der ersten Forschungsfrage

Damit die Nachhaltigkeitsberichterstattung den Vorgaben der CSRD-Richtlinie entspricht, müssen nähere Angaben zur vor- und nachgelagerten Wertschöpfungskette ergänzt werden. Das betrifft sowohl Informationen zu Risiken, Auswirkungen und Chancen, die sich aufgrund der Wertschöpfungskette ergeben, als auch qualitative bzw. quantitative Daten zu Arbeitskräften in der Wertschöpfungskette. Wo noch nicht erfolgt, ist die Bestimmung der wesentlichen Themen anhand einer unter Betrachtung der doppelten Wesentlichkeit durchgeführten Wesentlichkeitsanalyse durchzuführen. Im optimalen Fall werden dafür auch relevante Stakeholder*innen hinzugezogen.

Großen Wert legt die CSRD-Richtlinie auch darauf, dass den Verwaltungs-, Leitungs- und Aufsichtsorganen von Unternehmen die Wichtigkeit des Themas Nachhaltigkeit bewusst ist, daher sollen in der nichtfinanziellen Erklärung Angaben zur Rolle der Verwaltungs-, Leitungs- und Aufsichtsorgane inkl. einer Angabe zum Anreizsystem für Nachhaltigkeitsaspekte enthalten sein. Wie die Analyse der ausgewählten Nachhaltigkeitsberichte zeigte, wurde das bisher unterschiedlich stark thematisiert. Es ist allen Unternehmen, die gemäß CSRD-Richtlinie berichten müssen anzuraten, diese Informationen ausführlicher offenzulegen.

Aktuell sind die Berichte nicht entsprechend der European Sustainability Reporting Standards aufgebaut, was aufgrund der Gültigkeit dieser Standards ab 01.Jan.2024, nicht weiter verwunderlich ist. Die Nachvollziehbarkeit der offengelegten Themen wäre aus Sicht der Autorin dieser Masterarbeit höher, wenn die gemäß CSRD-Richtlinie und ESRS-Verordnung geforderten Überschriften (z. B. ESRS 2, ESRS E1 Klimaschutz usw.) sich in der nichtfinanziellen Erklärung wiederfinden würden. Bezugnehmend auf das Beispiel von AGRANA, die einen GRI Content Index erstellten, wäre analog dazu ein ESRS Content Index vorstellbar, um für eine gute Übersicht zu sorgen. Sofern bisher die Nachhaltigkeitsberichterstattung in einem eigenständigen Bericht erfolgte, ist darauf zu achten, dass die CSRD-Richtlinie die Erstellung eines Nachhaltigkeitsberichts als Teil des Lageberichts fordert. Demnach muss ein Bericht erstellt werden, der sowohl die finanziellen als auch nichtfinanziellen Informationen enthält.

An dieser Stelle muss angemerkt werden, dass im Zuge der durchgeführten Analyse keine Beurteilung auf Vollständigkeit der offenzulegenden ESG-Themen (Umwelt, Soziales und Governance) erfolgen konnte, da dafür Expertise in Bezug auf die Tätigkeiten des jeweiligen Industrieunternehmens benötigt wird. Es konnte in diesem Zusammenhang lediglich überprüft werden, ob zu den allgemein geforderten Themen Stellung bezogen wurde.

3.6.4.2 Gütekriterium

Für die Beurteilung der durchgeführten Analyse müssen Gütekriterien festgelegt und bewertet werden. Das gilt auch für den vorliegenden Fall der Untersuchung der Nachhaltigkeitsberichte.

Aus Sicht der Autorin dieser Masterarbeit kann für die Bewertung der Qualität der vorliegende Untersuchung der Nachhaltigkeitsberichte, das Gütekriterium Objektivität herangezogen werden (vgl. Mayring 2022, S. 119). Das Gütekriterium Objektivität kann als eingehalten angesehen werden, da die Analyse der Nachhaltigkeitsberichte anhand von Primärliteratur erfolgte. So wurden die offengelegten Geschäftsberichte und die Gesetzestexte (CSRD-Richtlinie und ESRS-Verordnung) für die Analyse herangezogen. Die Analyse kann Tabelle 3.8 entnommen werden und die gewählte Einstufung wurde begründet.

Empirischer Teil: Qualitative Analyse 4

Das vorliegende Kapitel dient der Beantwortung der zweiten Forschungsfrage *„Welche Probleme bzw. Herausforderungen werden im Zuge der geplanten Umsetzung der CSRD-Richtlinie identifiziert?" (FF2)*. Die Erforschung dieser Frage ist von Relevanz, da die CSRD-Richtlinie zum ersten Mal ab dem Geschäftsjahr 2024 für die Nachhaltigkeitsberichterstattung großer Unternehmen anzuwenden ist. In der Primärliteratur gibt es keine aktuellen Studien, die sich mit Herausforderungen großer Unternehmen in Bezug auf die Umsetzung der CSRD-Richtlinie auseinandersetzen, weshalb die Notwendigkeit der Durchführung einer qualitativen Analyse besteht. Als Forschungsmethode dient die Befragung von Expertinnen und Experten. Als Forschungsinstrumente kommen ein Interviewleitfaden und die Auswertung der Befragten mittels strukturierender qualitativer Inhaltsanalyse nach Mayring unter Zuhilfenahme der Software MAXQDA Analytics Pro (24.3.0) zum Einsatz. Diese Auswertemethode ist mit der strukturierenden Inhaltsanalyse nach Kuckartz vergleichbar (siehe auch nähere Beschreibung im Abschnitt 4.7.1). Die weiteren Kapitel geben Aufschluss zum Forschungsdesign der qualitativen Analyse (4.1), sowie zur Durchführung und den Ergebnissen der Befragungen (Abschnitt 4.2–4.8).

Die Beantwortung der ersten Forschungsfrage *„Inwiefern müssen Geschäftsberichte des vergangenen Geschäftsjahres am Beispiel ausgewählter großer Industrieunternehmen um Nachhaltigkeitsaspekte erweitert werden, um den Vorgaben*

Ergänzende Information Die elektronische Version dieses Kapitels enthält Zusatzmaterial, auf das über folgenden Link zugegriffen werden kann https://doi.org/10.1007/978-3-658-47608-3_4.

K. Schiffleitner, *Die Umsetzung der Corporate Sustainability Reporting Directive*, BestMasters, https://doi.org/10.1007/978-3-658-47608-3_4

der CSRD-Richtlinie zu entsprechen?" (FF1) erfolgte im Theorieteil dieser Masterarbeit und ist Abschnitt 3.6 Interpretation und Zwischenfazit zu entnehmen.

4.1 Forschungsdesign: Qualitative Inhaltsanalyse

Die Anfänge der wissenschaftlichen Inhaltsanalyse gehen auf das Jahr 1910 zurück, als Max Weber eine groß angelegte Untersuchung des Zeitungswesens vorschlug. Ebenfalls vorgestellt hatte er die dafür anzuwendende Methodik. Die zur Analyse qualitativer Daten eingesetzte klassische Inhaltsanalyse, kann daher mittlerweile auf 100 Jahre Erfahrung mit der systematischen Analyse von Texten zurückblicken. Der Ruf nach einer Weiterentwicklung der Inhaltsanalyse hin zu einer qualitativen Inhaltsanalyse wurde durch Kracauer im Jahr 1952 laut. Ein Methodenlehrbuch erschien allerdings erst im Jahr 1983 mit Veröffentlichung des Buchs von Mayring „Qualitative Inhaltsanalyse", welches die nötigen Schritte zur Kodifizierung beschrieb (vgl. Kuckartz 2018, S. 13–14, 22–23).

Mayring beschreibt in seinem Buch „Qualitative Inhaltsanalyse", dass der Sinn einer Inhaltsanalyse darin besteht, Übereinstimmungen in den gesammelten sprachlichen Materialien (z. B. Interviews) zu finden (vgl. Mayring 2022, S. 11). Kuckartz weist in seinem Buch „Qualitative Inhaltsanalyse. Methoden, Praxis, Computerunterstützung" darauf hin, dass computerunterstütze Softwareprogramme (QDA-Software) sehr hilfreich sein können, für die Transkription und Auswertung einer qualitativen Inhaltsanalyse (vgl. Kuckartz 2018, S. 163). Unabhängig vom Einsatz einer Software sind folgende sieben Schritte zu beachten, um eine qualitative Inhaltsanalyse erfolgreich durchzuführen (vgl. Kuckartz 2018, S. 164). Dieser Ablauf wurde für die Empirie eingehalten:

1. Transkriptionsregeln festlegen (es kann auch ein bereits etabliertes Transkriptionssystem wie z. B. die Transkriptionsregeln von Kuckartz verwendet werden, sofern es zur geplanten Analyse passt),
2. Transkription der durchgeführten Interviews (erfolgte mittels MAXQDA),
3. Korrekturlesen der Transkription,
4. Sofern erforderlich anonymisieren / pseudonymisieren der Transkription,
5. Transkription entsprechend der zuvor festgelegten Regeln formatieren (Voraussetzung einer optimalen Nutzung der QDA-Software),
6. Transkription als RTF- oder DOC/X-Datei speichern und archivieren,
7. Diese Daten in die QDA-Software importieren.

Laut Mayring sind vier Grundprinzipien bei der Durchführung einer qualitativen Inhaltsanalyse zu beachten:

1. Systematisches Vorgehen. Das schließt ein, dass vor Beginn der Analyse Regeln zur Transkription und der Ablauf der Analyse festzulegen sind. So wird sichergestellt, dass jeder Auswerteschritt aufgrund zuvor festgelegter Regeln erfolgt und somit nachvollziehbar und transparent ist. Es sind Analyseeinheiten „Kodiereinheit“ (kleinster Textteil, der in eine Kategorie fallen und ausgewertet werden kann), die „Kontexteinheit“ (größter Textteil, der in eine Kategorie fallen und ausgewertet werden kann) und die „Auswerteeinheit“ (Reihenfolge, der auszuwertenden Textteile) festzulegen (vgl. Mayring 2022, S. 29, 49–50, 60),
2. Das gesammelte Material muss als Ganzes, d. h. darf nicht isoliert betrachtet werden (vgl. Mayring 2022, S. 29),
3. Das Bilden und Anwenden von Kategorien ist essentiell für die qualitative Inhaltsanalyse. Hierbei ist besonders auf das Kategoriensystem zu achten. Wichtig ist der Aufbau der Kategorien und deren Definition. Um vergleichbare Ergebnisse zu erhalten, ist dieses Vorgehen Grundvoraussetzung (vgl. Mayring 2022, S. 29, 50),
4. Die Analyse muss mittels Gütekriterien überprüfbar sein. Laut Mayring sind die Gütekriterien Validität, Objektivität und Reliabilität (welche den Ursprung in der quantitativen Analyse haben) auch in der qualitativen Inhaltsanalyse von Bedeutung (vgl. Mayring 2022, S. 29, 52). Reflektion der Gütekriterien siehe Abschnitt 4.9.

Mayring hält in seinem Buch „Qualitative Inhaltsanalyse“ fest, dass es für die Durchführung der qualitativen Inhaltsanalyse kein festgelegtes Verfahren gibt, welches immer gleich anzuwenden ist. Die Analysenschritte und das Vorgehen sind immer an den Untersuchungsgegenstand anzupassen (vgl. Mayring 2022, S. 52). Er beschreibt weiters, dass es drei Grundformen des Interpretierens gibt, die je nach Anwendungsfall und Material angewendet werden können, um das gewonnenen Material analysieren zu können. Diese drei Grundformen sind (vgl. Mayring 2022, S. 66–67, 84):

1. Zusammenfassung: Mit ihrer Hilfe soll das zu analysierende Material so gekürzt werden, dass die essentiellen Inhalte erhalten bleiben. Das Modell der Zusammenfassung lässt sich auch für induktive Kategorienbildung anwenden.

2. Explikation (Kontextanalyse): Gibt es einzelne Textteile, die unverständlich sind (wie z. B. Begriffe oder Sätze), sollen durch Einbindung von zusätzlichem Material, Unklarheiten beseitigt werden.
3. Strukturierung: Es müssen im Vorfeld Kriterien festgelegt werden, wie das gewonnene Material strukturiert werden darf. Ziel der Strukturierung ist es, das gewonnene Material zu ordnen und einschätzen zu können.

Der Vorteil der Strukturierung gegenüber des Reduktionsprozesses unter Anwendung der Z-Regeln besteht darin, dass es zu keinen Verzerrungen durch Vorannahmen des Auswertenden kommt und keine Textsegmente gelöscht werden (vgl. Mayring 2022, S. 85). Die Transparenz und Vergleichbarkeit ist daher aus Sicht der Autorin besser gewährleistet. Somit erfolgt im Zuge der vorliegenden Masterarbeit die Auswertung des Interviewmaterials anhand von deduktiven und induktiven Kategorien. Dies stellt eine strukturierende qualitative Inhaltsanalyse dar, welche in Abschnitt 4.7.1 näher erläutert wird.

4.2 Aufbau der qualitativen Interviews

Für die Durchführung der Interviews wurde ein Interviewleitfaden erstellt. Die Fragen ergaben sich aufgrund einer intensiven Literaturrecherche. Mit Hilfe der Interviews soll die zweite Forschungsfrage *„Welche Probleme bzw. Herausforderungen werden im Zuge der geplanten Umsetzung der CSRD-Richtlinie identifiziert?“ (FF2)* beantwortet werden.

Der Interviewleitfaden wurde in drei Fragenblöcke unterteilt und bestand aus insgesamt elf Hauptfragen. Der erste Fragenblock umfasste fünf Fragen, die sich auf die Nennung von Herausforderungen und Problemen unter anderem in Bezug auf die Umsetzung der CSRD-Richtlinie, die European Sustainability Reporting Standards und die Datenerhebung bezogen. Maßnahmen wurden im zweiten Fragenblock mit insgesamt drei Fragen thematisiert. So wurde z. B. nach bereits umgesetzten Maßnahmen, um den Vorgaben der CSRD-Richtlinie zu entsprechen, gefragt. Der letzte Themenblock „Allgemeines“ umfasst ebenfalls drei Fragen. Diese Fragen dienten der Feststellung, welche Hilfestellungen die Teilnehmer*innen für die Umsetzung der CSRD-Richtlinie benötigen bzw. sich wünschen würden und Fragen zum Aufwand und den Kostentreibern. Leichte Abänderungen in der Fragestellung ergaben sich aufgrund der beiden teilnehmenden Gruppen an Interviewexpert*innen, da vier Personen in großen niederösterreichischen Industrieunternehmen tätig sind (Interviewleitfaden „Industrie“) und drei Nachhaltigkeitsexpert*innen mit Industrieunternehmen zusammenarbeiten. Eine in einer beratenden Rolle, eine Person, die im Nachhaltigkeits-Forschungsbereich tätig ist und eine Person, die aufgrund ihrer Tätigkeit im Nachhaltigkeitsbereich mit Industrieunternehmen gut vernetzt ist (Interviewleitfaden „Allgemein“). Eine Auflistung der Interviewpartnerinnen und Interviewpartner ist Abschnitt 4.5 „Durchführung der qualitativen Interviews“ zu entnehmen. Es wurden daher zwei Interviewleitfäden („Allgemein“ und „Industrie“) erstellt. Diese sind dem Anhang 9.5 (im elektronischen Zusatzmaterial einsehbar) zu entnehmen.

4.3 Probandinnen- und Probandenakquise

Damit möglichst viele Erkenntnisse durch die Interviews gewonnen werden konnten, wurden sowohl Unternehmensberater*innen und andere Nachhaltigkeitsexpert*innen mit Wissen zur CSRD-Richtlinie, die im Folgenden als „allgemeine“ Nachhaltigkeitsexpert*innen bezeichnet werden, als auch Nachhaltigkeitsexpert*innen der Industrie befragt. Unter dieser Voraussetzung konnten durch die Internetrecherche wertvolle Interviewpartner*innen gefunden werden.

Die ersten fünf potenziellen Interviewpartner*innen wurden bereits Mitte März 2024 per E-Mail kontaktiert. Die Masterarbeit wurde kurz vorgestellt und das Interesse an einer vermutlich ab Mai startenden Interviewserie wurde erfragt. Die Rückmeldungen dieser Expert*innen, die der Gruppe „Allgemein“ zuzuordnen sind, waren sehr positiv. Alle antworteten rasch und hatten Interesse an der Teilnahme eines Interviews gezeigt. Gefragt wurden ein Rechtsanwalt, zwei Unternehmensberater*innen, ein Nachhaltigkeitsexperte im Nachhaltigkeits-Forschungsbereich sowie eine Nachhaltigkeitsexpertin, die im Nachhaltigkeitsbereich tätig ist und mit Industrieunternehmen sehr gut vernetzt ist. Im Mai erfolgte eine zweite Kontaktaufnahme via E-Mail zur Planung der Durchführung der Interviews. Schlussendlich wurden von diesen fünf Vorabzusagen, drei Personen für Interviews ausgewählt. Die Teilnehmenden dieser Gruppe „Allgemein“ wurden reduziert, da der Fokus der Masterarbeit aus Sicht der Autorin auf Industrieunternehmen liegen sollte und die Durchführung und Auswertung zu vieler Interviews den Zeitplan der Masterarbeit gefährdet hätte.

Ebenfalls im Mai erfolgte die erste Kontaktaufnahme zu Nachhaltigkeitsexpert*innen der Gruppe „Industrie“. Die Suche nach Kontaktdaten zu Industrieunternehmen erfolgte durch eine Internetrecherche. So wurde nach großen niederösterreichischen Industrieunternehmen und nach im Internet verfügbaren Nachhaltigkeitsberichten gesucht, um Kontaktdaten zu erhalten. Teilweise waren Kontakte von Nachhaltigkeitsexpert*innen verfügbar, sodass eine direkte Kontaktaufnahme via E-Mail erfolgen konnte. Es kam auch vor, dass nur allgemeine

E-Mailadressen der Industrieunternehmen angegeben waren, die in diesem Fall für die erste Kontaktaufnahme herangezogen wurden.

Die Zustimmung von Nachhaltigkeitsexpert*innen großer Industrieunternehmen zur Teilnahme am Interview gestaltete sich etwas schwierig und dauerte länger. Es wurden in Summe elf große Unternehmen der niederösterreichischen Industrie per E-Mail angeschrieben und um ein Interview gebeten. Nur ein niederösterreichisches Industrieunternehmen hat rasch zugestimmt an dem Interview teilzunehmen. Ein Industrieunternehmen hat innerhalb weniger Tage auf die Anfrage geantwortet und eine Teilnahme am Interview abgelehnt. Aufgrund der fehlenden Rückmeldung der ersten Kontaktaufnahme der anderen niederösterreichischen Industrieunternehmen, wurde auch bei zwei großen Wiener Industrieunternehmen angefragt. Innerhalb von ca. drei Wochen trafen weitere Zustimmungen großer niederösterreichischer Industrieunternehmen ein, daher wurden die Wiener Unternehmen nicht interviewt. In Summe konnten vier Interviewpartner*innen großer niederösterreichischer Industrieunternehmen interviewt werden und drei Nachhaltigkeitsexpert*innen der Gruppe „Allgemein". Eine Übersicht der Interviewteilnehmer*innen ist Tabelle 4.1 (Abschnitt 4.5) zu entnehmen.

Nach der Zusage zur Teilnahme am Interview wurde die Einverständniserklärung sowie der passende Interviewleitfaden per E-Mail an die Interviewteilnehmerin / den Interviewteilnehmer geschickt.

Aufgrund der Anforderung, dass personenbezogene Daten ausschließlich in anonymisierter Form verwertet werden dürfen (mit Ausnahme der Expertin des fünften Interviews), werden die unterzeichneten Zustimmungserklärungen der Interviewteilnehmer*innen nicht dem Anhang dieser Masterarbeit beigelegt. Die unterzeichneten Zustimmungserklärungen sind bei der Autorin einsehbar. Eine an den personenbezogen Stellen geschwärzte Einverständniserklärung, sowie die Einverständniserklärung der Geschäftsführerin von Susform (fünftes Interview) ist dem Anhang 9.4 (im elektronischen Zusatzmaterial einsehbar) zu entnehmen.

4.4 Pretest des Interviewleitfadens

Ein Pretest des Interviewleitfadens wurde vor Durchführung der Expert*inneninterviews Ende Mai 2024 durchgeführt. Als Interviewpartner diente der Leiter für Nachhaltigkeitsberichterstattung einer Sustainability Consulting Firma, der seit 20 Jahren im Bereich Sustainability tätig ist. Eine Teams Besprechung wurde organisiert und das Interview wurde mittels Diktierfunktion am Handy aufgenommen. Das Interview dauerte 29 Minuten. Nachfragen zu

Fragestellungen kamen in Bezug auf die European Sustainability Reporting Standards. Die Fragen konnten mit einer kurzen Erläuterung beantwortet werden. Es stellte sich heraus, dass die Consulting Firma viel mit Corporate Carbon Footprint zu tun hat und die CSRD-Richtlinie kennt, die European Sustainability Reporting Standards für dieses Unternehmen derzeit allerdings noch eher ein Randgebiet darstellen.

Besondere Erkenntnisse konnten herausgehört werden in Bezug auf Herausforderungen bei der Datenbeschaffung von Lieferketten (das Einbeziehen der Lieferkette). Der Experte ist der Meinung, dass Lieferant*innen mit den Fragen nach Nachhaltigkeitsdaten dazulernen werden und im Laufe der Zeit diese schneller zur Verfügung stellen können. Auch hat er angemerkt, dass die Lieferant*innen, sofern es sich um keine großen Unternehmen handle, oftmals vor der Herausforderung stehen würden, über keine eigene Nachhaltigkeitsabteilung zu verfügen und es für diese Unternehmen schwerer sein würde, den Anforderungen der CSRD-Richtlinie gerecht zu werden. Sektorspezifische Standards sollten aus seiner Sicht zur Verfügung gestellt werden, damit für Transparenz und Vergleichbarkeit gesorgt wird. Er äußerte weiters, es mache auch einen Unterschied, wenn Unternehmen Vorgaben unterschiedlich interpretieren würden und eventuell im Bericht ein Unternehmen besser abschneiden würde als das andere, aber die Ursache nur in der unterschiedlichen Interpretation der Vorgaben liege. Das sollte aus seiner Sicht mit klaren Vorgaben verhindert werden, d. h. je spezifischer die Vorgaben sind, desto besser, aber das stelle einen Entwicklungsprozess dar. Als Optimierungsmöglichkeiten hat der Experte zum einen Softwareprogramme, um Prozesse effizienter zu gestalten genannt und zum anderen sich untereinander zu vernetzen und auszutauschen, d. h. von anderen zu lernen. Das sei aus seiner Sicht vor allem wichtig, um den Standard einzuhalten und nicht zu viel zu machen.

Auf die Frage, welche Informationen oder Hilfestellungen großen Unternehmen helfen könnten, die CSRD-Richtlinie umzusetzen, wurden folgende Punkte genannt: Branchenspezifische Vorgaben sollten festgelegt werden, Gruppen etablieren um Austausch zu ermöglichen und für Lieferant*innen sollten Schulungsmaßnahmen angeboten werden, damit es nicht komplett an den großen Unternehmen liegt, ihren Lieferant*innen Wissen zu vermitteln.

Alle Fragen konnten beantwortet werden und haben den Erwartungen entsprochen, daher wurde der Interviewleitfaden für die weiteren Interviews nicht angepasst.

4.5 Durchführung der qualitativen Interviews

Die Einverständniserklärung der Interviewteilnehmer*innen zur freiwilligen Teilnahme am Interview wurde vor der Durchführung der Interviews unterzeichnet und per E-Mail retourniert. Wie auch bereits im Abschnitt 4.3 erwähnt wurde, soll die Auswertung der Daten in anonymisierter Form erfolgen (mit Ausnahmen von Interview fünf), daher liegen die unterzeichneten Zustimmungserklärungen bei der Autorin dieser Masterarbeit auf. Beispiele der Einverständniserklärungen sind Anhang 9.4 (im elektronischen Zusatzmaterial einsehbar) zu entnehmen.

Für die Durchführung der Interviews wurden Teams Besprechung organisiert. Aufgrund von Einwahlschwierigkeiten wurde das vierte Interview telefonisch durchgeführt. Die Aufnahme der Interviews erfolgte mittels Diktierfunktion des Mobiltelefons.

Tabelle 4.1 gibt Aufschluss über die durchgeführten Interviews. Die Interviews faden im Zeitraum vom 28.Mai 2024 bis 20.Juni 2024 statt.

Tabelle 4.1 Übersicht der Interviewpartner*innen

Nummer Interview	Kategorie (Allgemein / Industrie)	Bezeichnung Teilnehmer*in	Datum Interview	Dauer Interview (min.)
1	Allgemein	B1: Nachhaltigkeitsexpertin aus Wirtschaft	28.Mai 2024	28
2	Allgemein	B2: Nachhaltigkeitsexperte im Bereich Forschung	04.Juni 2024	20
3	Industrie	B3: Head of Sustainability	04.Juni 2024	36
4	Industrie	B4: ESG-Expertin	05.Juni 2024	42
5	Allgemein	B5: Geschäftsführerin und Nachhaltigkeitsberaterin Fa. Susform	13.Juni 2024	44
6	Industrie	B6: Nachhaltigkeitsmanager	19.Juni 2024	41
7	Industrie	B7: Head of Sustainability	20.Juni 2024	46

(Quelle: eigene Darstellung, 2024)

Allgemein kann festgehalten werden, dass während der gesamten Interviews aktiv Zwischenfragen gestellt wurden und ein guter Austausch vorherrschte. Aus Sicht der Interviewenden wurden die Fragen ehrlich beantwortet.

Erstes Interview

Das Interview wurde mit einer Nachhaltigkeitsexpertin aus der Wirtschaft, die mit vielen niederösterreichischen Unternehmen (sowohl große Unternehmen als auch Klein- und Mittelunternehmen) zusammenarbeitet, geführt. Es fand am 28.Mai.2024 statt und dauerte 28 Minuten. Während des Interviews kam es zu keinen Auffälligkeiten, es erfolgte ohne Unterbrechung und die Stimmung während des Interviews war sehr freundlich und gut. Alle Fragen wurden beantwortet und als Feedback der Expertin wurde angemerkt, dass die Fragen verständlich und offen gestellt wurden. Weiters wurde erwähnt, dass Fragen teilweise auf bereits gestellte Fragen zurückkamen, was aber für die Nachhaltigkeitsexpertin nach eigener Aussage nicht als störend empfunden wurde, da gut auf das bereits Gesagte eingegangen wurde. Die Nachhaltigkeitsexpertin meinte weiters, dass es auch davon abhängt, wie viel vom jeweiligen Befragten selbst erzählt wird und die Fragen daher so belassen werden sollten.

Zweites Interview

Das zweite Interview fand am 04.Jun.2024 statt, dauerte 20 Minuten und wurde mit einem Nachhaltigkeitsexperten im Bereich Forschung für Rechnungswesen insbesondere Nachhaltigkeitsberichterstattung durchgeführt. Er arbeitet seit 10 Jahren im Bereich der Nachhaltigkeitsberichterstattung. Das Interview erfolgte ohne Auffälligkeiten und ohne Unterbrechungen. Alle Fragen wurden konkret beantwortet und es herrschte eine freundliche und offenen Gesprächskultur.

Drittes Interview

Das dritte Interview startete etwas verspätet aufgrund von Einwahlschwierigkeiten mit MS Teams. Es fand am 04.Jun.2024 statt und dauerte 36 Minuten. Die Interviewpartnerin ist Head of Sustainability eines großen niederösterreichischen Industrieunternehmens, welches unter anderem der Holzindustrie zugeordnet werden kann. Als Auffälligkeit kann angemerkt werden, dass es bei der vorletzten Frage eine kurze Unterbrechung des Interviews gegeben hat aufgrund von Internetproblemen. Das hatte keinen Einfluss auf die Beantwortung der Frage, da diese erneut aufgegriffen und beantwortet wurde. Alle Fragen wurden offen, ehrlich und sehr ausführlich beantwortet.

Viertes Interview

Das vierte Interview fand am 05.Jun.2024 mit einer ESG Expertin statt und es gab erneut Einwahlschwierigkeiten mit MS Teams. Die Expertin ist für die CSRD Implementierung in einem großen niederösterreichischen Industrieunternehmen verantwortlich. Das Unternehmen gehört unter anderem zur Branche metalltechnische Industrie. Das Interview dauerte 42 Minuten. Als Auffälligkeit kann erwähnt werden, dass das Interview mittels Lautsprecherfunktion eines Mobiltelefons durchgeführt wurde und die Aufnahmen mit einem zweiten Mobiltelefon unter Zuhilfenahme der Diktierfunktion erfolgte. Bei den ersten drei Fragen kam es zu Rückkopplungen während der Fragestellung, wodurch ein lautes Summen hörbar war. Bei den Antworten gab es keine Rückkopplung. Die Lautstärke wurde für die Fragestellung reduziert, somit konnten die Schwierigkeiten behoben werden. Eine zweite Auffälligkeit ist festzuhalten, da während des Interviews zweimal hintereinander Verbindungsprobleme bei der Interviewpartnerin auftraten, da sich der Computer mit dem Headset des Mobiltelefons verbunden hatte. Die Nachhaltigkeitsexpertin konnte das Problem rasch lösen und das Interview wurde, ohne weitere Zwischenfälle, beendet. Zum Schluss sei noch erwähnt, dass die Interviewzeit etwas knapp wurde und die beiden letzten Fragen kurz beantwortet wurden. Alle Fragen wurden offen und ehrlich beantwortet. Es herrschte eine angenehme Gesprächsatmosphäre.

Fünftes Interview

Am 13.Jun.2024 fand das fünfte Interview statt. Die Interviewpartnerin, Julia Schwarzbauer, ist Geschäftsführerin und Nachhaltigkeitsberaterin der Firma susform und hat zugestimmt das Interview nicht zu anonymisieren. Die Einverständniserklärung wurde Anhang 9.4 (im elektronischen Zusatzmaterial einsehbar) hinzugefügt. Susform wurde vor etwas über einem Jahr gegründet und seitdem ist sie als Geschäftsführerin tätig. Als Nachhaltigkeitsberaterin ist Frau Schwarzbauer seit 2018 tätig. Das Interview dauerte 44 Minuten und erfolgte ohne Auffälligkeiten und ohne Unterbrechungen. Alle Fragen wurden sehr ausführlich beantwortet und es herrschte eine freundliche und offenen Gesprächskultur.

Sechstes Interview

Ein Nachhaltigkeitsmanager eines großen Industrieunternehmens Niederösterreichs, welches zur Branche Nahrungs- und Genussmittelindustrie (Lebensmittelindustrie) gehört, diente als Interviewpartner für das sechste Interview. Dieses fand am 19.Jun.2024 statt und dauerte 41 Minuten. Nach den ersten Fragen des Interviews kam es zu einer kurzen Schwierigkeit mit dem Mikrofon des Interviewpartners, welches aber sehr rasch gelöst wurde und im weiteren Interviewverlauf kein Problem mehr darstellte. Die Gesprächsatmosphäre war sehr freundlich und die Fragen wurden ausführlich und ehrlich beantwortet. Zu Beginn des Interviews wurde darauf hingewiesen, dass das Industrieunternehmen des

Interviewpartners keinen eigenen Nachhaltigkeitsbericht erstellen muss, sondern Teil eines konsolidierten Nachhaltigkeitsberichts sein wird.

Siebentes Interview
Das siebente Interview fand am 20.Jun.2024 statt und dauerte 46 Minuten. Interviewpartner war Head of Sustainability eines großen niederösterreichischen Industrieunternehmens, welches unter anderem der Branche Elektro- und Elektronikindustrie zugeordnet werden kann. Auffälligkeiten bzw. Unterbrechungen während des Interviews fanden nicht statt. Die Gesprächsatmosphäre war sehr freundlich. Alle Fragen wurden ehrlich und ausführlich beantwortet.

4.6 Transkription

Das durch die Interviews gewonnene Datenmaterial wurde mit Hilfe des Programms MAXQDA 2024 transkribiert. Für die Transkription mittels MAXQDA 2024 wurde Transkriptionsvolumen gekauft. Die Audiodatei wurde in MAXQDA 2024 Account hochgeladen und mit Hilfe dieses Programms transkribiert. Eine Word-Datei mit dem Transkript konnte heruntergeladen werden.

Die Transkription erfolgte unter den zuvor festgelegten Transkriptionsregeln, die Anhang 9.6 (im elektronischen Zusatzmaterial) zu entnehmen sind. Die Audiodatei wurde mit dem Transkript abgeglichen, so wurde z. B. der Ausdruck „CSRD“ falsch transkribiert und musste angepasst werden. Gelächter wurde mittels ((lacht)) dokumentiert. Fehler wurden ausgebessert z. B. wurde einmal „technisch“ anstelle „zeittechnisch“ transkribiert, sowie manchmal war der gesprochene Text einem weiteren Befragten zugewiesen und musste dementsprechend richtiggestellt werden. Für den Interviewer wurde das Kürzel „I“ vergeben anstelle „S1“ und für den Befragten des ersten Interviews „B1“ anstelle „S2“. Die Transkription mittels MAXQDA 2024 hat im allgemeinen sehr gut funktioniert. Es waren in Summe wenig Anpassungen nötig und das Format (Abstand zwischen den Interviewten) wurde automatisch eingefügt. Mit Dialekten kam die Software gut zurecht, allerding sei hier darauf hingewiesen, dass der Interviewteilnehmer B2 etwas schnell gesprochen hat und im Vergleich zu den anderen Transkriptionen mehr Anpassung nötig waren.

Zu Beginn der Interviews wurde der Name und die Funktion des Interviewpartners / der Interviewpartnerin, sowie die Dauer der Tätigkeit in dieser Funktion erfragt, um die Nachvollziehbarkeit und Transparenz der Audiodateien zu gewährleisten. Nachdem die Auswertung der Interviews (mit Ausnahme des fünften Interviews) in anonymisierter Form erfolgen soll, wurden diese Informationen im Transkript gelöscht. Die Transkription startet daher mit der ersten Frage des Interviewleitfadens. Die Audiodateien sind bei der Erstellerin dieser Masterarbeit archiviert.

Die Transkription der Interviews erfolgte im Zeitraum vom 07.Jun.2024 bis 23.Jun.2024.

Die überarbeiteten Transkriptions-Word-Dateien wurden für die Auswertung in MAXQDA Analytics Pro (24.3.0) hochgeladen. Eine Gruppierung der Interviews (in MAXQDA als Dokumente bezeichnet) wurde anhand der Tätigkeiten der Nachhaltigkeitsexpert*innen vorgenommen. Daher erfolgte, wie auch Abbildung 4.1 zu entnehmen ist, die Aufteilung in Gruppe „Allgemein", worunter unter anderem die Geschäftsführerin der Unternehmensberatung fällt, und in Gruppe „Industrie". Der Gruppe Industrie wurden alle Interviewteilnehmer*innen, die in einem großen niederösterreichischen Industrieunternehmen tätig sind, zugeordnet.

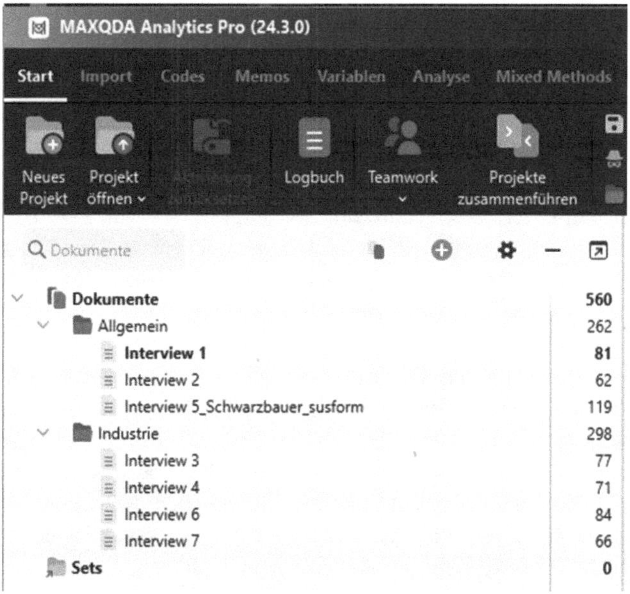

Abbildung 4.1 Gruppen der Interviewpartner*innen. (Quelle: eigene Darstellung, 2024 unter Zuhilfenahme von MAXQDA Analytics Pro (24.3.0))

In Summe wurden sieben Nachhaltigkeitsexpert*innen interviewt. Wie auch in Abbildung 4.1 ersichtlich ist, gehören drei der Gruppe „Allgemein“ und vier der Gruppe „Industrie“ an.

4.7 Auswertung nach der strukturierenden qualitativen Inhaltsanalyse

4.7.1 Methodik und Vorgehen

Für die Auswertung der durchgeführten Interviews wird das Verfahren der strukturierenden qualitativen Inhaltsanalyse angewendet. Die Durchführung erfolgte unter Zuhilfenahme der Literatur von Mayring (vgl. Mayring 2022, o.S.) und Kuckartz (vgl. Kuckartz 2018, o.S.) sowie der Software MAXQDA Analytics Pro (24.3.0). Eine 6-Monatslizenz wurde angeschafft, um die Software nutzt zu können. Der Einsatz dieser Software war für die Autorin dieser Masterarbeit neu. Die Erklärvideos von Morgenstern-Einenkel halfen bei der Anwendung der Software (vgl. Morgenstern-Einenkel 2022a und vgl. Morgenstern-Einenkel 2022b).

Die Vorgehensweise der strukturierenden qualitativen Inhaltsanalyse nach Kuckartz, welche ausführlich in seinem Buch „Qualitative Inhaltsanalyse. Methoden, Praxis, Computerunterstützung“ beschrieben ist, ist mit der Vorgangsweise der strukturierenden qualitativen Inhaltsanalyse nach Mayring vergleichbar. Lt. Kuckartz ist es wichtig sich Vorwissen anzueignen um den Inhalt der Interviews zu verstehen. Mit jedem Mal, mit dem der Text der Interviews durchgegangen wird, wird neues Wissen erlangt bzw. vertieft. Ein hermeneutischer Zirkel entsteht. Dieses durch hermeneutische Verfahren erlangte Wissen ist wichtig, um Hypothesen aufzustellen und Ergebnisse zu interpretieren (vgl. Kuckartz 2018, S. 18 und 21). Eine gute qualitative Inhaltsanalyse kann erreicht werden, wenn im Vorfeld die gewünschte Struktur fixiert wird (vgl. Kuckartz 2018, S. 183). Kategorien, welche deduktiv und induktiv gebildet werden können, werden festgelegt und die Textsegmente entsprechende zugeordnet (vgl. Kuckartz 2018, S. 101–102, 104). Eine genauere Beschreibung ist Abschnitt 4.7.2 Datenaufbereitung zu entnehmen.

Auch Mayring beschreibt die Entwicklung eines Kategoriensystems als wesentlichen Bestandteil der Durchführung einer strukturierten Vorgangsweise. Die Anwendung von deduktiven Kategorien (Hauptkategorien ergeben sich aufgrund der Forschungsfragen) und induktiven Kategorien (Sub-Kategorien ergeben sich auf Basis des Interviewmaterials) stellt eine Zusammenfassung des Materials dar, allerdings in strukturierter Weise (vgl. Mayring 2022, S. 85). Für die strukturierende qualitative Inhaltsanalyse muss lt. Mayring ein Kodierleitfaden erstellt werden, den es für die Auswertung einzuhalten gilt. Der für diese Masterarbeit festgelegte Kodierleitfaden ist Anhang 9.7.2 und 9.7.3 zu entnehmen. Diese Anhänge befinden sich im elektronischen Zusatzmaterial.

Die genauere Beschreibung der Durchführung erfolgt in den nachfolgenden Kapiteln.

4.7.2 Datenaufbereitung

Für die Datenaufbereitung wurde der Prozess der strukturierenden qualitativen Inhaltsanalyse, welcher in Abbildung 4.2 übersichtlich dargestellt ist, angewandt. Die Kodierung der Transkriptionsdateien erfolgte durch eine deduktive Kategorienanwendung (Schritt zwei lt. Abbildung 4.2) und eine induktive Kategorienbildung (Schritt fünf lt. Abbildung 4.2) und stellt demnach eine Kodierung in zwei Phasen dar.

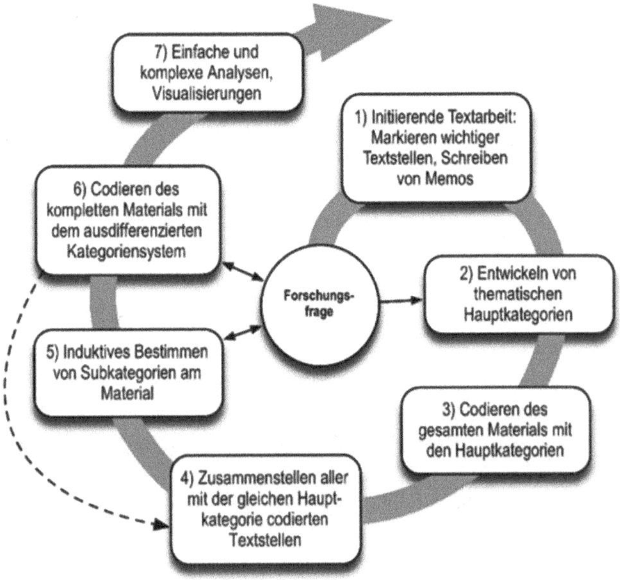

Abbildung 4.2 Prozess strukturierende qualitative Inhaltsanalyse. (Quelle: Kuckartz 2018, S. 100)

Wie auch im Abschnitt 4.7.1 angemerkt, halfen für die Verwendung der MAXQDA Software, welche zur Auswertung herangezogen wurde, die Erklärvideos von Morgenstern-Einenkel (vgl. Morgenstern-Einenkel 2022a und vgl. Morgenstern-Einenkel 2022b).

Die Kodierung erfolgte im Zeitraum vom 23.Juni 2024 bis 04.Juli 2024.

Zu Beginn (Schritt 1 Abbildung 4.2) wurde der transkribierte Text gelesen und besonders wichtige Textstellen wurden markiert. Memos im Text waren nur in Ausnahmefällen erforderlich, um Hinweise, wie z. B. eine erforderliche genauere Bezeichnung um die Verständlichkeit des kodierten Textsegments zu erhöhen, anzuführen. Im zweiten Schritt wurden Hauptkategorien, die sich aus der Forschungsfrage und dem Interviewleitfaden ergaben, durch deduktive Kategorienanwendung festgelegt. Um eine gute Zuordnung der Textsegmente zu gewährleisten wurde jede Hauptkategorie definiert und ein entsprechendes Ankerbeispiel bzw. Ankerbeispiele hinzugefügt. In der Software MAXQDA Analytics Pro (24.3.0) erfolgte diese klare Definition durch Erstellen eines Memos für den jeweiligen Code (Kategorie). Die Liste der Codes (Hauptkategorie 1.Ebene und Sub-Kategorie 2.Ebene) und das zugehörige Memo, welches die Definition der Kategorie sowie die Ankerbeispiele enthält, sind dem Kodierleitfaden im Anhang 9.7.2 (im elektronischen Zusatzmaterial einsehbar) zu entnehmen. Ebenfalls definiert wurden die Analyseeinheiten (Kodiereinheit, Kontexteinheit und Auswerteeinheit), um eine nachvollziehbare Kodierung zu gewährleisten. Die Definition der Analyseeinheiten sind in Anhang 9.7.3 (im elektronischen Zusatzmaterial einsehbar) aufgelistet. Folgende Hauptkategorien wurden mittels deduktiver Kategorienanwendung festgelegt.

- Stakeholder*innen / Shareholder*innen
- Standards
- Probleme
- Herausforderungen
- Umgesetzte Maßnahmen
- Aufwand
- Kostentreiber
- Verbesserungsvorschläge

Die allgemeinen Hauptkategorien „Sonstiges" sowie „Zitate" wurden ebenfalls erstellt. So wurden allgemeine Aussagen, wie der Hinweis zur erstmaligen Durchführung einer Nachhaltigkeitsberichterstattung, der Kategorie „Sonstiges" zugeordnet. In der Kategorie Zitate lassen sich Textsegmente finden, die im Zuge der ersten Durchsicht als bezeichnend erschienen. Nachdem die Hauptkategorien und der Kodierleitfaden festgelegt wurden, erfolgte wie in Abbildung 4.2 unter Schritt drei ersichtlich, die erste Kodierung, d. h. jedes Interview wurde nacheinander bearbeitet indem einzelne Textsequenzen den jeweiligen Hauptkategorien zugewiesen wurden. Textsegmente, die mehrere Themen abdeckten wurden mehrmals kodiert, d. h. allen zutreffenden Kategorien zugeteilt, wie es z. B. bei Herausforderungen und ESRS der Fall war (vgl. Kuckartz 2018, S. 101–102, 104). Im vierten und fünften Schritt (siehe Abbildung 4.2) wurden alle Textsegmente, die gleich kodiert, d. h. einem Code (in dem Fall der Hauptkategorie) zugewiesen wurden, betrachtet, um induktive Subkategorien anhand der Aussagen der Interviewteilnehmer*innen bestimmen zu können. Nachdem die Auswertung mithilfe der Software MAXQDA Analytics Pro (24.3.0) erfolgte, war die Betrachtung der Textsegmente einer Hauptkategorie einfach und mit nur einem Mausklick abrufbar. Wie auch bereits für die Hauptkategorien beschrieben, wurden für die Sub-Codes (2.Ebene) ebenfalls Memos, die die Definition sowie ein Ankerbeispiel enthalten, festgelegt und sind dem Kodierleitfaden – Liste der Codes im Anhang 9.7.2 zu entnehmen (siehe elektronisches Zusatzmaterial) (vgl. Kuckartz 2018, S. 106).

Die Abbildungen 4.3 und 4.4 stellen die Kategorien der 1.Ebene (Hauptkategorie, deduktiv) und der 2.Ebene (Subkategorie, induktiv) dar. Durch Doppelklick auf das gelbe Dokumentenzeichen (in MAXQDA) öffnet sich das Memo, welches die Definition und das Ankerbeispiel bzw. in manchen Fällen die Ankerbeispiele beinhaltet.

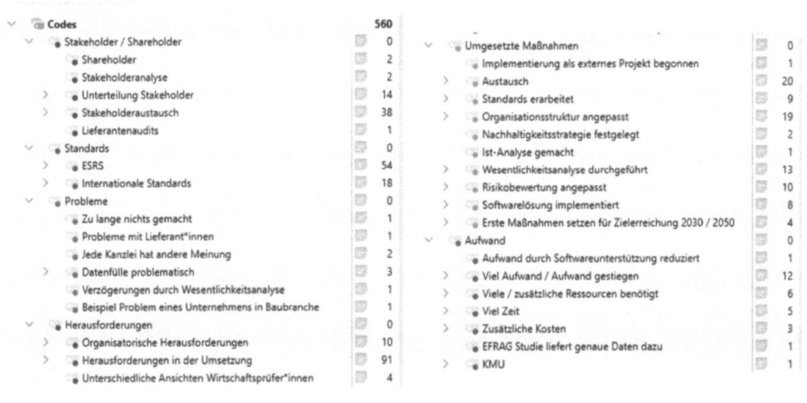

Abbildung 4.3 Kategorien der ersten und zweiten Ebene (erster Teil). (Quelle: eigene Darstellung, 2024 unter Zuhilfenahme von MAXQDA Analytics Pro (24.3.0))

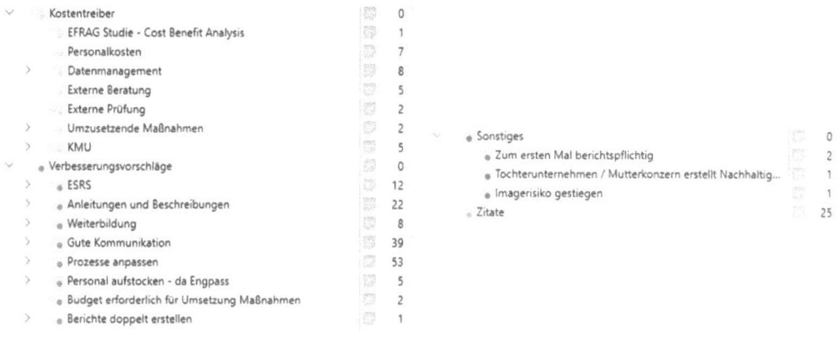

Abbildung 4.4 Kategorien der ersten und zweiten Ebene (zweiter Teil). (Quelle: eigene Darstellung, 2024 unter Zuhilfenahme von MAXQDA Analytics Pro (24.3.0))

Eine stärkere Unterteilung der kodierten Textsegmente erfolgte durch Bildung von Subcodes und Sub-Subcodes, die ebenfalls durch induktive Kategorienbildung zustande kamen. Es wurden Kategorien mit bis zu fünf Ebenen erstellt, was sich bei der Datenauswertung als hilfreich herausstellte. Allerdings ist die Darstellung des Kategoriensystems sehr umfangreich und daher dem Anhang 9.7.1 (im elektronischen Zusatzmaterial einsehbar) zu entnehmen. Nachdem die Subkategorien (2. – 5. Ebene) in MAXQDA Analytics Pro (24.3.0) angelegt wurden erfolgte, wie Schritt sechs der Abbildung 4.2 zu entnehmen ist, die zweite Phase des Kodierprozesses, indem die Textsegmente je Hauptkategorie, den neu gebildeten Subkategorien zugewiesen wurden. Dabei wurde darauf geachtet, dass Textsegmente einer Hauptkategorie, die einer angehörigen Subkategorie zugeordnet wurden, in der Hauptkategorie gelöscht wurden, damit es zu keinen Doppelzählungen innerhalb einer Kategorie kam. Das war in MAXQDA Analytics Pro (24.3.0) leicht umsetzbar, da das Textsegment des Codes der Hauptkategorie, in die entsprechende Subkategorie gezogen werden konnte. Somit entstand ein neuer Sub-Code an dem Textsegment. Der Code des Textsegments der Hauptkategorie wurde im Anschluss gelöscht (vgl. Kuckartz 2018, S. 110).

Nachdem alle Textsegmente den Subkategorien zugewiesen wurden, wurde ein letzter Kontrolldurchgang vorgenommen. Geringfügige Anpassungen waren erforderlich in den Hauptkategorien Standards, Herausforderungen und Sonstiges, da zum Teil Textsegmente anderen Subcodes zugewiesen wurden und die überflüssig gewordenen Subcodes gelöscht werden konnten. Als Bespiel kann hier die Hauptkategorie „Standards“ mit dem Subcode „Lücken“ genannt werden, der der

Hauptkategorie „Herausforderungen“ mit dem Subcode „Standards“ zugewiesen wurde, da das bei der Durchsicht aller Subcodes sinnvoller erschien. Der Subcode „Lücken“ wurde gelöscht. Nach erfolgreich durchgeführter Kodierung erfolgte im letzten Schritt (Abbildung 4.2) die Analyse und Visualisierung der Interviewaussagen, die den nachfolgenden Kapiteln der Masterarbeit zu entnehmen sind (vgl. Kuckartz 2018, S. 117).

4.7.3 Datenauswertung

Die Auswertung der Daten erfolgte im Zeitraum vom 05.Juli 2024 bis 15.Juli 2024 unter Zuhilfenahme der Software MAXQDA Analytics Pro (24.3.0). Wie auch bereits im Abschnitt 4.7.2 Datenaufbereitung erwähnt, halfen dabei die Erklärvideos von Morgenstern-Einenkel (vgl. Morgenstern-Einenkel 2022a und vgl. Morgenstern-Einenkel 2022b).

Aufgrund der unterschiedlichen Auswertemöglichkeiten in MAXQDA Analytics Pro (24.3.0) wurden die Daten zunächst quantitativ analysiert, um einen ersten Überblick zu erhalten, wie viele der Befragten welche Themen nannten. Dafür wurde in MAXQDA Analytics Pro (24.3.0) der Befehl „Statistik für Subcodes“, bezogen auf alle Dokumente (damit sind alle Interviewteilnehmer*innen gemeint) ausgewählt. Die Subcode-Ebenen mussten ebenfalls angegeben werden. Aufgrund der oftmals starken Unterteilung wurden „5“ Ebenen eingegeben. Die quantitative Analyse erfolgte durch das Programm. Mit Hilfe der Grafikfunktion der quantitativen Analyse konnte das Ergebnis übersichtlich dargestellt und für die Masterarbeit herangezogen werden. Im Anschluss erfolgte die strukturierende qualitative Inhaltsanalyse mit Hilfe der kategorienbasierten Auswertung. Eine Zusammenfassung der Aussagen der Interviewten konnte direkt anhand der kodierten Textpassagen, je Hauptkategorie erfolgen, da aufgrund der Aufteilung in die Subkategorien eine gute Übersicht gewährleistet war. Es erfolgte daher eine deskriptive Zusammenfassung entlang der Hauptkategorien (vgl. Morgenstern-Einenkel 2022a). Eine schrittweise Zusammenfassung (Paraphrasierung mittels Summary Grid), wie sie in MAXQDA Analytics Pro (24.3.0) möglich wäre, war nicht erforderlich.

Allgemein kann festgehalten werden, dass die niederösterreichischen Industrieunternehmen der Nachhaltigkeitsexpertin B3 und des Nachhaltigkeitsexperten B7 bisher nicht verpflichtet waren einen Nachhaltigkeitsbericht zu erstellen (vgl. Interview 3 2024, Position 43 und Interview 7 2024, Position 57). Der Nachhaltigkeitsexperte B6 erwähnte für sein Industrieunternehmen, dass dieses selbst nicht verpflichtet sei einen Nachhaltigkeitsbericht zu erstellen, es allerdings als Tochterunternehmen Teil des konsolidierten Nachhaltigkeitsberichts sein werde (vgl. Interview 6 2024, Position 3). Die Nachhaltigkeitsexpertin B1 äußerte, dass aus ihrer Sicht das Imagerisiko der Unternehmen gestiegen sei aufgrund der hohen Anzahl an offenzulegenden Nachhaltigkeitsaspekten. Daher wäre es sehr wichtig, im Bericht herauslesen zu können, welche Ziele im Berichtszeitraum erfüllt wurden und was im Unternehmen verbessert werden könnte (vgl. Interview 1 2024, Position 31).

Zwecks besserer Übersicht wurden die Hauptkategorien als Überschriften der nachfolgenden Unterkapitel gewählt und die quantitative und qualitative Analyse je Hauptkategorie beschrieben. Die Festlegung der deduktiven Hauptkategorien wurde bereits im Abschnitt 4.7.2 Datenaufbereitung erklärt und wird an dieser Stelle nicht näher erläutert.

Die Aussagen der Interviewteilnehmer*innen, die den nachfolgenden Unterkapiteln je Hauptkategorie zu entnehmen sind, dienen in weiterer Folge der Beantwortung der zweiten Forschungsfrage *„Welche Probleme bzw. Herausforderungen werden im Zuge der geplanten Umsetzung der CSRD-Richtlinie identifiziert?“ (FF2).*

Die in den nachfolgenden Kapiteln angeführten Aussagen der Interviewteilnehmer*innen stellen einen Auszug der Interviews dar. Die Transkriptionen (Rohdaten) sind Anhang 9.8 (im elektronischen Zusatzmaterial einsehbar) zu entnehmen.

4.7.3.1 Stakeholder*innen und Shareholder*innen

Der durch deduktive Kategorienanwendung definierten Hauptkategorie Stakeholder*innen / Shareholder*innen konnten durch induktive Kategorienbildung (anhand der Aussagen der Interviewteilnehmer*innen) die Subcodes Shareholder*innen, Stakeholder*innen-Analyse, Unterteilung der Stakeholder*innen, Stakeholder*innen-Austausch und Lieferant*innen-Audits zugewiesen werden. Wie Abbildung 4.5 zu entnehmen ist, haben sich während des Interviews alle sieben Befragten zum Austausch mit Stakeholder*innen geäußert. Nähre Informationen zur Unterteilung der Stakeholder*innen gaben sechs der sieben Befragten an. Zwei der Expertinnen und Experten äußerten sich zu Shareholder*innen und jeweils eine Person sprach über Stakeholder*innen-Analyse und Lieferant*innen-Audits.

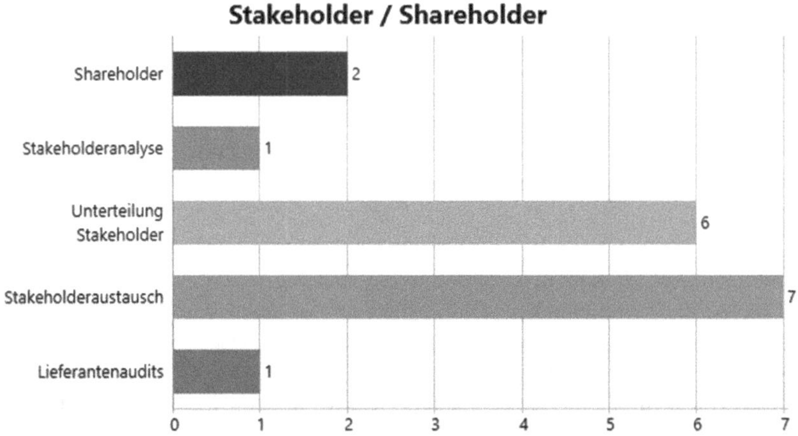

Abbildung 4.5 Anzahl Äußerungen der Befragten zu Stakeholder*innen / Shareholder*innen. (Quelle: eigene Darstellung, 2024 unter Zuhilfenahme von MAXQDA Analytics Pro (24.3.0))

Die qualitative Inhaltsanalyse zeigt, dass die Expertin eines großen Industrieunternehmens (Interview 4) sowie der Interviewexperte B7, welcher ebenfalls für ein großes niederösterreichisches Industrieunternehmen tätig ist, sich zu Shareholderinnen und Shareholdern äußerten. So meinte Interviewteilnehmerin B4, dass ein Austausch mit den Shareholder*innen im Zuge der jährlichen Hauptversammlung stattfände (vgl. Interview 4 2024, Position 36). Interviewteilnehmer B7 meinte, dass in seinem Unternehmen die Shareholder*innen über wesentliche Themen direkt eingebunden seien (vgl. Interview 7 2024, Position 41). Industrieexperte B6 (Interview 6) erwähnte, dass in seinem Unternehmen heuer eine vollumfängliche Stakeholder*innen-Analyse durchgeführt wurde. Er wies darauf hin, dass der Rhythmus der Durchführung der Stakeholder*innen-Analyse in seinem Unternehmen noch nicht festgelegt wurde, allerdings ein Intervall von zwei bis drei Jahren vorstellbar wäre (vgl. Interview 6 2024, Positionen 9–11). Zu Lieferant*innen-Audits hat sich ebenfalls Interviewpartner B6 geäußert. Er nannte das Beispiel, dass sich die Nachhaltigkeitsexpert*innen für den Austausch mit Stakeholdern und Stakeholderinnen bei Lieferant*innen-Audits hineinreklamiert hätten und im Zuge dieser Audits auch Umweltthemen betrachtet werden (vgl. Interview 6 2024, Position 11).

Die quantitative Analyse der Sub-Kategorie „Unterteilung Stakeholder*innen" wurde durchgeführt, da sechs von sieben Interviewteilnehmer*innen Aussagen dazu tätigten. Die Grafik dazu ist Abbildung 4.6 zu entnehmen.

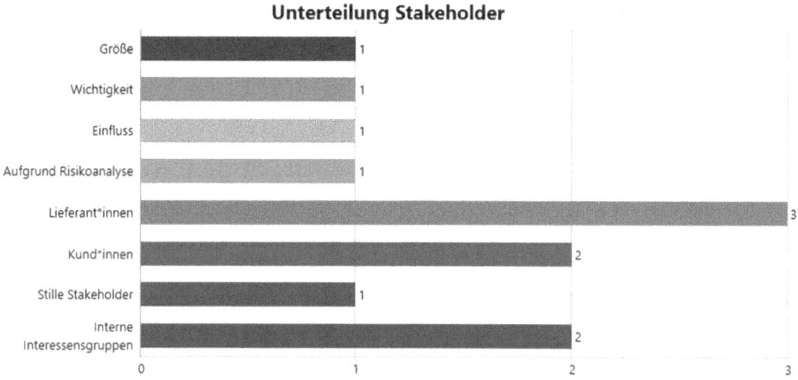

Abbildung 4.6 Anzahl Äußerungen der Befragten zu Unterteilung Stakeholder*innen. (Quelle: eigene Darstellung, 2024 unter Zuhilfenahme von MAXQDA Analytics Pro (24.3.0))

Interviewpartnerin B1 erwähnte auf die Frage nach der Durchführung eines Stakeholder*innen-Austausches, dass der Austausch vom Einfluss, der Größe und der Wichtigkeit des Lieferanten bzw. der Lieferantin abhängig sei (vgl. Interview 1 2024, Position 27). Die Nachhaltigkeitsexpertin eines Industriebetriebs äußerte im Zuge des dritten Interviews die Auswahl der kritischsten Lieferant*innen erfolge aus ihrer Sicht anhand der Risikoanalyse. Demnach würden die Lieferantenstämme, die das höchste Risiko aufweisen, zuerst beleuchtet werden (vgl. Interview 3 2024, Position 41).

Zu den stillen Stakeholdern hat sich Interviewpartner B2 geäußert. Unter stiller Stakeholder bzw. „stiller Interessensträger" kann lt. ESRS S. 24/284 AR 7 die Natur verstanden werden. Für die Wesentlichkeitsanalyse können Daten von z. B. Umweltorganisationen herangezogen werden (vgl. EU 2023/2772 (ESRS) 2023, S. 24/284). Interviewpartner B2 wies darauf hin, dass eine Möglichkeit die Auswirkungen objektiv zu bemessen stille Stakeholder seien, durch z. B. Ableitung aufgrund von Studienmodellen von WWF, Biodiversity Risk Filter und anderen Datenbanken. Diese Vorgangsweise wäre qualitativ hochwertiger als Umfragen mittels Fragebögen durchzuführen (vgl. Interview 2 2024, Positionen 35 und 37).

Die Interviewpartnerin B5 hielt fest, dass ein regelmäßiger Austausch mit Kund*innen und Lieferant*innen auf unterschiedlichen Ebenen stattfände (vgl. Interview 5 2024, Positionen 35). Interviewpartnerin B3 sah keinen Mehrwert in der Befragung der Kund*innen. Sie äußerte Bedenken die Kunden und Kundinnen zu befragen, da die Ergebnisse oftmals nicht brauchbar seien (vgl. Interview 3 2024, Position 11). Die Einbindung von internen Interessensgruppen wurde im Zuge der Interviews vier und sieben angesprochen. So gibt es im Unternehmen des Nachhaltigkeitsexperten B7 unterschiedliche Einbindungsmöglichkeiten der internen Interessensgruppen, wie z. B. direkte Einbindung der Shareholder*innen, Kommunikations-App für Mitarbeiter*innen und die Unterrichtung des Kontrollorgans über wesentliche Themen (vgl. Interview 7 2024, Position 41). Im Industrieunternehmen der Nachhaltigkeitsexpertin des vierten Interviews wurde erwähnt, dass interne Stakeholder*innen auf Managementebene im Zuge einer Group Conference über relevante Themen in Kenntnis gesetzt werden (vgl. Interview 4 2024, Position 36).

Zu Lieferant*innen fielen unterschiedliche Aussagen. So wies Interviewpartnerin B1 auf die Gefahr für große Unternehmen hin, sofern Lieferant*innen nicht die geforderten Daten liefern und in weiterer Folge ausgelistet werden würden (vgl. Interview 1 2024, Position 15). Interviewpartnerin B3 differenzierte zwischen großen und kleineren Lieferant*innen und merkte an, dass zu Beginn der Druck auf die großen Lieferantinnen und Lieferanten liegen werde und erst in weiterer Folge die kleineren Lieferanten und Lieferantinnen betroffen sein würden (vgl. Interview 3 2024, Position 39).

Zur Sub-Kategorie Stakeholder*innen-Austausch äußerten sich alle Interviewpartner*innen. Aufgrund der vielen Sub-Sub-Kategorien und Äußerungen der Expert*innen wurde für die Sub-Kategorie Stakeholder*innen-Austausch ebenfalls eine quantitative Analyse durchgeführt, welche Abbildung 4.7 zu entnehmen ist.

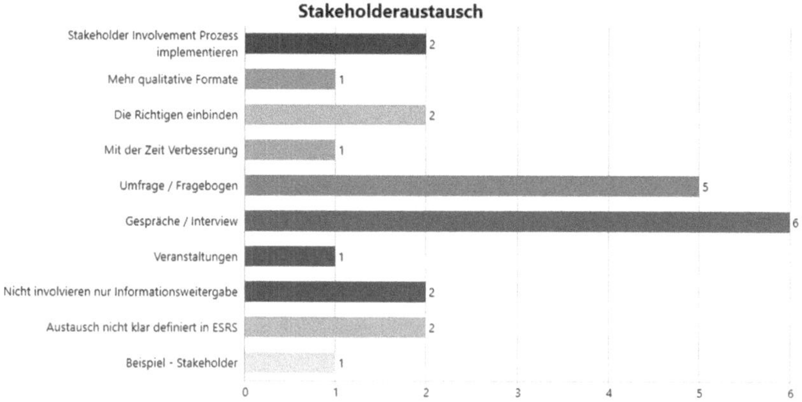

Abbildung 4.7 Anzahl Äußerungen der Befragten zu Stakeholder*innen-Austausch. (Quelle: eigene Darstellung, 2024 unter Zuhilfenahme von MAXQDA Analytics Pro (24.3.0))

Wie Abbildung 4.7 zu entnehmen ist, haben fast alle Interviewteilnehmerinnen und -teilnehmer Aussagen zu Gespräche / Interview und Umfrage / Fragebogen getroffen. Zu Veranstaltungen hat sich beispielsweise nur eine Person geäußert. Der Stakeholder*innen-Austausch konnte in 10 Sub-Subcodes untergliedert werden und wird mit Hilfe der qualitativen Inhaltsanalyse näher ausgewertet. Ganz allgemein meinte Interviewpartnerin B1, dass die Stakeholder*innen-Austausche sehr unterschiedlich stattfänden und erst jetzt so richtig beginnen würden (vgl. Interview 1 2024, Position 27). Die Interviewteilnehmer*innen Expertin B5 äußerte, dass einmal pro Jahr ein großer Stakeholder*innen Prozess bzw. Umfrage zustande käme, es allerdings besser wäre, wenn auf bestehende Aktivitäten aufgebaut werden würde (vgl. Interview 5 2024, Position 35). Ein Stakeholder*innen Prozess außerhalb von Shareholder*innen und Aufsichtsrat müsse noch erarbeitet werden, wurde von Experte B7 angemerkt (vgl. Interview 7 2024, Position 41).

Interviewpartner B2 wies darauf hin, dass es in Zukunft mehr qualitative Formate geben werde, d. h. weg von den Fragebögen, die aus seiner Sicht nicht gut waren. Den regelmäßigen Austausch sah er als Forderung an und in weitere Folge spezifizierte er, den qualitativen Austausch mit den richtigen Personen, d. h. den betroffenen Stakeholder*innen (vgl. Interview 2 2024, Positionen 35, 38–39). Nachhaltigkeitsexpertin B3 fand es auch relevant, die richtigen Expert*innen einzubinden und nicht eine Masse an Menschen anzuschreiben. Weiters meinte sie, dass in ein bis zwei Jahren bereits Benchmarks existieren werden, wodurch die wesentlichen Themen bekannt wären und der Stakeholder*innen-Austausch nicht mehr relevant sein würde (vgl. Interview 3 2024, Position 11).

Zu Umfragen / Fragebogen wurden viele Äußerungen getätigt. So haben sich Interviewpartnerinnen B1 und B5 sowie Nachhaltigkeitsexperte B6 neutral zu Fragebogen / Umfragen geäußert und stellten fest, dass diese durchgeführt wurden (vgl. Interview 1 2024, Position 27; Interview 5 2024, Position 35 und Interview 6 2024, Position 9). Interviewteilnehmer B2 und Interviewteilnehmerin B3 äußerten sich negativ in Bezug auf die Durchführung von Umfragen mittels Fragebogen (vgl. Interview 2 2024, Position 35 und Interview 3 2024, Positionen 7 und 11). Interviewpartnerin B3 erwähnte, dass es wichtig sei einen Stakeholder*innen Involvement Prozess aufzusetzen der inhaltlich sinnvoll wäre (vgl. Interview 3 2024, Position 11).

Der Sub-Subcode Gespräche / Interview wurde unterteilt in Stakeholder*innen-Dialog, Anraineraustausch und Ausbaumöglichkeiten. So hielt Expertin B3 zu Stakeholder*innen-Dialog allgemein fest, dass die Erwartungshaltung an den Dialog im Vorfeld überlegt werden müsse, um eine sinnvolle Einbindung der Stakeholder*innen zu gewährleisten (vgl. Interview 3 2024, Position 11). Die beiden Vertreter*innen der Industrie B4 und B6 wiesen darauf hin, dass im Zuge der doppelten Wesentlichkeit Stakeholder*innen-Interviews stattfanden (vgl. Interview 4 2024, Position 36 und Interview 6 2024, Position 9). Den Stakeholder*innen-Dialog fanden die Expertinnen B1, B5 und B6 gut (vgl. Interview 1 2024, Position 27; Interview 5 2024, Position 35 und Interview 6 2024, Positionen 9 und 11). Interviewexpertin B3 wies kritisch darauf hin, dass gemäß CSRD-Richtlinie der Stakeholder*innen-Dialog nicht explizit gefordert sei, sondern die relevanten Stakeholder und Stakeholderinnen seien zu identifizieren und es müsse für sie mitgedacht werden. So wäre eine indirekte Einbindung auch denkbar, d. h. lediglich eine Information an die Stakeholder*innen zu schicken. Ihre persönliche Meinung war allerdings, dass es keinen Sinn mache, gar nicht in den Austausch mit den Stakeholdern und Stakeholderinnen zu gehen (vgl. Interview 3 2024, Positionen 7 und 11). Die Nachhaltigkeitsexpertin B5 gab ebenfalls an, dass der Standard wenig vorgibt in Bezug auf Stakeholder*innen-Austausch und manche Wirtschaftsprüfer*innen meinen, es wäre ausreichend sich in die Stakeholderin / den Stakeholder hineinzudenken. Diese Ansicht teilte Nachhaltigkeitsexpertin B5 nicht. Sie wies weiters darauf hin, dass es auch Berater*innen und Prüfer*innen gäbe, die eine direkte Einbindung der Stakeholder*innen fordern würden. Aus ihrer Sicht sollte es in den nächsten Jahren klarer werden, was sich als Standard durchsetzt und in weiterer Folge gefordert wird (vgl. Interview 5 2024, Position 13). Ein negativ Beispiel der erforderlichen Stakeholder*innen-Einbindung wurde von

Interviewpartner B7 genannt, wodurch es aufgrund der unterschiedlichen Sichtweisen von Unternehmensberatung und Wirtschaftsprüfung zu einem erheblichen Mehraufwand des betroffenen Industrieunternehmens kam (vgl. Interview 7 2024, Positionen 43–45).

Den Stakeholder*innen-Dialog bewertete Nachhaltigkeitsexperte B2 als Challenge (vgl. Interview 2 2024, Position 27). Interviewexpertin B4 verwies darauf, dass ihr Unternehmen auch einen Anrainer*innen-Austausch anbiete und aus ihrer Sicht noch Ressourcen investiert werden könnten, um das Thema auszubauen (vgl. Interview 4 2024, Position 36). Veranstaltungen wurden als Beispiel für einen Stakeholder*innen-Austausch mit Kund*innen von Interviewpartnerin B1 genannt (vgl. Interview 1 2024, Position 27).

4.7.3.2 Standards

Die Hauptkategorie Standards wurde auf der zweiten Ebene (Subcode) in Aussagen zu ESRS und internationale Standards aufgeteilt. Eine quantitative Analyse auf der ersten Ebene (Standards) ist nicht aussagekräftig, daher wurden die Subcodes (zweite Ebene) entsprechend quantitativ ausgewertet und in den Abbildungen 4.8 und 4.9 dargestellt.

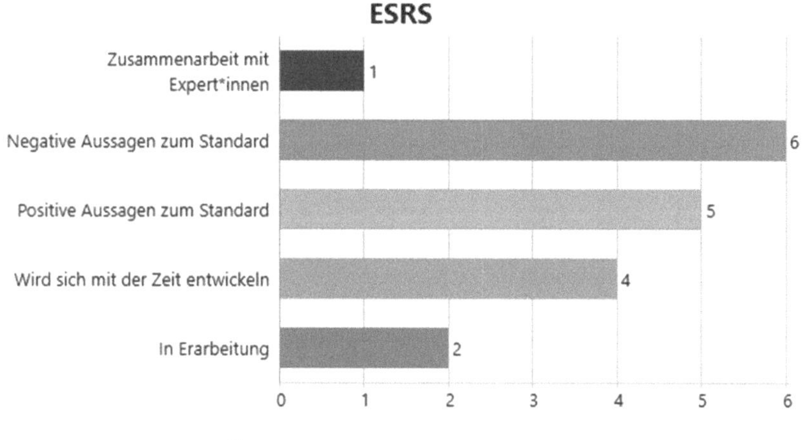

Abbildung 4.8 Anzahl Äußerungen der Befragten zu ESRS. (Quelle: eigene Darstellung, 2024 unter Zuhilfenahme von MAXQDA Analytics Pro (24.3.0))

Wie Abbildung 4.8 zeigt, haben sich mehr Befragte negativ zu den European Sustainability Reporting Standards geäußert als positiv. Vier Personen meinten, dass sich die Standards mit der Zeit entwickeln werden. Auf die Erarbeitung neuer Standards bzw. die Erweiterung der Standards bezogen sich zwei Expert*innen. Ein*e Interviewteilnehmer*in merkte die Wichtigkeit der Zusammenarbeit mit Expert*innen an.

Die qualitative strukturierende Inhaltsanalyse läßt eine genauere Betrachtung zu. So ist ersichtlich, dass die Nachhaltigkeitsexpertin B5 erwähnte, dass sie im Bereich Biodiversität mit Expert*innen zusammenarbeite. Negative Aussagen zum ESRS Standard wurden von Interviewteilnehmer B7 geäußert. So meinte der Experte, dass er die Berichterstattung zum Gender Pay Gap nicht so gerne umsetze (vgl. Interview 7 2024, Position 17). Den Umfang der Standards hoben die Nachhaltigkeitsexpert*innen B1, B2, B5 und B7 hervor (vgl. Interview 1 2024, Position 11; Interview 2 2024, Position 7; Interview 5 2024, Position 11 und 19 und Interview 7 2024, Position 11). Nachhaltigkeitsexpertin B5 erwähnte in ihrem Interview, dass die ESRS auf sehr viele andere Standards und Gesetzestexte verweise und durch den hohen bürokratischen Aufwand die Innovation verloren ginge (vgl. Interview 5 2024, Position 19 und 41).

Interviewexperte B2 äußerte sich zur Wesentlichkeitsanalyse, dass diese sehr massiv sei und die Basis darstelle, um die ESRS anzuwenden (vgl. Interview 2 2024, Position 7). Die European Sustainability Reporting Standards seien strenger als die GRI oder andere internationale Standards, wurde während des ersten Interviews erwähnt. (vgl. Interview 1 2024, Position 9).

Schwierigkeiten mit der Verständlichkeit der ESRS wurden oftmals genannt. So ist manchmal nicht klar, welche Kennzahlen zu reporten sind (vgl. Interview 3 2024, Position 19; Interview 7 2024, Position 15). Weiters wurde angemerkt, dass es sich um einen juristischen Text handle, der schwer lesbar sei und es oftmals um Auslegungsmöglichkeiten ginge (vgl. Interview 2 2024, Position 7). Die schlechte deutsche Übersetzung wurde im Zuge des fünften Interviews kommentiert (vgl. Interview 5 2024, Position 11). Die häufigsten negativen Aussagen wurden von den Nachhaltigkeitsexpert*innen in Bezug auf den Interpretationsspielraum, der aktuell mit der ESRS-Verordnung gegeben ist, geäußert (vgl. Interview 5 2024, Position 11 und 13; Interview 3 2024, Position 13 und 15; Interview 4 2024, Position 3, und 7; Interview 7 2024, Position 5, 10–11, 43 und 47). Einige Beispiele zum Interpretationsspielraum wurden genannt, wie die Ableitung inkl. Argumentation der Datenpunkte und die Einbindung der Stakeholder*innen (vgl. Interview 5 2024, Position 11 und 13). Nachhaltigkeitsexpertin B3 meinte, dass sich dieser Umstand bessern werde, sobald die ersten Prüfungen erfolgt seien (vgl. Interview 3 2024, Position 15).

Positive Aussagen zu den European Sustainability Reporting Standards fielen von Interviewteilnehmerin B5. Sie verwies darauf, dass nunmehr Entscheidungen aufgrund Daten und Impacts getroffen, die Risikoseite betrachtet werden würde und der Blick in die längerfristige Zukunft positiv sei (vgl. Interview 5 2024, Position 9). Im Zuge des siebenten Interviews wurde der klar definierte Ablauf positiv hervorgehoben (vgl. Interview 7 2024, Position 5). Die Befragten B1, B2, und B7 waren der Ansicht, dass die Kennzahlen, die es zu erheben gilt, ausreichen und die European Sustainability Reporting Standards alles vorgeben, was für die Berichterstattung benötigt wird (vgl. Interview 1 2024, Position 11; Interview 2 2024, Position 9; Interview 7 2024, Position 14–15, und 17). Weiters positiv äußerten sich die Nachhaltigkeitsexperten B1, B3, B5 und B7, dass die derzeit verfügbaren Standards für Vergleichbarkeit und Transparenz sorgen, da datenbasiert gearbeitet werden muss und die Indikatoren für alle gelten, d. h. nicht jeder seine eigenen Kennzahlen beliebig festlegen kann. Aus Sicht der Nachhaltigkeitsexpertin B3 ergibt sich ein weiterer Vorteil durch die datenbasierte Erhebung, da Maßnahmen leichter ableitbar sein werden (vgl. Interview 1 2024, Position 11; Interview 3 2024, Position 17; Interview 5 2024, Position 41; Interview 7 2024, Position 17). Die zur Verfügung gestellten Übergangsfristen für Unternehmen, nicht zu Beginn gleich alle Daten quantitativ offenlegen zu müssen, wurde im vierten Interview positiv hervorgehoben (vgl. Interview 4 2024, Position 13). Die Erfahrungswerte der nächsten Jahre werden mit laufender Nachhaltigkeitsberichterstattung, aus Sicht der Expertinnen B1 und B3 sowie aus Sicht des Experten B7, bei der Umsetzung der Nachhaltigkeitsberichterstattung helfen (vgl. Interview 1 2024, Position 13; Interview 3 2024, Position 17 und Interview 7 2024, Position 15). Nachhaltigkeitsexperte B2 führte weiters aus, dass die Erfahrungswerte der praktischen Umsetzung und die Benchmarks den größten positiven Effekt haben werden (vgl. Interview 2 2024, Position 9).

Standards, die derzeit in Ausarbeitung sind, wurden ebenfalls angesprochen. So erwähnte Interviewteilnehmer B2, dass derzeit KMU-Standards und sektorspezifische Standards erarbeitet werden. Diese Leitlinien sind aus seiner Sicht auch wichtig, um die Verbindlichkeit der Vorgaben zu erhöhen. Bezogen auf sektorspezifische Standards meinte er, dass es eine Frage der Durchsetzbarkeit und der Vergleichbarkeit sei, daher seien diese Standards sehr wichtig (vgl. Interview 2 2024, Position 9).

Kritisch hinterfragt wurden sektorspezifische Standards von Nachhaltigkeitsexpertin B3. Sie erwähnte, dass die branchenspezifischen Standards super wären, allerdings stellte sie die Frage, wie eng eine Branche abgegrenzt werden müsse, damit der jeweilige Indikator Sinn mache. Bei manchen Kennzahlen (wie z. B. viele „S"-Kennzahlen und das Carbon Accounting) sind die Vorgaben für alle

Branchen gleich und sie meinte, dafür brauche es keine branchenspezifischen Vorgaben. Weitere Kennzahlen, die aus ihrer Sicht keine branchenspezifischen Vorgaben brauchen, sind Klima und Information zur eigenen Belegschaft. Kritisch angemerkt hat sie, dass sie sich bei einigen Indikatoren mehr Freiheiten wünschen würde (vgl. Interview 3 2024, Position 17 und 19).

Die quantitative Unterteilung des zweiten Subcodes der Hauptkategorie Standards ist Abbildung 4.9 zu entnehmen. Internationale Standards wurden in GRI, Sektorstandards SASB, Sektorstandards ISSB und IFRS aufgeschlüsselt.

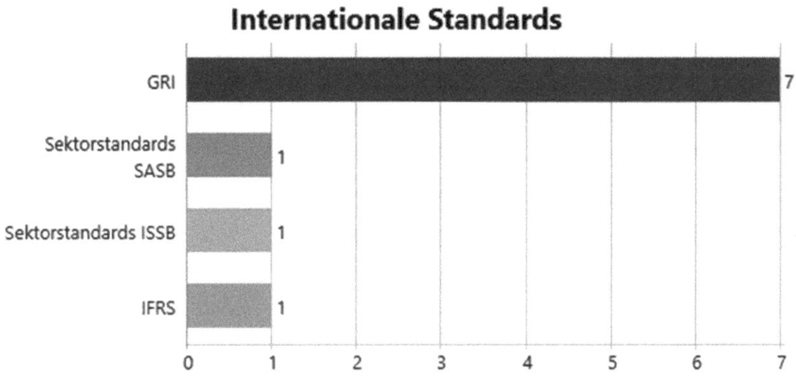

Abbildung 4.9 Anzahl Äußerungen der Befragten zu internationalen Standards. (Quelle: eigene Darstellung, 2024 unter Zuhilfenahme von MAXQDA Analytics Pro (24.3.0))

Das Diagramm in Abbildung 4.9 zeigt deutlich, dass sich alle sieben Interviewteilnehmer*innen zu GRI Standards äußerten. Eine mögliche Ursache der Stellungnahme aller Expert*innen zu diesem Thema, kann in der Formulierung der Zusatzfrage (Interviewleitfaden A4–1) liegen, da hier GRI als Beispiel für andere sektorspezifische Standards genannt wurde. Die internationalen Standards SASB, ISSB und IFRS wurden jeweils von einer Person im Zuge der Interviews erwähnt.

Im Zuge der qualitativen Auswertung konnte festgestellt werden, dass nach Einschätzung der Interviewpartnerin B3 es Unternehmen leichter fällt gemäß CSRD Bericht zu erstatten, sofern das Unternehmen in der Vergangenheit bereits nach GRI Standards Bericht erstattet hat. Sie meinte auch, dass gemäß ESRS dieselben Kennzahlen gefragt werden, wie von GRI und, dass ihr Unternehmen diese Standards nicht herangezogen hat (vgl. Interview 3 2024, Position 19 und 35).

Nachhaltigkeitsexpertin B5 hielt fest, dass ihrer Meinung nach viele Unternehmen auf GRI Standards zurückgriffen. Ihr Unternehmen habe allerdings die internationalen Standards SASB herangezogen (vgl. Interview 5 2024, Position 21). Für die Nachhaltigkeitsberichterstattung der Unternehmen der Nachhaltigkeitsexpertin B4 sowie der Nachhaltigkeitsexperten B6 und B7 wurden nach deren Aussagen in der Vergangenheit GRI Standards herangezogen. Experte B6 erwähnte zusätzlich, dass die Nachhaltigkeitsberichterstattung nicht in der Tiefe durchgeführt wurde (vgl. Interview 4 2024, Position 5; Interview 6 2024, Position 67 und Interview 7 2024, Position 17).

Nach Einschätzung der Nachhaltigkeitsexpertinnen B1 und B3 orientieren sich die European Sustainability Reporting Standards an den GRI Standards. Expertin B3 erwähnte in ihrem Interview, dass sie glaube, dass GRI und ESRS sich rasch angleichen werden (vgl. Interview 1 2024, Position 13 und Interview 3 2024, Position 19). Lt. Interviewpartnerin B5 sind die ESRS Standards strenger als die GRI Standards. So ließen die GRI Standards Ausweichmöglichkeiten zu, nach Ausführungen von Expertin B5 und Experte B7 (vgl. Interview 5 2024, Position 41 und Interview 7 2024, Position 59). Nach Einschätzung des Interviewteilnehmers B2 helfen die GRI Standards im Sektorbereich weniger. Er verwies auf die US amerikanischen Standards ISSB, die aus seiner Sicht einen Referenzpunkt darstellen (vgl. Interview 2 2024, Position 15).

Im Zuge des letzten Interviews wurden die IFRS Standards erwähnt, welche aus Sicht des Experten leichter umsetzbar als die European Sustainability Reporting Standards sind, da nur Climate related Themen berichtet werden müssen (vgl. Interview 7 2024, Position 13).

4.7.3.3 Probleme

Die deduktive Hauptkategorie Probleme konnte in sechs Subkategorien aufgeteilt werden. Diese Subcodes sind Abbildung 4.10 zu entnehmen.

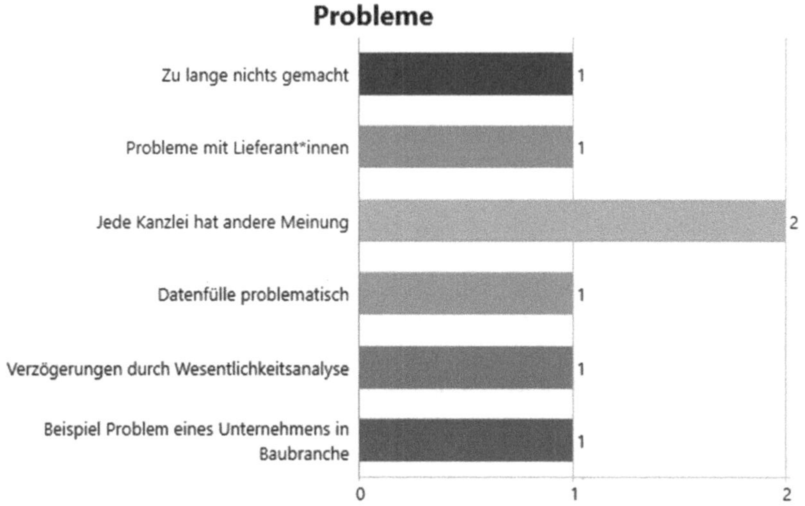

Abbildung 4.10 Anzahl Äußerungen der Befragten zu Problemen. (Quelle: eigene Darstellung, 2024 unter Zuhilfenahme von MAXQDA Analytics Pro (24.3.0))

Wie das Balkendiagramm in Abbildung 4.10 zeigt, wurden Probleme nur in geringem Ausmaß erwähnt. Die meisten Probleme wurden in Bezug auf die unterschiedlichen Meinungen bzw. Interpretationen von Unternehmensberater*innen und Wirtschaftsprüfer*innen gesehen, wozu sich die Experten B2 und B7 äußerten (vgl. Interview 2 2024, Position 41 und Interview 7 2024, Position 47).

Interviewteilnehmer B7 meinte, dass zu lange nichts gemacht wurde, da die GRI Standards zwar schon lange verfügbar sind, aber die Ausweichmöglichkeiten leicht anzuwenden waren und oberflächlicher berichtet werden konnte. Weiters merkte er an, dass die Anzahl an zu berichtenden Datenpunkte ein Problem darstelle. Er bezog sich in diesem Zusammenhang auf die Auflistung von Strategien, Key Actions, Maßnahmen und Zielerreichungen für jedes wesentliche Thema. So wurde, aus seiner Sicht, zu schnell zu viel gefordert (vgl. Interview 7 2024, Positionen 3, 49 und 53).

Ein Problem bei der Datenbeschaffung von Lieferantinnen und Lieferanten sah Nachhaltigkeitsexpertin B1, vor allem, wenn diese nicht in der EU tätig sind, bzw. es sich um Klein- und Mittelunternehmen handeln würde (vgl. Interview 1 2024, Position 15). Sie erwähnte ebenfalls, dass ihr oftmals berichtet wurde, dass

Unternehmen mehr Zeit für die Wesentlichkeitsanalyse benötigten als ursprünglich gedacht und es dadurch zu Verzögerungen kommen würde (vgl. Interview 1 2024, Position 5–7). Interviewteilnehmer B7 erklärte anhand eines Beispiels von Unternehmen aus der Baubranche, wie schwierig es sein kann zu Scope 1 und Scope 2 Emissionen Daten zu generieren und offenzulegen (vgl. Interview 7 2024, Position 21).

4.7.3.4 Herausforderungen

Die durch deduktive Kategorienanwendung erzeugte Hauptkategorie Herausforderungen wurde in drei Subkategorien unterteil. Diese sind in Abbildung 4.11 dargestellt.

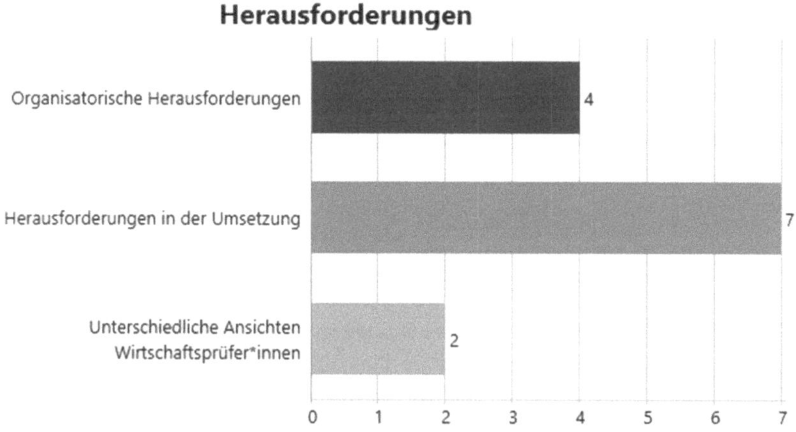

Abbildung 4.11 Anzahl Äußerungen der Befragten zu Herausforderungen. (Quelle: eigene Darstellung, 2024 unter Zuhilfenahme von MAXQDA Analytics Pro (24.3.0))

Wie auch Abbildung 4.11 zu entnehmen ist, erfolgte eine Aufteilung in organisatorische Herausforderungen, Herausforderungen in der Umsetzung sowie unterschiedliche Ansichten der Wirtschaftsprüfer*innen. Alle Interviewteilnehmer*innen äußerten sich zu Herausforderungen in der Umsetzung. Vier von sieben Expert*innen erwähnten organisatorische Herausforderungen und zwei gingen auf die unterschiedlichen Ansichten der Wirtschaftsprüfer*innen ein.

Aufgrund der vielen Aussagen und der Unterteilung in Sub-Subcodes wurde auch eine quantitative Analyse der Subkategorien „organisatorische Herausforderungen“ und „Herausforderungen in der Umsetzung“ durchgeführt. Das

Balkendiagramm der organisatorischen Herausforderungen ist Abbildung 4.12 zu entnehmen.

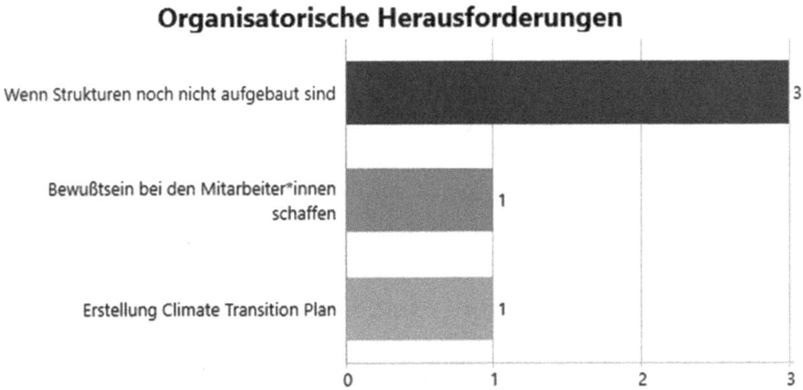

Abbildung 4.12 Anzahl Äußerungen der Befragten zu organisatorischen Herausforderungen. (Quelle: eigene Darstellung, 2024 unter Zuhilfenahme von MAXQDA Analytics Pro (24.3.0))

Als organisatorische Herausforderungen nannten drei der Befragten, wenn Strukturen noch nicht entsprechend aufgebaut wurden. Und jeweils eine Person äußerte sich zur Herausforderung, das Bewußtsein bei den Mitarbeiter*innen zu schaffen, sowie einen Climate Transition Plan zu erstellen.

Zu der Subkategorie, wenn Strukturen noch nicht integriert wurden, äußerte sich Nachhaltigkeitsexpertin B1. Sie dedektierte als herausfordernd, wenn Strukturen von Null weg aufgebaut werden müssen, da das mit sehr viel Zeit und Aufwand verbunden sei. Eine besondere Herausforderung sieht sie für Personen, die zusätzlich zu ihrer bisherigen Tätigkeit, die Nachhaltigkeitstätigen mit übernehmen müssen. Diese Herausforderung sieht sie vor allem bei KMU, da diese über weniger Personal verfügen, als große Unternehmen (vgl. Interview 1 2024, Positionen 3 und 35). Personalressourcen hat auch Nachhaltigkeitsexpertin B5 im Zuge ihres Interviews als Herausforderung genannt. So sind die Fragen nach der verantwortlichen Person für Nachhaltigkeit im Unternehmen und welche Abteilungen eingebunden werden müssen, zu klären (vgl. Interview 5 2024, Position 11). Für Konzerne herausfordernd nannte Interviewteilnehmerin B4 die Konsolidierung der verschiedenen Standorte und die Beschaffung der Daten (vgl. Interview 4 2024, Positionen 3 und 17). Der Nachhaltigkeitsexperte B6 erwähnte als Herausforderung die Nachhaltigkeitsthematik den Mitarbeiter*innen im gesamten Unternehmen bewusst zu machen. Weiters sagte er, dass eine Dekarbonisierungsstrategie definiert werden und ein Climate Transition Plan erstellt werden muss und das eine Herausforderung für das Nachhaltigkeitsmanagement darstelle (vgl. Interview 6 2024, Positionen 5 und 21).

Die meisten Äußerungen konnten der Subkategorie Herausforderungen in der Umsetzung zugewiesen werden. Die aufgrund der Aussagen der Interviewteilnehmerinnen und Interviewteilnehmer gebildeten Sub-Subkategorien können Abbildung 4.13 entnommen werden.

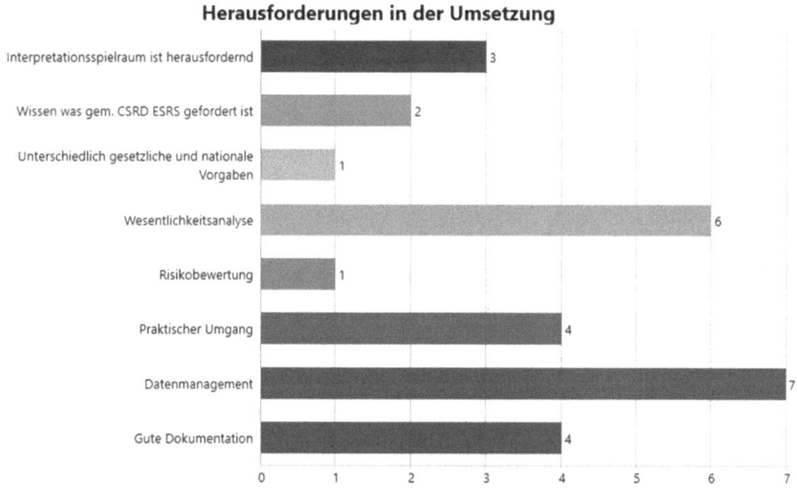

Abbildung 4.13 Anzahl Äußerungen der Befragten zu Herausforderungen in der Umsetzung. (Quelle: eigene Darstellung, 2024 unter Zuhilfenahme von MAXQDA Analytics Pro (24.3.0))

Wie in Abbildung 4.13 ersichtlich, haben alle Interviewteilnehmer*innen Datenmanagement als Herausforderung genannt. Sechs von sieben Expert*innen empfanden die Wesentlichkeitsanalyse als herausfordernd. Der praktische Umgang und die gute Dokumentation wurden jeweils von vier Befragten genannt. Der auch bereits in den Hauptkategorien Stakeholder*innen, Standards und Probleme genannte Interpretationsspielraum, wurde von drei Expert*innen als herausfordernd bezeichnet. Ebenfalls als herausfordernd werden das Wissens, was gemäß CSRD-Richtlinie und ESRS-Verordnung gefordert ist, sowie die unterschiedlichen gesetzlichen Vorgaben und die Risikobewertung empfunden.

Der Interpretationsspielraum als Herausforderung für Unternehmen wurde von den Nachhaltigkeitsexpert*innen B5, B3 und B7 genannt (vgl. Interview 5 2024, Position 13; Interview 3 2024, Position 13 und Interview 7 2024, Position 5). Das Verständnis, was gemäß der CSRD-Richtlinie gefordert ist, wurde im Zuge der ersten beiden Interviews als Herausforderung genannt (vgl. Interview 1 2024, Position 3 und Interview 2 2024, Position 7). Nachhaltigkeitsexpertin B1 wies darauf hin, dass sie glaube, dass es herausfordernd sei, festzustellen, welche Daten noch im Vergleich zur vorherigen Berichterstattung fehlen (vgl. Interview 1 2024, Position 9).

Die Herausforderung der Einhaltung der unterschiedlichen gesetzlichen und nationalen Vorgaben, nannte die Expertin des vierten Interviews. Sie brachte ihre Aussage anhand eines Beispiels zur Offenlegung der Abfalldaten von Plastikmüll näher. Die länderspezifischen Abfallgesetze sind einzuhalten und erschweren die Beurteilung von Abfall, da in Österreich der Kunststoffmüll gesondert gesammelt wird und in anderen Ländern z. B. gemeinsam mit dem Restmüll entsorgt wird. Hier unverzerrte Daten zur Verfügung zu stellen ist nicht leicht (vgl. Interview 4 2024, Position 17).

Die Durchführung der Wesentlichkeitsanalyse, die Auswirkungen der Wesentlichkeit mit Bruttorisiken zu verstehen und die längerfristige Betrachtung von Chancen und Risiken, wurde von Interviewpartner B2 als Challenge bezeichnet (vgl. Interview 2 2024, Positionen 5, 7 und 27). Die Subthemen und Sub-Subthemenübersicht in der Wesentlichkeitsanalyse empfand Interviewteilnehmerin B5 als herausfordernd, weil diese checklistenartige Auflistung der Themen, aus ihrer Sicht, nicht mit der Realität der Unternehmen übereinstimme (vgl. Interview 5 2024, Position 7). Nachhaltigkeitsexperte B6 äußerte sich ebenfalls zur doppelten Wesentlichkeit. Er meinte, die Definition der Impacts, um in weiterer Folge die Expert*innen einzubeziehen, sei beides herausfordernd (vgl. Interview 6 2024, Position 5). Interviewpartnerin B1 kommentierte, dass umfangreiche Stakeholder*innen-Dialoge und die Einbeziehung vieler Expert*innen dazu führen kann, dass die Entscheidung, welche Themen wesentlich sind, schwerer getroffen werden, aufgrund der vielen Meinungen (vgl. Interview 1 2024, Position 5). Als herausfordernd an der Wesentlichkeitsanalyse empfand Experte B7, die komplexe und umfangreiche Durchführung, sowie die Notwendigkeit diese einer Wirtschaftsprüfung zu unterziehen (vgl. Interview 7 2024, Position 5). Je nach Branche ergeben sich die zu berichtenden wesentlichen Themen. Sofern keine eindeutige Zuordnung des Geschäftsmodells möglich ist, ist die Durchführung der Wesentlichkeitsanalyse eine Herausforderung, stellte Nachhaltigkeitsexpertin

B3 fest (vgl. Interview 3 2024, Position 17). Inhaltlich empfand die Nachhaltigkeitsexpertin B3 die doppelte Wesentlichkeitsanalyse nicht als herausfordernd (vgl. Interview 3 2024, Position 7).

Zur Risikobewertung äußerte sich Nachhaltigkeitsexperte B6. So müsse die Risikomatrix überarbeitet werden und die Themen Umwelt, Sozialstandards und Themen bzgl. Due Diligence seien aufzunehmen. Die Risikobewertung entlang der Lieferkette empfinde er als nicht so einfach (vgl. Interview 6 2024, Positionen 21, 46 und 48). Der Subcode praktischer Umgang beinhaltet die Aussage von Interviewpartnerin B1. Diese deutete darauf hin, dass die Nachhaltigkeitsberichterstattung gemäß CSRD-Richtlinie für alle Unternehmen, die zum ersten Mal einen Nachhaltigkeitsbericht erstellen, eine große Herausforderung darstellen würde (vgl. Interview 1 2024, Position 3). Die Überlastung von Personen aufgrund von fehlender Automatisierung und fehlenden Ressourcen, wurde von Interviewpartnerin B5 als Herausforderung geäußert. Die Fehleranfälligkeit aufgrund manueller Eintragungen anstelle von Softwarelösungen, wurden ebenfalls als Grund für die Überlastung von Personen genannt (vgl. Interview 5 2024, Positionen 11 und 27). Auf die fehlenden personellen Ressourcen machten auch die Interviewpartner B2 und B6 aufmerksam (vgl. Interview 2 2024, Position 25 und Interview 6 2024, Position 30).

Eine große Anzahl an Äußerungen fielen auf die Herausforderung Datenmanagement im speziellen auf die Datenerhebung. Zur Datenerhebung äußerten sich alle sieben Expert*innen. Sie stelle aus Sicht von Interviewpartnerin B1 eine besondere Herausforderung dar, sofern Unternehmen das erste Mal Bericht erstatten würden und weiters, mehrere Standorte betroffen seien. Auch die Einbeziehung mehrerer Abteilungen und die externe Datenbeschaffung äußerte sie als große Herausforderung (vgl. Interview 1 2024, Positionen 9 und 15). Die Nachhaltigkeitsexpert*innen B2, B4 und B6 erwähnten die interne und externe Datensammlung als Herausforderung (vgl. Interview 2 2024, Position 16–17; Interview 4 2024, Positionen 3 und 17 und Interview 6 2024, Position 30). Die Ausweitung der Wertschöpfungskette und demzufolge Beschaffung der vor und nachgelagerten Daten äußerte Geschäftsführerin B5 als große Herausforderung. Anhand des Beispiels Klima – Berechnung der CO_2 Emissionen erläuterte sie, dass viele Unternehmen in der Lieferkette noch nicht so weit seien, genaue Daten zur Verfügung zu stellen und auch mit Schätzungen und Annäherungsberechnungen gearbeitet werden müsse. Ein anderes Bespiel nannte sie in Bezug auf die Beurteilung der Arbeitsbedingungen der Unternehmen in der Lieferkette. Bei Tier-1 Lieferant*innen wird aus ihrer Sicht eine Beurteilung möglich sein, aber je weiter die Lieferkette rückverfolgt wird (Tier-n-Lieferant*innen), desto schwieriger erweist sich eine Beurteilung (vgl. Interview 5 2024, Positionen 7 und 27).

Die Beschaffung der Daten der Lieferketten erwähnte auch Nachhaltigkeitsexperte B7 als herausfordernd, vor allem wenn es Tier-n-Lieferant*innen betreffe (vgl. Interview 7 2024, Position 19). Die Datenbeschaffung von Daten, die nicht mit den strategischen Zielen des Unternehmens übereinstimmen, erwähnte Nachhaltigkeitsexpertin B3 als herausfordernd, da die Datengrundlage nicht optimal sei. Primärdaten von Lieferant*innen seien für sie vor allem interessant für strategische Fokusthemen, wo große Maßnahmen gesetzt werden würden. Von allen Lieferant*innen Primärdaten zu erhalten seien, in einem weltweit tätigen Unternehmen wie ihres, nicht realistisch. Für globale Unternehmen sah sie auch die Herausforderung der weltweiten Datenbeschaffung der anderen Standorte. Sie meinte weiters, dass sie bereits Erfahrungen sammeln konnten in Bezug auf das Carbon Accounting, daran könnten sie sich orientieren. Die unterschiedlichen Gesetze stelle sie ebenfalls vor Herausforderungen als weltweit tätiges Unternehmen, da in manchen Ländern wie z. B. der USA das Geschlecht nicht erfasst werden darf. Die Kennzahl der eigenen Belegschaft wie gefordert auf Geschlechter aufzuteilen, stelle daher eine Herausforderung dar (vgl. Interview 3 2024, Positionen 21 und 23). Den Datenschutz erwähnte Interviewteilnehmer B6 ebenfalls als Herausforderung. Er meinte, die Mitarbeiter*innenanzahl würde er von Lieferant*innen erhalten, allerdings Informationen zur Bezahlung seien nicht erhältlich (vgl. Interview 6 2024, Position 30).

Die große Datenmenge (die vielen Datenpunkte) sowohl qualitativer als auch quantitativer Daten, wurde von Interviewteilnehmer*innen B5, B4 und B7 als Herausforderung genannt. Genauer erwähnte der Nachhaltigkeitsexperte eines großen niederösterreichischen Industrieunternehmens B7, dass er die elegante Formulierung der qualitativen Daten (Strategie, Maßnahmen, Beschreibungen und Statements), damit die geforderten Inhalte abgedeckt sind, als anstrengend empfinde (vgl. Interview 5 2024, Position 7; Interview 4 2024, Position 7 und Interview 7 2024, Positionen 19 und 21).

Zum ESG-Daten Tool äußerte sich Nachhaltigkeitsexperte B6. Er erzählte, dass sie vom Mutterkonzern ein ESG-Daten Tool zur Verfügung gestellt bekommen haben. Er meinte die Granularität, die durch ESRS gefordert ist, in diesem Tool abzubilden, stelle die Nachhaltigkeitsexpert*innen vor große Herausforderungen. Er erklärte seine Aussage aufgrund eines Beispiels mit dem Verbrauch von Papier. Hier müsse aufgeschlüsselt werden, wie viel Papier mit Siegel, wie viel WC-Papier, wie viel Papier in Verpackungen recycelt wurde. Und jeder Datenpunkt müsse weiter aufgeschlüsselt werden in ca. sieben Unterpunkte (vgl. Interview 6 2024, Position 30).

Zur Herausforderung, die Daten so aufbereitet zu bekommen, dass sie weiterverwendet werden können, äußerte sich die Expertin B1 (vgl. Interview 1 2024,

Positionen 9 und 15). Die Qualität der Daten war für die Befragten B4, B5 und B6 ein Thema. Die richtigen externen Daten in guter Qualität zu erhalten und die Nachvollziehbarkeit der Angaben zu gewährleisten, stelle große Unternehmen vor Herausforderungen (vgl. Interview 5 2024, Position 27). Bezogen auf die Qualität der internen Daten wurde bemerkt, dass die Datenquellen oftmals nicht bekannt seien und für Berechnungen die Kennzahlen-Definition fehle bzw. bisher anders berechnet wurde (vgl. Interview 5 2024, Position 27). Die Expertin B4 erwähnte die einheitliche Datenstruktur. Die Daten zu den lt. ESRS geforderten KPIs in der geforderten Qualität und Quantität vorliegen zu haben, stelle eine Herausforderung dar. Hier komme es auch auf die Interpretation der Unternehmen an. So könnten manche Unternehmen einen Halbsatz schreiben und andere wiederum könnten sehr umfassend berichten (vgl. Interview 4 2024, Position 7 und 17).

Die gute und umfassende Dokumentation zu gewährleisten und somit für Vergleichbarkeit zu sorgen und den großen Umfang des Berichts zu bewerkstelligen, sahen vier der sieben Befragten als herausfordernd an (vgl. Interview 3 2024, Position 7; Interview 4 2024, Positionen 3 und 7 und Interview 7 2024, Position 19). Bezüglich des Berichtsumfangs äußerte Expertin B4, dass ihr Unternehmen überlege einen zweiten, kürzeren mit Bildern verschönerten Bericht, offenzulegen (vgl. Interview 4 2024, Position 7). Interviewpartner B6 äußerte sich zur Gewährleistung der geforderten Genauigkeit sämtlicher Daten. Interviewpartner B7 erwähnte das Verfolgen eines Vier-Augen-Prinzips (vgl. Interview 6 2024, Position 5 und Interview 7 2024, Position 19).

Die Subkategorie „Unterschiedliche Ansichten der Wirtschaftsprüfer*innen“ wurde im Gegensatz zu den Subkategorien „Organisatorische Herausforderungen“ und „Herausforderungen in der Umsetzung“ nicht quantitativ ausgewertet, da dieser Kategorie nur wenige Textsegmente zugewiesen wurden und eine Unterteilung in Sub-Subcodes demnach nicht erforderlich war. Die Expertinnen B3 und B5 bezeichneten die unterschiedlichen Ansichten der Wirtschaftsprüfer*innen als Herausforderung (vgl. Interview 3 2024, Positionen 13 und 35 und Interview 5 2024, Position 11).

4.7.3.5 Umgesetzte Maßnahmen

Die deduktive Hauptkategorie „Umgesetzte Maßnahmen“ wurde in 10 Subkategrien unterglieder, wie auch Abbildung 4.14 zu entnehmen ist.

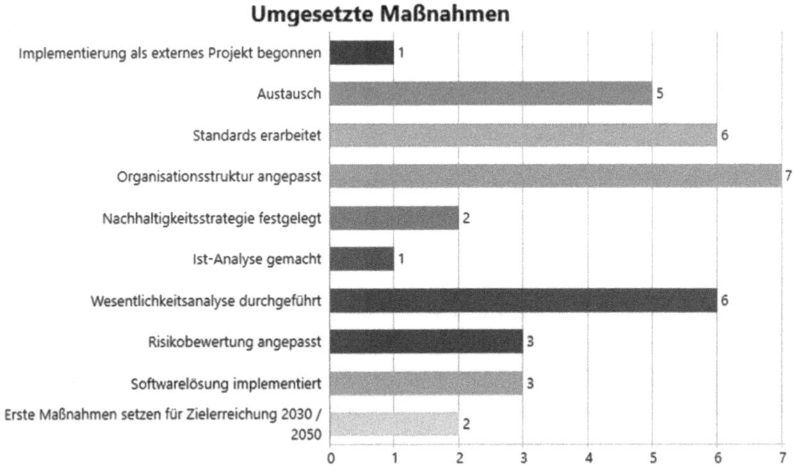

Abbildung 4.14 Anzahl Äußerungen der Befragten zu umgesetzte Maßnahmen. (Quelle: eigene Darstellung, 2024 unter Zuhilfenahme von MAXQDA Analytics Pro (24.3.0))

Wie auch Abbildung 4.14 zu entnehmen ist, gaben alle Interviewteilnehmer*innen Auskunft zur Anpassung der Organisationsstruktur. Sechs der sieben Befragten äußerten sich zur Erarbeitung von Standards und der Durchführung einer Wesentlichkeitsanalyse. Erfolgte Austausche mit z.B Stakeholder*innen, die Anpassung der Risikobewertung und die Implementierung einer Softwarelösung wurden ebenfals erwähnt. Zwei Personen gaben Auskunft über die Festlegung einer Nachhaltigkeitsstrategie und der Maßnahmensetzung zwecks Zielerreichung 2030 / 2050. Jeweils ein*e Interviewpartner*in erwähnte die Implementierung eines externen Projekts und die Durchführung einer Ist-Analyse.

Die genauere Betrachtung der Aussagen im Zuge der qualitativen strukturierenden Inhaltsanalyse zeigte, dass das Industrieunternehmen des Nachhaltigkeitsexperten B7 ein externes Projekt startete für die Implementierung der CSRD-Richtlinie, welches allerdings aufgrund von Budgetgründen gestrichen wurde (vgl. Interview 7 2024, Position 25).

Umgesetzte Maßnahmen bezogen auf den Austausch mit unterschiedlichen Interessensträger*innen wurden häufig genannt. So erwähnten die Interviewexpert*innen B3, B5, B6 und B7 in Austausch mit Unternehmensberater*innen und Wirtschaftsprüfer*innen zu stehen. Besondere Relevanz habe aus Sicht der Expertinnen B3 und B5 der Austausch mit den Wirtschaftsprüfer*innen (vgl. Interview

3 2024, Position 13; Interview 5 2024, Position 15; Interview 6 2024, Position 65 und Interview 7 2024, Position 45). Die Durchführung eines Stakeholder*innen-Austausches erwähnten die Nachhaltigkeitsexpert*innen niederösterreichischer Industrieunternehmen B4 und B6. Interviewteilnehmer B6 fügte hinzu, dass der Austausch mit den relevanten Stakeholder*innen geholfen habe, da die vom Unternehmen detektierten wesentlichen Themen von ihnen bestätigt wurden (vgl. Interview 4 2024, Position 38 und Interview 6 2024, Positionen 9 und 63). Auch als relevant und hilfreich empfindet der Experte B6 den Austausch mit anderen Nachhaltigkeitsmanager*innen. In seinem Fall erfolge der Austausch hauptsächlich konzernintern mit anderen Tochterunternehmen, die unterschiedlichen Branchen angehören (vgl. Interview 6 2024, Position 63). Der Austausch mit anderen Unternehmen wurde von den Expertinnen B3, B4 und den Experten B6 und B7 erwähnt. Dies wird als sehr wichtig angesehen und erfolge auf unterschiedliche Art und Weise wie z. B. auf Veranstaltungen, EU-Netzwerk „Together for Sustainability" und Business Upper-Austria (vgl. Interview 3 2024, Position 37; Interview 4 2024, Position 42; Interview 6 2024, Position 63 und Interview 7 2024, Position 61). Nachhaltigkeitsexpertin B3 führte näher aus, dass aus ihrer Sicht, die großen Unternehmen gut vernetzt seien. Die kleineren Unternehmen müssen sich vermutlich dem Netzwerk erst anschließen (vgl. Interview 3 2024, Position 37).

Weitere umgesetzte Maßnahmen beziehen sich auf erarbeitete Standards. Aus Sicht des Nachhaltigkeitsexperten B2 versuchen Unternehmen aktuell Standards zu erarbeiten (vgl. Interview 2 2024, Position 25). So beschrieb auch die Nachhaltigkeitsexpertin eines Industrieunternehmens B3, die Festlegung von Verantwortung, die Bestimmung welche Maßnahmen transparent offenzulegen und welche Policies zu erstellen sind (vgl. Interview 3 2024, Position 29). Die Aufteilung der Kompetenzen, die Festlegung wer was liefere und die Umsetzung des Due Diligence Prozesses wurden von Experte B7 genannt (vgl. Interview 7 2024, Position 39). Die Expert*innen B4, B5 und B7 erwähnten, dass bereits vor der Einführung der CSRD-Richtlinie Unternehmen über gute Standards verfügt hätten. Das gelte für jene Unternehmen, die bereits gem. NaDiVeG berichtspflichtig waren und Unternehmen, die über ein Qualitätsmanagement und ISO-Zertifizierungen verfügen würden (vgl. Interview 4 2024, Position 36; Interview 5 2024, Position 31 und Interview 7 2024, Position 21). Interviewpartner B6 gab an, dass sein Unternehmen zum Teil die Lieferant*innen-Audits erweitert hätte und Umweltthemen und der Stakeholder*innen-Dialog im Zuge der Audits Platz fänden (vgl. Interview 6 2024, Position 11).

Alle Interviewteilnehmer*innen erachten die Anpassung der Organisationsstruktur als wichtig und im Fall der befragten Industrieunternehmen, wurde die

Organisationsstruktur angepasst. Es wurden Nachhaltigkeitsrollen geschaffen und Personal aufgestockt (vgl. Interview 1 2024, Position 3; Interview 2 2024, Position 25; Interview 5 2024, Position 33; Interview 6 2024, Positionen 42 und 49–50 und Interview 7 2024, Positionen 21 und 25). Zur Umsetzung der Organisationsstrukturänderung am C-Level äußerten sich die Interviewteilnehmer*innen B3, B4, B5 und B7. Die Nachhaltigkeitsexpertin B5 meinte, dass es früher häufig im amerikanischen Raum auftrat und jetzt auch vermehrt bei uns umgesetzt wird und die Stellen Chief Climate Officer oder Chief Sustainability Officer geschaffen werden (vgl. Interview 5 2024, Position 33). Die Umsetzung am C-Level erfolgte auch in den Industrieunternehmen der befragten Personen B3, B4 und B7. Aus Sicht der Expert*innen B3 und B7 sei es ein wichtiges strategisches Thema und daher richtig, die Nachhaltigkeitsrolle am C-Level anzusiedeln (vgl. Interview 3 2024, Position 31; Interview 4 2024, Position 33 und Interview 7 2024, Positionen 31, 33 und 35). Weitere wichtige Aspekte für die Rollenzuweisung am C-Level sind der höhere Druck, der ausgeübt werden kann und dass mehr vorangebracht werden kann (vgl. Interview 1 2024, Position 25; Interview 4 2024, Position 33 und Interview 7 2024, Position 36–37). Nachhaltigkeitsexpertin B5 wies darauf hin, dass die Rollenzuweisung am C-Level lt. CSRD-Richtlinie nicht gefordert sei. Lediglich eine Beschreibung wäre gefordert, aber sie sehe, dass es strenger und formaler umgesetzt wird (vgl. Interview 5 2024, Position 33).

Die Definition einer Nachhaltigkeitsstrategie erwähnten Interviewpartnerin B4 und Interviewpartner B6 als umgesetzte Maßnahmen (vgl. Interview 4 2024, Position 5 und Interview 6 2024, Position 42). Nachhaltigkeitsexpertin B1 meinte, dass Unternehmen mit der Durchführung einer Ist-Analyse starten würden (vgl. Interview 1 2024, Position 21).

Viele Aussagen betrafen die Durchführung der Wesentlichkeitsanalyse. Die Befragten B2 und B5 sagten, dass die Unternehmen die Wesentlichkeitsanalyse durchführen werden bzw. bereits durchgeführt haben. Das wurde durch die Aussagen der Expert*innen der Industrie B3, B4, B6 und B7 bestätigt, da deren Industrieunternehmen die Wesentlichkeitsanalyse durchgeführt haben. Der Experte B6 wies darauf hin, dass sein Unternehmen die doppelte Wesentlichkeit zum ersten Mal durchführe und Interviewpartnerin B4 gab an, dass im Vergleich zum Vorjahr ein paar Themen ergänzt werden mussten. Nach Aussagen der Expert*innen B3 und B7 lassen sie die Wesentlichkeitsanalyse von Wirtschaftsprüfer*innen abnehmen (vgl. Interview 2 2024, Position 25; Interview 3 2024, Position 29; Interview 4 2024, Positionen 5 und 29; Interview 5 2024, Position 31; Interview 6 2024, Positionen 5, 9 und 42 und Interview 7 2024, Positionen 7 und 25).

Die Anpassung der Risikoanalyse wurde ebenfalls mehrmals erwähnt. In diesem Zusammenhang verwies die Geschäftsführerin B5 auf eine Toolbox, die sie verwendet und dadurch die Einschätzung von Risiken und Chancen leichter möglich sei (vgl. Interview 5 2024, Position 39). Die Nachhaltigkeitsexpertin B1 verwies auf die Notwendigkeit der Erweiterung der Risikomatrix in Bezug auf Nachhaltigkeitsthemen wie z. B. Klimawandel, Lieferketten, zukünftige rechtliche Regularien und Finanzierung. Die Nachhaltigkeitsexpertin B4 erwähnte die Durchführung der Anpassung der Risikomatrix in ihrem Unternehmen und die externe Durchführung einer Klimarisikoanalyse (vgl. Interview 1 2024, Position 23 und Interview 4 2024, Positionen 29, 31 und 36).

Die Implementierung einer Softwarelösung erwähnte Experte B6. Positiv an der Software sei auch die Möglichkeit des Datenvergleichs gegenüber des Vorjahres. Er wies allerdings darauf hin, dass er nur die Daten des eigenen Unternehmens sehen könne, nicht die der Tochterunternehmen. Das Vier-Augen-Prinzip wurde ebenfalls umgesetzt, d. h. die jeweiligen Expert*innen müssen die Daten einpflegen und der Nachhaltigkeitsmanager B6 kann diese Daten im System freigeben (vgl. Interview 6 2024, Positionen 32 und 36). Die Expertinnen B3 und B4 haben ebenfalls eine Software zur Verfügung, die nach Aussage von B3 bei der Konsolidierung der Daten behilflich sei. Eine automatische Berichterstellung sei prinzipiell auch möglich (vgl. Interview 3 2024, Positionen 25 und 29). Die Softwarelösung von B4 helfe ihrer Information nach auch bei der Datenbeschaffung auf konsolidierter Ebene, allerdings seien derzeit nur die Bereiche Energie, Abfall, Wasser und Emissionen abgedeckt. Gemäß ESRS fehlen noch viele weitere Themen, die ergänzt werden müssen (vgl. Interview 4 2024, Position 27).

Von den Expert*innen B1 und B5 wurde die Notwendigkeit erwähnt Maßnahmen zu definieren, die sich aufgrund der Wesentlichkeitsanalyse ergeben würden und deren Umsetzung wichtig seien für die Zielerreichung 2030 / 2050. Dafür sollte sich aus Sicht der Expertin B5 Zeit genommen werden für eine gute Analyse und die Erarbeitung guter Prozesse (vgl. Interview 1 2024, Position 21 und Interview 5 2024, Position 31).

4.7.3.6 Aufwand

Abbildung 4.15 zeigt die Aufteilung der deduktiven Hauptkategorie „Aufwand“ in sieben Subkategorien.

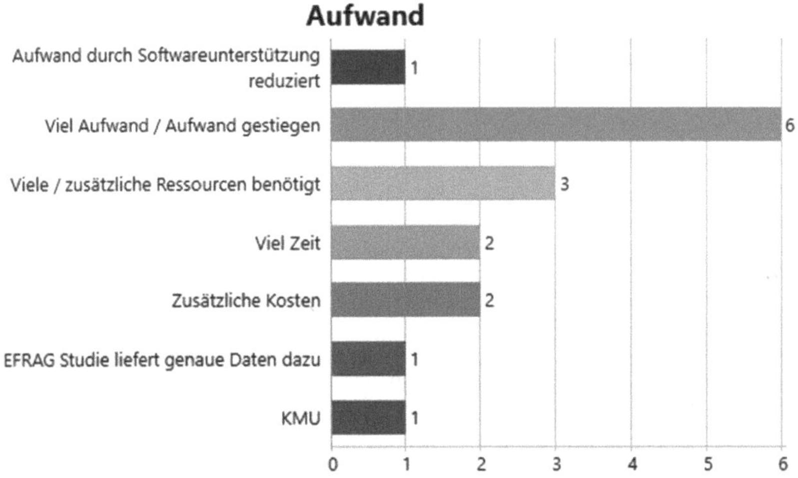

Abbildung 4.15 Anzahl Äußerungen der Befragten zum Aufwand. (Quelle: eigene Darstellung, 2024 unter Zuhilfenahme von MAXQDA Analytics Pro (24.3.0))

Wie der Abbildung 4.15 zu entnehmen ist, gaben sechs der sieben Befragten an, dass der Aufwand zugenommen habe. Drei der Befragten kommentierten, dass zusätzliche Ressourcen benötigt werden. Viel Zeit und hohe Kosten erwähnten jeweils zwei der Interviewteilnehmer*innen. Jeweils eine Aussage wurde geäußert zu KMU sowie der Reduktion des Aufwands durch Einsatz einer Softwareunterstützung. Ein Hinweis zu einer durchgeführten EFRAG Studie, die genaue Daten zum Aufwand liefere, wurde von einem Interviewpartner genannt.

Mit Hilfe der qualitativen Inhaltsanalyse konnte festgestellt werden, dass Nachhaltigkeitsexpertin B3 die Reduktion des Aufwands aufgrund des Einsatzes einer Softwarelösung erwähnte, da sie bei der Konsolidierung der Daten helfe und den Bericht automatisch erstellen könne (vgl. Interview 3 2024, Position 25).

Der gestiegene Aufwand im Vergleich zur bisher durchgeführten Nachhaltigkeitsberichterstattung wurde von den „allgemeinen" Expert*innen B1, B2 und B5 erwähnt (vgl. Interview 1 2024, Positionen 3 und 31; Interview 2 2024, Position 46 und Interview 5 2024, Position 41). Die Nachhaltigkeitsexpert*innen niederösterreichischer Industrieunternehmen B3 und B7 wiesen darauf hin, dass es für ihr Unternehmen ein riesiger Aufwand sei, da sie bisher nicht verpflichtet waren eine Nachhaltigkeitsberichterstattung durchzuführen (vgl. Interview 3 2024, Position 43 und Interview 7 2024, Position 57). Interviewpartner B6 äußerte sich zum hohen Aufwand für die Durchführung der Wesentlichkeitsanalyse, die in seinem Unternehmen zum ersten Mal durchgeführt wurde und mehr Zeit als veranschlagt in Anspruch nahm. Anhand des Beispiels der Durchführung von Workshops veranschaulichte er den hohen Aufwand (vgl. Interview 6 2024, Position 5). Der Aufwand ist auch groß, wenn nach Aussage von Expertin B5, das Unternehmen über mehrere Standorte verfüge bzw. Tochtergesellschaften existieren (vgl. Interview 5 2024, Position 45). Den hohen bürokratischen bzw. dokumentarischen Aufwand kommentierten die Nachhaltigkeitsexpertinnen der Interviews drei und fünf (vgl. Interview 3 2024, Position 7 und Interview 5 2024, Position 41).

Auf die, aufgrund des zugenommenen Aufwands benötigten personellen Ressourcen, gingen die Interviewteilnehmer*innen B1, B4 und B5 ein. Ohne Bereitstellung dieser zusätzlichen Ressourcen wäre, aus Sicht der Expertinnen, dieser zusätzliche Aufwand nicht zu bewerkstelligen (vgl. Interview 1 2024, Positionen 3 und 15; Interview 4 2024, Position 46 und Interview 5 2024, Position 45). Viel Zeit koste die Wesentlichkeitsanalyse und die Datenerhebung, so die Aussage der Nachhaltigkeitsexpertin B1 (vgl. Interview 1 2024, Positionen 5 und 9). Als zugenommenen Aufwand wurden, im Zuge des ersten und des vierten Interviews, auch zusätzliche Kosten für die Bereitstellung der benötigten Ressourcen und für die benötigte externe Beratung genannt (vgl. Interview 1 2024, Position 15 und Interview 4 2024, Position 46). Der Nachhaltigkeitsexperte B2 verwies bei der Frage nach dem Aufwand auf die EFRAG Studie, die aus seiner Sicht sehr gut und umfassend ist (vgl. Interview 2 2024, Position 46).

Auf die Frage nach dem Aufwand für KMU erwähnte die „allgemeine" Nachhaltigkeitsexpertin B5, dass sie zu KMU weniger sagen könne, da sie diese kaum berate, allerdings sie sich vorstellen könne, dass KMU weniger Personalressourcen zur Verfügung stünden, allerdings auch weniger Informationen einzusammeln hätten (vgl. Interview 5 2024, Position 45).

4.7.3.7 Kostentreiber

Eine Frage des Interviewleitfadens (siehe Anhang 9.5 im elektronischen Zusatzmaterial) richtete sich an die Kostentreiber der Durchführung der nichtfinanziellen Berichterstattung. Wie die folgende Abbildung 4.16 zeigt, nannten alle Interviewteilnehmer*innen Personalkosten als Kostentreiber. Datenmanagement und externe Beratung wurden von fünf der sieben Befragten erwähnt. Zwei der befragten Expert*innen sahen die externe Prüfung als Kostentreiber und ebenfalls zwei Personen äußerten sich zu KMU. Jeweils ein*e Nachhaltigkeitsexpert*in verwies auf die umzusetzenden Maßnahmen, sowie auf die Ergebnisse der von der EFRAG durchgeführten Studie.

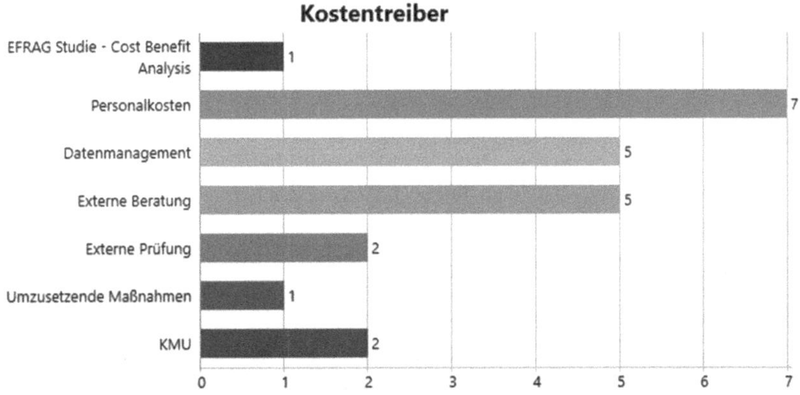

Abbildung 4.16 Anzahl Äußerungen der Befragten zu Kostentreiber. (Quelle: eigene Darstellung, 2024 unter Zuhilfenahme von MAXQDA Analytics Pro (24.3.0))

Im Zuge der Beantwortung der Frage nach dem Aufwand verwies der Nachhaltigkeitsexperte B2 auf die Studie der EFRAG. Diese beinhalte eine Cost Benefit Analysis und könne die Frage nach den Kostentreibern sehr gut beantworten (vgl. Interview 2 2024, Position 46). Aufgrund des erforderlichen zusätzlichen Personals nannten alle Befragten Personalkosten (vgl. Interview 1 2024, Position 33; Interview 2 2024, Position 48; Interview 3 2024, Position 52; Interview 4 2024, Position 48; Interview 5 2024, Position 43; Interview 6 2024, Position 69 und Interview 7 2024, Position 63).

Datenmanagement als Kostentreiber wurde von Interviewpartnerin B1 erwähnt. Sie bezog sich hierbei genauer auf den Aufbau eines Datenmanagements, vor allem, wenn bisher im Unternehmen keines existierte und eventuell auch externe Berater*innen für die Implementierung hinzugezogen werden müssen (vgl. Interview 1 2024, Position 33). Die Anschaffung einer Softwarelösung als Kostentreiber erwähnten die Nachhaltigkeitsexpert'*innen B1, B3, B5, B6 und B7. In diesem Zusammenhang äußerten sich die Expert*innen B5 und B7 auch zur Notwendigkeit von Programmen, die die Maschinenlesbarkeit (Digital Tagging) sicherstellen. Digital Tagging ist eine Vorgabe der CSRD-Richtlinie. Softwarelösungen seien aus Sicht der Expertin B3 wichtig, um die Auditierbarkeit und Nachvollziehbarkeit der Datengrundlage zu gewährleisten. Nachhaltigkeitsexperte B6 erwähnte, dass er wöchentlich Angebote von Anbietern diverser ESG-Tools erhalte und diese sich preislich stark unterscheiden würden (vgl. Interview 1 2024, Position 33; Interview 3 2024, Position 52; Interview 5 2024,

Position 43; Interview 6 2024, Positionen 69 und 71 und Interview 7 2024, Position 65–67).

Von der externe Beratung als Kostentreiber bzw. im Fall von Expertin B5, als temporären Kostentreiber, sprachen die Nachhaltigkeitsexpert*innen B1, B4, B5, B6 und B7 (vgl. Interview 1 2024, Position 33; Interview 4 2024, Position 48; Interview 5 2024, Position 43; Interview 6 2024, Position 69 und Interview 7 2024, Position 63). Die gestiegenen Kosten für die externe Prüfung wurden im Zuge der Interviews zwei und vier erwähnt (vgl. Interview 2 2024, Position 48 und Interview 4 2024, Position 48).

Auf Kosten für die umzusetzenden Maßnahmen verwies der Nachhaltigkeitsexperte eines großen niederösterreichischen Industrieunternehmens B6. Er ergänzte weiters, dass es noch nicht abschätzbar sei, in welcher Höhe diese Kosten anfallen würden (vgl. Interview 6 2024, Position 73).

Den „allgemeinen" Expert*innen wurde im Zuge der Interviews die Zusatzfrage gestellt, ob sie der Meinung seien, dass es Unterschiede in den Kostentreibern gäbe, beim Vergleich von KMU und großen Unternehmen. Diese Frage beantworteten die Expert*innen B1 und B2. B1 ist der Ansicht, dass die Auswirkung auf kleinere Unternehmen größer sein würde, da große Unternehmen den Vorteil hätten mehrere Abteilungen und entsprechend spezialisiertes Personal zur Verfügung zu haben. Eine Person für Nachhaltigkeitsthemen abzustellen, sei für ein Klein- und Mittelunternehmen schwer vorstellbar. Sie sehe daher höhere Kosten für KMU aufgrund der Relation zur Unternehmensgröße. Nachhaltigkeitsexperte B2 verwies auf die Ergebnisse der EFRAG Studie. So wären im Vergleich zum Umsatz höhere Kosten zu tragen, wenn es sich um ein kleineres Unternehmen handle (vgl. Interview 1 2024, Position 35 und Interview 2 2024, Position 50).

4.7.3.8 Verbesserungsvorschläge

Zur deduktiven Hauptkategorie „Verbesserungsvorschläge" haben sich alle Interviewteilnehmer*innen geäußert. Darin enthalten sind unter anderem Maßnahmen, die noch nicht umgesetzt wurden und Antworten in Bezug auf Wünsche der befragten Expert*innen.

Wie auch Abbildung 4.17 zu entnehmen ist, konnte diese Hauptkategorie in acht induktive Subkategorien aufgeteilt werden.

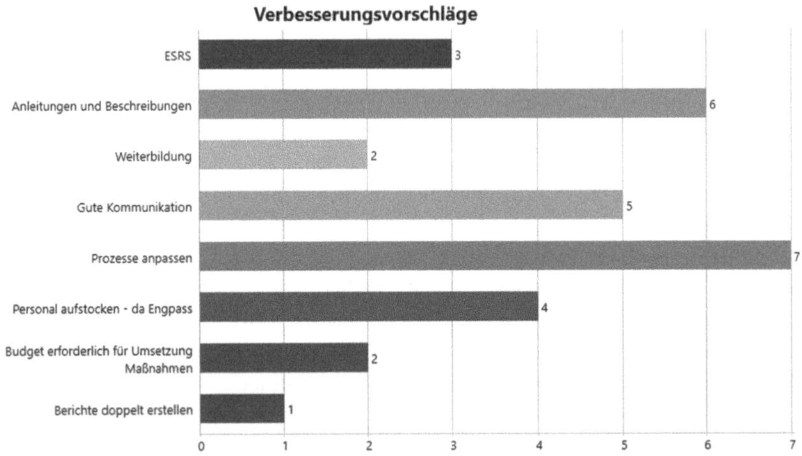

Abbildung 4.17 Anzahl Äußerungen der Befragten zu Verbesserungsvorschläge. (Quelle: eigene Darstellung, 2024 unter Zuhilfenahme von MAXQDA Analytics Pro (24.3.0))

Alle Befragten gaben als Verbesserungsvorschlag Prozesse anzupassen an, siehe dazu auch das Balkendiagramm in Abbildung 4.17. Sechs der sieben Interviewpartner*innen erwähnten die Erstellung von Anleitungen und Beschreibungen. Die Kommunikation zu verbessern sahen fünf Nachhaltigkeitsexpert*innen als erforderlich an. Personal aufzustocken wurde im Zuge der Hauptkategorie Verbesserungsvorschläge von vier Expert*innen erwähnt. An dieser Stelle sei angemerkt, dass die kodierten Textstellen der bereits umgesetzten Maßnahmen der Personalaufstockungen nicht als Verbesserungsvorschläge gezählt wurden. Drei Personen äußerten Verbesserungsvorschläge zu den European Sustainability Reporting Standards und jeweils zwei Interviewpartner*innen gaben Verbesserungsvorschläge in Richtung Weiterbildung und Einplanung des Budgets für umzusetzende Maßnahmen an. Eine Person erwähnte, zwei Berichte erstellen zu wollen.

Die im Anschluss an die quantitative Analyse durchgeführte strukturierende qualitative Inhaltsanalyse ermöglichte eine genaue Auswertung. Bezüglich Verbesserungsvorschläge zu ESRS wurde die Bereitstellung sektorspezifischer Standards von den Nachhaltigkeitsexpert*innen B5 und B6 erwähnt. Expertin B5 erwähnte in dem Zusammenhang, dass ohne sektorspezifischer Standards, die Vergleichbarkeit leide, da es passieren könne, dass Unternehmen unterschiedliche Kennzahlen heranziehen könnten (vgl. Interview 5 2024, Position 19 und

Interview 6 2024, Positionen 23 und 27). Weiters erwähnte die Geschäftsführerin B5, dass Branchenvorlagen bzw. Case Studies pro Branche unter anderem zur Wesentlichkeitsanalyse hilfreich wären, da viele Themen innerhalb einer Branche gleich wären. Zum Inhalt der sektorspezifischen Standards hat sie sich ebenfalls geäußert. Sie wünsche sich Heatmaps, d. h. eine Information, welche Themen der jeweiligen Branche besondere Relevanz besitzen inkl. Begründung dieser Einschätzung. Ein Verweis auf externe Quellen bezogen auf einsetzbare Tools wäre ebenfalls wünschenswert (vgl. Interview 5 2024, Position 39). Ebenfalls eine Verbesserungsmaßnahme in Richtung sektorspezifischer Standards erwähnte Nachhaltigkeitsexpertin B4 im Zuge ihres Interviews. Sie meinte, es sollte für manche Sektoren keine Auslassungsmöglichkeiten bestimmter Themen (z. B. die Erlaubnis Policies, Action, Targets zu überspringen) geben, das würde die Transparenz erhöhen. Als weiteren Verbesserungsvorschlag äußerte sie, dass eine verpflichtende Offenlegung von Datenquellen die Transparenz verbessern würde. Derzeit schreibe die ESRS nur vor, dass die Methodologie ungefähr beschrieben werden müsse, aber die Datenquellen dazu seien nicht verpflichtend anzugeben (vgl. Interview 4 2024, Positionen 11, 13 und 15).

Zu Anleitungen und Beschreibungen wurden einige Vorschläge genannt. So wäre eine Schritt für Schritt Anleitung hilfreich, die auch Teil der Software sein könnte, meinte Expertin B2. Durch die klare Anleitung könnte es zu einer Effizienzsteigerung kommen (vgl. Interview 5 2024, Position 39). Eine Anleitung zur Auswahl von Emissionsfaktoren, eine Anleitung zur Lebenszyklusanalyse und wie Impacts wissenschaftlich zu bewerten sind, wäre auch wünschenswert aus Sicht der Geschäftsführerin B5, da die Bearbeitung aktuell von sehr detailliert und umfangreich, bishin zu kurz beschrieben möglich sei (vgl. Interview 5 2024, Position 19). Ein Beispiel zur Taggingfähigkeit würde sich Interviewpartner B7 wünschen, da es aus seiner Sicht nicht genügend praktikable Beispiele gäbe. Die Darstellung der qualitativen Daten seien für ihn derzeit noch schwer vorstellbar. Des Weiteren wünsche er sich die Bereitstellung eines Musterberichts. Er sehe vor allem für die qualitativen Datensätze einen Vorteil, da vermutlich in ein paar kurzen Sätzen alles abgedeckt werden könnte (vgl. Interview 7 2024, Positionen 55, 63 und 67).

Eine genauere Beschreibung mancher KPIs sahen die Nachhaltigkeitsexpertinnen B3 und B4 als notwendig an. Die derzeit verfügbare kurze Beschreibung reiche aus Sicht der Expertin B3 nicht aus. Sie höre von unterschiedlichen Interpretationen diverser Unternehmen und erwähnte, dass der Haufe Verlag hier sehr gut Abhilfe schaffen könne. Sie bezeichnete es als „neues Standardwerk" und, dass sich jetzt schon alle darauf berufen würden (Anmerkung der Erstellerin dieser Masterarbeit: Vermutlich ist mit diesem Standardwerk des Haufe Verlags das

Buch „ESRS Kommentar – Kommentar zu den European Sustainability Reporting Standards“ gemeint). Eine bessere Beschreibung der KPIs, um den Interpretationsspielraum zu reduzieren, erwähnte auch Nachhaltigkeitsexpertin B4. Sie wünsche sich die bessere Beschreibung von einer EU-Institution (z. B. EFRAG). Kritisch würde sie eine Ausarbeitung von Berater*innen ansehen, da hier wieder jede*r die eigenen Ansichten und Interpretationen einfließen lassen würde (vgl. Interview 3 2024, Position 35 und Interview 4 2024, Position 40).

Die Bereitstellung digitaler Tools (ESG-Tool) durch die EU würde sich Interviewpartner B6 wünschen. Als Beispiel nannte er das Tool für die EU-Taxonomie, welches zur Verfügung gestellt wurde. Aus seiner Sicht sollte dabei auf benutzeroberflächenfreundliche Ansätze geachtet werden (vgl. Interview 6 2024, Positionen 59 und 61).

Nachhaltigkeitsexperte B2 sprach die Q&A Implementation Guidelines der EFRAG an. Er meinte, diese gäbe es zwar, sie würden allerdings unstrukturiert erscheinen und seien vorsichtig formuliert und teilweise widersprüchlich. Diese Guidelines erwähnte der Nachhaltigkeitsexperte eines niederösterreichischen Industrieunternehmens B6 ebenfalls. Er ergänzte, dass es diese derzeit nur in Englischer Sprache gäbe. Er wünsche sich Übersetzungen, da es von Vorteil wäre, die Guidelines auch in der eigenen Muttersprache lesen zu können (vgl. Interview 2 2024, Position 41 und Interview 6 2024, Position 59).

Die Möglichkeit von Weiterbildungen des eigenen Personals in Anspruch zu nehmen, empfahl die Expertin B5. Sie erwähnte in dem Zusammenhang die Kammer für Wirtschaftsprüfer*innen, die Lehrgänge anbieten würden. Sie würden Prüfer*innen Klarheit bringen. Des Weiteren gäbe es Angebote auf der FH (z. B. FH Wr. Neustadt) und aus der Privatwirtschaft (vgl. Interview 5 2024, Positionen 15 und 39). Der Nachhaltigkeitsexperte B2 erwähnte die Akademie für Steuerberater*innen und Wirtschaftsprüfer*innen, die Bildungsprogramme anbieten würden. In diesem Zusammenhang erwähnte er auch Angebote der Wirtschaftskammer. Eine weiter Möglichkeit der Weiterbildung sehe er durch die Teilnahme an Infoveranstaltungen und Arbeitsgruppen, die bereits am Entstehen seien. Er kritisierte an der Stelle, dass es vermutlich besser gewesen wäre, wenn bereits vor einem Jahr mit Weiterbildungsmaßnahmen begonnen worden wäre (vgl. Interview 2 2024, Position 43).

Zur guten Kommunikation wurden verschiedene Punkte geäußert. Die Nachhaltigkeitsexpert*innen B1, B3, B5 und B6 meinten dazu, dass es die Aufgabe großer Unternehmen sei, Lieferant*innen kleinerer Unternehmen zu unterstützen. Das könnte nach Meinung von Geschäftsführerin B5 durch Webinare oder auch Anleitungen erfolgen. Interviewteilnehmerin B3 erwähnte in dem Zusammenhang die Durchführung von Roundtables. Große Vorteile sehe Expertin B5 in der

Unterstützung der Lieferant*innen, da große Unternehmen die benötigten Daten in der erforderlichen Qualität erhalten würden, was auf beiden Seiten Ressourcen sparen würde und große Unternehmen unter Umständen den Prozess der Lieferant*innen etwas beeinflussen könnten. Weiters sollte den Unternehmen etwas Zeit gegeben werden die benötigten Daten zu liefern, meinten die Expert*innen B3, B5 und B6. Nachhaltigkeitsexpertin B3 fügte allerdings hinzu, dass es natürlich Konsequenzen haben müsse, sofern die Unternehmen nach beispielsweise zwei Jahren die Daten noch immer nicht zur Verfügung stellen könnten (vgl. Interview 1 2024, Position 29; Interview 3 2024, Position 39; Interview 5 2024, Position 29 und Interview 6 2024, Positionen 38 und 55). Einen Vorteil in der Unterstützung österreichischer Lieferantinnen und Lieferanten sah die Nachhaltigkeitsexpertin B1 in der Stärkung einer stabileren Lieferkette, im Gegensatz zur Auslagerung ins Ausland (vgl. Interview 1 2024, Position 29). Problematisch sah der Experte B6 die Vorgangsweise, die er aktuell immer wieder wahrnehme, die Datenbeschaffung immer an den nächsten in der Lieferkette weiterzuschieben. Das stelle aus seiner Sicht keinen idealen Prozess dar (vgl. Interview 6 2024, Position 55). Ein positives umgesetztes Beispiel eines oberösterreichischen Unternehmens nannte in diesem Zusammenhang Geschäftsführerin B5. Dieses Unternehmen arbeitet mit vielen kleinen Zulieferern zusammen. Sie unterstützten ihre kleinen Zulieferer indem sie Ressourcen in Form von eigenem Personal und finanziellen Mitteln zur Verfügung stellten. Das half den Zulieferern bei den Zertifizierungen ihrer Prozesse, um in weitere Folge die Nachhaltigkeitsaudits bestehen zu können (vgl. Interview 5 2024, Position 29).

Zu Verbesserungsmöglichkeiten bezogen auf Prozesse wurden die folgenden Punkte genannt. Aus Sicht der Nachhaltigkeitsexpertin B5 gibt es Verbesserungspotenzial in Bezug auf die Aufnahme von Nachhaltigkeitsaspekten in bestehende Prozesse (z. B. Stakeholder*innen-Austausch und Lieferant*innen-Audits). Werden diese als Steuerungsprozesse angesehen, wäre aus Sicht der Expertin der Vorteil gegeben, dass die Themen nicht verloren gehen würden und für die Wesentlichkeitsanalyse verfügbar wären. Andernfalls müsse immer wieder von neu begonnen werden, was viele Ressourcen beanspruche und Zeit koste. Sie äußerte, dass Unternehmen sich Zeit nehmen sollten für die Implementierung guter Prozesse und aufgrund der langfristigen Perspektive von Risiken und Auswirkungen, Entscheidungen treffen sollten für die Umsetzung von Maßnahmen (vgl. Interview 5 2024, Positionen 31 und 35). Die Nachhaltigkeitsexpert*innen B1, B2 und B6 meinten, dass Unternehmen ihre Strukturen anpassen sollten, sofern dies noch nicht erfolgt sei. Der Befragte B6 erwähnte an dieser Stelle bestehende Abteilungen, die sich zukünftig auch mit Nachhaltigkeit auseinandersetzen würden, wie z. B. Controlling. Nachhaltigkeitsexperte B2 verwies auf die

Abteilungen Rechnungswesen und Facility Management (vgl. Interview 1 2024, Position 3; Interview 2 2024, Positionen 3 und 33 und Interview 6 2024, Position 52). Verbesserungspotenzial sieht Nachhaltigkeitsexpertin B5 in Bezug auf die Sorgfaltspflicht gegenüber Menschenrechte. Eine Verabschiedung von Policies bzw. den Code of Conduct, wie es in der Praxis teilweise Anwendung findet, ist aus ihrer Sicht zu wenig. Die Etablierung eines Due Diligence Prozesses erwähnte der Nachhaltigkeitsexperte B2 ebenfalls (vgl. Interview 2 2024, Position 3 und Interview 5 2024, Position 31).

Zur Überarbeitung der Risikomatrix / Risikoanalyse erfolgten viele Rückmeldungen. So meinten die Nachhaltigkeitsexpert*innen B1 und B2, dass diese evaluiert werden müsse und die Nachhaltigkeitsaspekte aufzunehmen seien (vgl. Interview 1 2024, Position 23 und Interview 2 2024, Position 3). Der Nachhaltigkeitsexperte B6 erwähnte, dass sein Unternehmen gerade dabei sei, diese zu erweitern. Im Unternehmen des Experten B7 sei es auch nötig die Risikoanalyse zu überarbeiten (vgl. Interview 6 2024, Position 46 und Interview 7 2024, Position 27–29). Die Notwendigkeit der Erstellung einer Klimarisikoanalyse und eines Climate Transition Plans, sowie der Überlegung einer Dekarbonisierungsstrategie erwähnten die Befragten B5 und B6 (vgl. Interview 5 2024, Position 31 und Interview 6 2024, Position 5 und 42). Die Berücksichtigung der finanziellen Bewertung der Risiken erwähnte die Nachhaltigkeitsexpertin B4. Sie meinte, im ersten Jahr der Berichterstattung dürfe diese qualitativ erfolgen, in weiterer Folge sei eine Quantifizierung erforderlich. Für Umweltaspekte stelle sie sich das noch einfacher vor als für die sozialen und Governance Themen, die ihrer Meinung nach schwer zu quantifizieren seien. Sie wies weiters darauf hin, dass auch Chancen in die Risikoanalyse aufzunehmen seien. Diese seien im Fall ihres Unternehmens schon Teil der Wesentlichkeitsanalyse, müssen allerdings in die Risikoanalyse noch aufgenommen werden (vgl. Interview 4 2024, Position 29). Die Nachhaltigkeitsexpertin eines niederösterreichischen Industrieunternehmens B3 stellte die kritische Frage, ob Themen der Wesentlichkeitsanalyse in die Risikomatrix aufgenommen werden müssen, oder es eher umgekehrt ist, dass sich die wesentlichen Themen aufgrund der Risikoanalyse ergeben würden. Sie sehe, dass viel Expertise benötigt werde, um soziale und ökologische Risiken benennen zu können (vgl. Interview 3 2024, Position 29). Der Nachhaltigkeitsexperte B2 sah im Zusammenhang mit der Risikoanalyse die betrachteten Zeiträume und die Art der Identifizierung der Risiken als relevant an und merkte an, dass dies aus seiner Sicht vielen Unternehmen noch nicht klar sei (vgl. Interview 2 2024, Position 29). Die Betrachtung der langfristigen Perspektive der Risiken stufte die Interviewpartnerin B5 derzeit ebenfalls als Gap ein (vgl. Interview 5 2024,

Position 31). In Bezug auf die Risikoanalyse erwähnte die Nachhaltigkeitsexpertin B1, dass eine gute Risikobewertung, anhand dessen Entscheidungen getroffen werden können, essentiell für Unternehmen sei (vgl. Interview 1 2024, Position 23).

Verbesserungspotenzial wird von den befragten Expert*innen auch in Bezug auf das Datenmanagement gesehen. Im Fall des Industrieunternehmens der Nachhaltigkeitsexpertin B4 wird in naher Zukunft ein ESG-Cockpit implementiert werden. Dieses Programm soll auf die bereits bestehenden ESG Daten zugreifen können und wird um die noch benötigten KPIs erweitert werden (vgl. Interview 4 2024, Position 27). Nachhaltigkeitsexperte B2 wünschte sich, wie bereits in der Finanzwirtschaft verfügbar, standardisierte Reporting Prozesse mit IT Unterstützung. Ohne diese IT Unterstützung wird es aus seiner Sicht nicht funktionieren. Er merkte allerdings auch an, dass die Softwarehersteller erst dabei sind ihre Programme zu entwickeln, da die European Sustainability Reporting Standards erst seit einigen Monaten veröffentlicht sind. Auch Nachhaltigkeitsexpertin B5 erwähnte, dass sich Unternehmen Softwarelösungen wünschen würden (vgl. Interview 2 2024, Positionen 19 und 21 und Interview 5 2024, Positionen 11 und 39). Der Nachhaltigkeitsexperte B7 erklärte, dass derzeit in seinem Unternehmen sehr viel Personeneinsatz für die Datenerhebung benötigt werde. Sie hätten viele Daten in SAP und er überlege, ob daraus auch automatische Reports generieren werden können. Für den Anfang sehe er aber die Notwendigkeit der manuellen Erstellung der ersten Reports, um die Zuordnung der Daten zu verifizieren (vgl. Interview 7 2024, Position 21). Der Nachhaltigkeitsexperte B2 schätze, dass Unternehmen derzeit mit ihrer Datenqualität nicht zu 100 % zufrieden sein würden. Auch Expertin B5 äußerte Bedenken zur Sicherstellung der Datenqualität, da große Unternehmen sehr viele verschiedene Datenpunkte hätten. Aus ihrer Sicht müsse hier ein guter Prozess zur Sicherung der Datenqualität, sowie ein gutes internes Kontrollsystem etabliert werden (vgl. Interview 2 2024, Position 22–23 und Interview 5 2024, Position 27). Auch der Nachhaltigkeitsexperte B6 meinte, dass die Daten sukzessive besser werden müssen (vgl. Interview 6 2024, Position 37–38). Zur Steigerung der Datenqualität erwähnte die Nachhaltigkeitsexpertin B3, dass ihre Prozesse laufend verbessert werden und sie bereits umgesetzt haben, dass Rechnungen zur besseren Überprüfbarkeit der Daten im System mit angelegt werden müssen. Weiters seien die Mitarbeiter*innen einzubeziehen. Sie glaube, dass sich die Qualität dadurch von Jahr zu Jahr steigern werde (vgl. Interview 3 2024, Position 25).

Unterstützung von Beratungsunternehmen einzuholen erwähnten die Expertinnen B1 und B4 (vgl. Interview 1 2024, Position 13 und Interview 4 2024, Position 46). Vorzeitig Wirtschaftsprüfer*innen hinzuzuziehen sahen die Expert*innen B5 und B7 als wertvoll an (vgl. Interview 5 2024, Position 15 und Interview 7 2024, Position 25). Zu wenig verfügbares Personal auch auf Seite der Wirtschaftsprüfer*innen erwähnte die Nachhaltigkeitsexpertin B5 und meinte weiters, dass die kleineren Steuer- und Wirtschaftsberatungen noch gelistet werden müssten (vgl. Interview 5 2024, Position 15).

Im Zuge des zweiten und fünften Interviews wurde erwähnt, dass Unternehmen ausreichend Budget für die umzusetzenden Maßnahmen einplanen sollten (vgl. Interview 2 2024, Position 25 und Interview 5 2024, Position 9).

Die Überlegung der Erstellung zweier Berichte äußerte Nachhaltigkeitsexpertin B4. Aus ihrer Sicht sei der Nachhaltigkeitsbericht sehr umfangreich und vermutlich für einige Stakeholder*innen schwer lesbar. Ihr Unternehmen überlege einen zweiten Bericht offenzulegen, der leichter verständlich und mit Bildern verschönert sei (vgl. Interview 4 2024, Position 9).

4.8 Interpretation der Ergebnisse

Die durchgeführte empirische Untersuchung soll Aufschluss darüber geben, welche Herausforderungen und Probleme in Bezug auf die Umsetzung der Vorgaben der CSRD-Richtlinie genannt werden. Bereits die Internetrecherche ließ darauf schließen, dass das Thema der Nachhaltigkeitsberichterstattung gemäß CSRD-Richtlinie sehr umfangreich ist und Unternehmen vor Herausforderungen stellt. Die zahlreichen Aussagen der Interviewteilnehmer*innen bestätigen diese Annahme. Im vorliegenden Kapitel werden die Aussagen der Interviewteilnehmer*innen, die im Abschnitt 4.7.3 mittels strukturierender qualitativer Inhaltsanalyse zusammengefasst wurden, interpretiert.

Allgemein konnte festgestellt werden, dass der Interpretationsspielraum einiger Vorgaben (CSRD-Richtlinie und ESRS-Verordnung) Unternehmen, Berater*innen und Wirtschaftsprüfer*innen gleichermaßen vor Herausforderungen stellt. Beide im Zuge der Interviews befragten Gruppen sind der Meinung, dass es im Laufe der Zeit und den durch die ersten Durchläufe der Nachhaltigkeitsberichterstattung gewonnenen Erkenntnissen, zu einem besseren Verständnis kommen und der Interpretationsspielraum vermindert werde. In diesem Zusammenhang werden auch Benchmarks und Weiterbildungen für Prüfer*innen notwendig sein, um für Klarheit bezüglich der richtigen Umsetzung zu sorgen. Die Interpretationsschwierigkeiten wurden auch im Zuge einer Studie der Task Force festgestellt. Hier waren die Befragten bei manchen Themen unsicher. Nachdem ein paar an der Umfrage beteiligten Personen ein Jahr später erneut befragt wurden, waren einige Missverständnisse bereits beseitigt, da diese Erfahrungen sammeln konnten und das Verständnis wuchs (vgl. TCFD 2020, S. 46–47). Das zeigt ebenfalls, dass mit steigender Erfahrung Herausforderungen in Bezug auf die Umsetzung der CSRD-Richtlinie schwinden.

Mit Hilfe der Funktion „Wortwolke" in der Software MAXQDA Analytics Pro (24.3.0) ist es möglich, die im Zuge der Interviews am häufigsten genannten Wörter visuell darzustellen. Damit nicht nur Wörter wie z. B. „und, die, da" dargestellt werden, wurde die Stopp-Wort-Liste aktiviert. Somit konnten nicht relevante Wörter über die Funktion „Worthäufigkeiten → Stopp-Wort-Liste" deaktiviert werden. Irrelevante Wörter wurden somit nicht mehr mitgezählt und werden dementsprechend nicht dargestellt. Die Wortwolke der am häufigsten im Zuge der Interviews genannten relevanten Wörter ist Abbildung 4.18 zu entnehmen.

Abbildung 4.18 Darstellung Wortwolke. (Quelle: eigene Darstellung, 2024 unter Zuhilfenahme von MAXQDA Analytics Pro (24.3.0))

Wie die Wortwolke in Abbildung 4.18 zeigt, wurde das Wort „Daten", das in der Mitte der Grafik zu sehen ist, am häufigsten genannt. Weitere oft genannte Wörter sind: Herausforderungen, Standards, Wesentlichkeitsanalyse, Stakeholder, Austausch, CSRD, ESRS, Risikobewertung, Prozess, Wirtschaftsprüfer, Nachhaltigkeitsberichterstattung, Lieferkette und vieles mehr.

Eine interessante Analyse ist in diesem Zusammenhang auch, wie viele Textsegmente (Codes) den jeweiligen Hauptkategorien zugeordnet wurden. Diese Darstellung ist Tabelle 4.2 zu entnehmen.

Tabelle 4.2 Zuordnung Textsegmente zu Hauptkategorie

Nr.	Bezeichnung Hauptkategorie	Anzahl an zugewiesenen Textsegmenten
1	Stakeholder*innen / Shareholder*innen	57
2	Standards	72
3	Probleme	9
4	Herausforderungen	105
5	Umgesetzte Maßnahmen	87
6	Aufwand	29
7	Kostentreiber	30
8	Verbesserungsvorschläge	142
9	Sonstiges	4
10	Zitate	25
Summe		560

(Quelle: eigene Darstellung, 2024)

Wie Tabelle 4.2 zeigt, wurden den Kategorien Verbesserungsvorschläge gefolgt von Herausforderungen, die meisten Textsegmente zugewiesen. Viele Textsegmente sind auch in den Hauptkategorien umgesetzte Maßnahmen und Standards zu finden.

Die Interpretation der Aussagen der Interviewteilnehmerinnen und Interviewteilnehmer erfolgte entlang der Hauptkategorien und kann den folgenden Abschnitten 4.8.1–4.8.8 entnommen werden. Ein Gruppenvergleich wurde ebenfalls durchgeführt und kann Abschnitt 4.8.9 entnommen werden.

4.8.1 Interpretation Stakeholder*innen und Shareholder*innen

Die Begriffe Stakeholder*innen bzw. Stakeholder*innen-Austausch wurden von allen Expert*innen mehrmals im Zuge der Interviews erwähnt z. B. bei der Beantwortung der Frage nach der Entscheidung welche Nachhaltigkeitsaspekte in den Nachhaltigkeitsbericht aufgenommen werden, der Frage hinsichtlich der Umsetzung des Due Diligence Prozesses oder auch in Bezug auf die Nennung von Herausforderungen aufgrund der Erstanwendung der European Sustainability

Reporting Standards (vgl. Interviewleitfaden im Anhang 9.5, im elektronischen Zusatzmaterial einsehbar).

Zum Austausch mit Stakeholder*innen kamen viele Rückmeldungen. Heraushörbar war, dass eine Stakeholder*innen-Analyse Aufschluss darüber geben kann, wie relevant ein Stakeholder / eine Stakeholderin für das Unternehmen ist. So kann nach Größe, Wichtigkeit und Einfluss der jeweiligen Stakeholderin / des jeweiligen Stakeholders unterschieden werden und entsprechend dieser Einstufung, das für das Unternehmen richtig erscheinende Medium (z. B. Umfrage, Interview, Veranstaltung), für einen Austausch gewählt werden. Eine dabei interessante Wortmeldung wurde im Zuge des dritten Interviews getätigt, wo die Nachhaltigkeitsexpertin anmerkte, dass besonders kritische Lieferant*innen in die Risikoanalyse des Unternehmens aufgenommen werden sollten. Zu konträren Aussagen kam es in Bezug auf den Stakeholder*innen-Dialog. Die Aussagen lassen den Schluss zu, dass hier ein gewisses Maß an Interpretationsspielraum vorhanden ist. So besteht die Möglichkeit der direkten Einbindung der Stakeholder*innen durch einen Dialog, den fast die Hälfte der Befragten als wertvoll empfanden. Demgegenüber besteht die Möglichkeit der indirekten Einbindung der Stakeholder*innen. Darunter wird den Stakeholder / die Stakeholder*in zu informieren bzw. sich in diesen / diese hineinzudenken, verstanden. Je nach Wirtschaftsprüfer*in werden unterschiedliche Herangehensweisen zur Einbeziehung von Stakeholder*innen gefordert, welche zu Problemen in der Umsetzung führen. Veranschaulicht wurde das anhand eines Beispiels im Zuge des siebenten Interviews, wo es zu Verschwendung von Personalressourcen kam, aufgrund unterschiedlicher Sichtweisen von Unternehmensberatung und Wirtschaftsprüfung. Auffallend war eine Äußerung, die im dritten Interview gefallen ist in Bezug auf die Einbeziehung von Kundinnen und Kunden, um wesentliche Themen festzustellen. So sah die Expertin keinen Mehrwert Kund*innen einzubeziehen und die gewonnen Informationen seien oftmals unbrauchbar. Vielmehr wird ein Austausch mit den richtigen Stakeholdern*innen als relevant angesehen. Shareholder*innen wurden im Zuge der Beantwortung der Frage betreffend Stakeholder*innen auch zweimal genannt, daher wurden Shareholder*innen in die Kategorie der Stakeholder*innen aufgenommen. Die Aussagen der Nachhaltigkeitsexpert*innen der Industrie deckten sich, indem Shareholder*innen einzubinden seien. Dieses Thema erweckte nicht den Anschein als wäre es neu oder mit Herausforderungen verbunden.

Unternehmen kann angeraten werden, sich mit ihren Stakeholder*innen auseinanderzusetzen und eine Stakeholder*innen-Analyse zu erstellen, um die relevantesten Interessensgruppen zu identifizieren. Der Austausch mit den richtigen und relevanten Stakeholder*innen wird als wichtig angesehen und ist für die

Erstellung der Wesentlichkeitsanalyse von Vorteil bzw. wird in gewisser Weise durch die CSRD-Richtlinie gefordert. Auf einen guten Austausch ist Wert zu legen, d. h. es sollte im Vorfeld die Frage gestellt werden, wie sinnvoll die Durchführung von Umfragen und Versendung von Fragebögen wirklich ist und welche Informationen dadurch gewonnen werden sollen. Baumüller hat in seinem Artikel über den Due Diligence Prozess festgehalten, dass ein regelmäßiger Austausch mit den relevanten Stakeholder*innen erfolgen sollte und des Weiteren Beschwerdekanäle für Stakeholder und Stakeholderinnen eingerichtet werden sollten. Ohne etablierten Due Diligence Prozess erscheint ihm die Erstellung einer Wesentlichkeitsanalyse, die die Basis der Nachhaltigkeitsberichterstattung darstellt, als schwer umsetzbar (vgl. Baumüller 2023c, S. 281). Das untermauert die Relevanz der Einbeziehung relevanter Stakeholder*innen.

Stille Stakeholder*innen (z. B. Daten von Umweltorganisationen) sind für eine objektive Bewertung der Auswirkungen ebenfalls erforderlich und sollten im Zuge der Bestimmung der Wesentlichkeitsanalyse nicht außer Acht gelassen werden. In dem Buch ESRS Kommentar, in ESRS 1-Allgemeine Anforderungen §3 Punkt 52, wird auf stille Stakeholder*innen sogenannte „stille Interessensträger“ ebenfalls eingegangen. So wird darauf hingewiesen, dass Umweltdaten in die Bewertung der doppelten Wesentlichkeit einfließen sollen. Für die Beurteilung der Wesentlichkeit möglicher ökologischer Auswirkungen, Risiken und Chancen, die aufgrund der Unternehmenstätigkeit resultieren, sollen wissenschaftliche Studien und ähnliche Quellen herangezogen werden (vgl. Baumüller et al. 2023 g, S. 111).

4.8.2 Interpretation Standards

Die Aussagen zu den European Sustainability Reporting Standards waren vielseitig, wobei anzumerken ist, dass etwas mehr negative als positive Aussagen geäußert wurden. Der große Umfang der ESRS und der Interpretationsspielraum wurden am häufigsten negativ genannt. Die schlechte Verständlichkeit, dessen Ursache zum einen in der schlechten deutschen Übersetzung und zum anderen in der schweren Lesbarkeit des juristischen Textes liegt, ist ebenfalls hervorzuheben. Ein Teil der Befragten geht davon aus, dass mit wachsenden Erfahrungswerten die Umsetzung der European Sustainability Reporting Standards leichter fallen wird und auch die Benchmarks, die bereits am Entstehen sind, ebenfalls positive Auswirkungen auf die Umsetzung haben werden. Die Vorgabe der ESRS sorgt für Transparenz und Vergleichbarkeit. Sie wurden im Vergleich zu den GRI

Standards strenger definiert und Ausweichmöglichkeiten somit reduziert. Die vielen zu erhebenden Daten können bei der Ableitung von Maßnahmen helfen, da Nachhaltigkeitsrisiken identifiziert und im besten Fall eliminiert werden können.

Für Unternehmen ist es essentiell die Forderungen der European Sustainability Reporting Standards und Vorgaben der CSRD-Richtlinie zu verstehen, um die Nachhaltigkeitsberichterstattung erfolgreich durchführen zu können. Wie Beispiele der Interviewteilnehmer*innen in Bezug auf die Stakeholder*innen-Einbindung gezeigt haben, kann der Interpretationsspielraum bei der Wirtschaftsprüfung der Dokumente negative Auswirkungen auf eine positive Beurteilung der Nachhaltigkeitsberichterstattung bzw. der Wesentlichkeitsanalyse haben. Unternehmen ist daher anzuraten, sich mit den European Sustainability Reporting Standards auseinander zu setzen und im Austausch mit der eigenen Wirtschaftsprüfung zu stehen. Mit laufender Erfahrung und der Reduzierung der Interpretationsspielräume bzw. Festlegung von einheitlichen Prüfstandards, wird der Austausch mit den Wirtschaftsprüfer*innen in Zukunft vermutlich weniger notwendig sein. Unternehmen können von den Übergangsfristen, welche in den ESRS festgelegt wurden, Gebrauch machen, sofern notwendig. Wie bereits im Abschnitt 4.8. hingewiesen, wurde durch die Studie der Task Force belegt, dass mit steigenden Erfahrungswerten, das Verständnis zunimmt und somit der Interpretationsspielraum vermindert wird (vgl. TCFD 2020, S. 46–47).

Bezogen auf andere verfügbare Standards kann festgehalten werden, dass je nach Tätigkeitsfeld (z. B. für globale Unternehmen) auch andere Standards anzuwenden sind. Für innerhalb der EU tätige Unternehmen sind die European Sustainability Reporting Standards anzuwenden. Sofern die bisherige Berichterstattung gemäß GRI Standards erfolgte, sollte eine Umstellung auf ESRS keine allzu große Herausforderung für Unternehmen darstellen. Die Annahme, dass Unternehmen, die bereits gemäß GRI Standards berichtet haben, gut auf die Nachhaltigkeitsberichterstattung gemäß CSRD-Richtlinie vorbereitet sind, kann durch die Beantwortung der ersten Forschungsfrage untermauert werden (siehe Abschnitt 3.6.4).

An dieser Stelle sei auch angemerkt, dass eine reduzierte Form der European Sustainability Reporting Standards für Klein- und Mittelunternehmen in Erarbeitung sind (KMU Standards, „LSME“ siehe Abschnitt 3.3.3.1).

4.8.3 Interpretation Probleme

Im Zuge der durchgeführten Interviews wurden Probleme nur selten erwähnt. Das am häufigsten genannte Problem bezieht sich auf die unterschiedlichen

Meinungen der Kanzleien, d. h. Unternehmensberater*innen und Wirtschaftsprüfer*innen. Diese Erkenntnis deckt sich auch mit dem Ergebnis der Hauptkategorie Standards, wo der Interpretationsspielraum negativ genannt wurde. Ein Beispiel wurde im Zuge des Stakeholder*innen-Austausches (Hauptkategorie Stakeholder*innen und Shareholder*innen) angemerkt, wo es zu einem erheblichen Mehraufwand aufgrund unterschiedlicher Auslegungen kam. Die Äußerung, dass zu lange nichts gemacht wurde, kann aus Sicht der Autorin dieser Masterarbeit sowohl auf die Europäische Union bzw. EFRAG bezogen werden, als auch auf manche Unternehmen. Die Ausweichmöglichkeiten der GRI Standards waren bekannt. Unternehmen hätten davon nicht Gebrauch machen müssen und hätten genauere Daten erheben und offenlegen können. Das hätte eine gute Vorbereitung auf die Vorgaben der CSRD-Richtlinie dargestellt, die im Dezember 2022 im Amtsblatt der Europäischen Union veröffentlicht wurde. Unternehmen hatten demnach eine Vorlaufzeit und hätten sich frühzeitig mit den Rahmenbedingungen der seit 01.Jan.2024 neu geforderten Nachhaltigkeitsberichterstattung auseinandersetzen können (vgl. (EU) 2022/2464, S. L322/15). Eine frühere Veröffentlichung der European Sustainability Reporting Standards wäre für Unternehmen von Vorteil gewesen, vor allem für die Betriebe, die zum ersten Mal verpflichtet sind, einen Nachhaltigkeitsbericht offenzulegen. So wurde die ESRS-Verordnung am 22.Dez.2023 im Amtsblatt der Europäischen Union veröffentlicht und trat mit 01.Jan.2024 in Kraft (vgl. (EU) 2023/2772, S. 1/284).

Allen Unternehmen, die bisher nicht unter die Berichtspflicht der CSRD-Richtlinie gefallen sind ist anzuraten, sich mit den Inhalten der CSRD-Richtlinie und der ESRS-Verordnung auseinander zu setzen, um Probleme bei der eigenen Nachhaltigkeitsberichterstattung und sofern zutreffend, in Bezug auf die Datenbereitstellung für große Unternehmen, zu vermeiden. Als Hilfestellung für die Nachhaltigkeitsberichterstattung gem. CSRD-Richtlinie kann das Buch „ESRS Kommentar" dienen. Es gibt des Weiteren einen Ausblick, welche Aktivitäten, wie z. B. die Bereitstellung von ca. 40 Branchenstandards, in den kommenden Jahren geplant sind (vgl. Lanfermann §1 2023, S. 48).

4.8.4 Interpretation Herausforderungen

Der erste Fragenblock des Interviewleitfadens umfasste fünf Fragen, die sich auf die Nennung von Herausforderungen und Problemen in Bezug auf Themen der Umsetzung der CSRD-Richtlinie bezogen (siehe Interviewleitfaden im Anhang 9.5, im elektronischen Zusatzmaterial einsehbar). Demzufolge ist es nicht weiter verwunderlich, dass alle Interviewteilnehmer*innen die aus ihrer Sicht bestehenden Herausforderungen nannten. In Summe wurden 105 Textsegmente der deduktiven Hauptkategorie Herausforderungen zugeordnet und stellt somit die Hauptkategorie mit den am zweit meisten zugeordneten Textsegmente dar. Die aufgrund der Aussagen der Nachhaltigkeitsexpert*innen genannten größten Herausforderungen sind dem Datenmanagement und dabei speziell der Datenerhebung zuzuschreiben. Auch als schwierig erweist sich die zu berichtende Datenmenge und die Sicherstellung der Datenqualität, vor allem wenn das zu berichtende Unternehmen global tätig ist. Die Beschaffung der externen Daten, insbesondere in der weiteren Lieferkette (Tier-n-Lieferant*innen), wurde ebenfalls mehrfach erwähnt. Interne Daten zu beschaffen stellt oftmals auch eine großer Herausforderung dar, vor allem wenn mehrere Standorte betroffen sind, da viele Daten oftmals manuell erhoben und eingetragen werden müssen. Auch die Wesentlichkeitsanalyse wurde mehrmals als Herausforderung genannt, da diese komplex und sehr umfangreich ist und auch in Bezug auf die Wesentlichkeitsanalyse es zu unterschiedlichen Ansichten der Wirtschaftsprüfer*innen gekommen ist. Vor allem wenn es um die Einbeziehung der Expert*innen und Stakeholder*innen geht. Einen wichtigen Aspekt stellen organisatorische Herausforderungen dar, besonders wenn Unternehmen die benötigen Strukturen noch nicht geschaffen haben und kein zusätzliches Personal eingestellt wurde, kann das zu Überlastung von Mitarbeiter*innen führen. Das Bewusstsein der Belegschaft für Nachhaltigkeitsthemen zu schaffen, wurde ebenfalls als herausfordernd empfunden. Das ist allerdings essentiell für die interne Datensammlung, damit die richtigen Daten in der richtigen Qualität erhoben werden. Hier ist das obere Management gefordert, Bewusstsein in der Belegschaft zu schaffen und die Strategie auch auf Nachhaltigkeitsthemen (wie z. B. Climate Transition Plan) auszurichten, sowie die erforderlichen Strukturen zu schaffen.

Die genannten Herausforderungen machen deutlich, wie wichtig es für Unternehmen ist, sich mit den Inhalten der CSRD-Richtlinie und ESRS-Verordnung auseinander zu setzen und sich dem Interpretationsspielraum bewusst zu werden, der bei der nachfolgenden Wirtschaftsprüfung Probleme verursachen kann. Die Aussagen der Interviews zeigen deutlich, wie wichtig eine Softwarelösung für die Datenerhebung ist, damit möglichst ohne vielen manuellen Tätigkeiten, die für die Nachhaltigkeitsberichterstattung benötigten Daten standortübergreifend verfügbar sind. Besonders auf eine einheitliche Definition und, sofern zutreffend, eine einheitliche Berechnung der Kennzahlen, sollte Wert gelegt werden. So können die Datenqualität sichergestellt und Personalressourcen geschont werden. Die Datenqualität wird auch in der Studie von Rau und Yu thematisiert (vgl. Rau/ Yu 2022, Abschnitt 2.2.1 S. 6). Einen genaueren Blick hinsichtlich des Zugriffs auf Produktdaten und der Datenqualität liefert die durch Aras Software GmbH durchgeführte Studie. Es ist ersichtlich, dass die Zugänglichkeit der Daten und die Datenqualität der befragten Unternehmen verbessert werden sollten (vgl. Rollenmüller 2023, S. 38). Das zeigt Unternehmen wie wichtig es ist, darauf von Beginn an Wert zu legen.

4.8.5 Interpretation umgesetzte Maßnahmen

Die dritthäufigste Anzahl an Textsegmente wurde der deduktiven Hauptkategorie „Umgesetzte Maßnahmen" zugeordnet. Das wird damit zusammenhängen, dass der zweite Fragenblock des Interviewleitfadens eine Frage nach der Umsetzung der Maßnahmen beinhaltete (siehe auch Interviewleitfaden im Anhang 9.5, im elektronischen Zusatzmaterial einsehbar). Somit nahmen alle Interviewteilnehmer*innen dazu Stellung. Herausgestochen sind die Aussagen zur Anpassung der Organisationsstruktur, welche in den befragten Industrieunternehmen umgesetzt wurde. So wurde die Rolle des Nachhaltigkeitsmanagements am C-Level der befragten Unternehmen geschaffen und der Vorteil erwähnt, dass die Wichtigkeit des Themas Nachhaltigkeit so gewährleistet werde und die Möglichkeit etwas voranzubringen dadurch steige. Auch die Meinung der befragten „allgemeinen" Expert*innen zeigte den gleichen Vorteil, allerdings sei an dieser Stelle auch der Hinweis von Expertin B5 erwähnt, die festhielt, dass die Umsetzung am C-Level gemäß CSRD-Richtlinie nicht gefordert sei, ihr allerdings auffalle, dass die Unternehmen es strenger und formaler auslegen und entsprechend umsetzen würden. Der Austausch zu Stakeholder*innen, Unternehmensberater*innen & Wirtschaftsprüfer*innen, zu anderen Unternehmen und konzernintern zu Tochterunternehmen wurde ebenfalls angesprochen. Hierbei kann festgehalten werden, dass aufgrund der Interpretationsspielräume und der unterschiedlichen Auslegungen der Austausch mit den Wirtschaftsprüfer*innen als relevant angesehen und bei den befragten Industrieunternehmen umgesetzt wurde. Aufgrund der Aussagen kann darauf geschlossen werden, dass die Nachhaltigkeitsmanager*innen großer Unternehmen untereinander bereits gut vernetzt sind durch diverse Veranstaltungen, durch das EU Netzwerk „Together for Sustainability" oder auch durch Business Oberösterreich. Hier ist allerdings auch erwähnenswert, dass der Eindruck entstand, dass kleinere Unternehmen noch nicht in dem Ausmaß Teil des Netzwerkes sind und diese sich integrieren sollten. Allgemein kann festgehalten werden, dass die befragten Unternehmen aufgrund des vorhanden Qualitätsmanagements, den ISO-Zertifizierungen bzw. auch aufgrund des NaDiVeG bereits gute Prozesse und Standards etabliert hatten und daher keine großen zusätzlichen Maßnahmen umsetzen mussten, um den Vorgaben der CSRD-Richtlinie zu entsprechen. Als gute umgesetzte Maßnahme in Bezug auf die Erweiterung der bestehenden Prozesse, wird das Beispiel von Nachhaltigkeitsexperten B6 erwähnt. Im Fall dieses Industrieunternehmens wurde der bestehende Prozess der Lieferant*innen-Audits genutzt und um wesentliche Nachhaltigkeitsthemen erweitert. Die Wesentlichkeitsanalyse wurde ebenfalls mehrmals erwähnt. Diese wurde bei den befragten Industrieunternehmen durchgeführt und die Wichtigkeit und Notwendigkeit wurde durch die Aussagen der „allgemeinen" Expert*innen unterstrichen. Als wichtig wurde auch erachtet die Wesentlichkeitsanalyse von den Wirtschaftsprüfer*innen abnehmen zu lassen, um für die Nachhaltigkeitsberichterstattung Sicherheit zu haben. Einen wichtigen Punkt stellt auch die Risikoanalyse / Risikomatrix dar. Diese muss entsprechend erweitert werden und muss die wesentlichen Nachhaltigkeitsthemen beinhalten. Nicht alle der befragten Unternehmen haben die Risikomatrix bereits überarbeitet. Die Notwendigkeit der Überarbeitung wird von allen befragten Interviewteilnehmer*innen gesehen. Die Verwendung einer Toolbox zu bestimmten Themen wie z. B. Biodiversität und Water Risk, wie Geschäftsführerin B5 erwähnte, kann Unternehmen möglicherweise dabei helfen Impacts, Chancen und Risiken besser einschätzen zu können. Als wichtig wird die Implementierung einer Softwarelösung angesehen, deren Einsatz zu Arbeitserleichterungen, vor allem in Konzernen in Bezug auf die Konsolidierung von Daten, führt. Interessant war der Hinweis eines Nachhaltigkeitsexperten der niederösterreichischen Industrie. Er erwähnte, dass in seinem Unternehmen ein externes Projekt für die Implementierung der Vorgaben der CSRD-Richtlinie gestartet wurde, dieses allerdings aufgrund des Budgets gestrichen werden musste.

Die genannten umgesetzten Maßnahmen zeigen, wie umfangreich die Implementierung der CSRD-Richtlinie ist. Unternehmen sind gut beraten, ihre Strategie auch auf Nachhaltigkeitsthemen auszurichten und sich am C-Level mit dem Thema zu beschäftigen, sowie erforderliche Ressourcen bereitzustellen. Baumüller erklärt in seinem Artikel, wie die Angabepflichten der Unternehmensorgane zu erfolgen haben. Er weist darauf hin, dass die Verantwortlichkeiten und Aufgaben der Unternehmensorgane, wenn die Unternehmenstätigkeiten in Zusammenhang mit wesentlichen Risiken, Chancen und Auswirkungen stehen, aufgeschlüsselt werden müssen (vgl. Baumüller 2023c, S. 283). Die Wichtigkeit des Nachhaltigkeitsthemas und potenzielle Auswirkungen auf die Unternehmensstrategie und das Geschäftsmodell, sind weitere Punkte, die belegen, warum die Ansiedelung eines Nachhaltigkeitsmanagements am C-Level anzuraten ist (vgl. EU 2022/2462, S. L322/24 Absatz 30). Die Durchführung der Implementierung der CSRD-Richtlinie anhand eines internen bzw. externen Projekts, stellt eine gute Maßnahmen dar und deckt sich mit der, in der Literatur beschriebenen, Empfehlung (vgl. Graewe 2024, S. 34–37).

Das obere Management sollte darauf achten, dass eine Wesentlichkeitsanalyse unter Betrachtung der doppelten Wesentlichkeit durchgeführt wird und weiters die in großen Unternehmen zumeist vorhandene Risiko-Matrix, auf Umweltthemen erweitert wird. Baumüller geht näher in seinem Artikel auf die Wesentlichkeitsanalyse ein und beschreibt, dass diese unter Berücksichtigung aktueller wissenschaftlicher Methoden und Erkenntnisse erstellt werden muss (vgl. Baumüller 2023d, S. 30). Die tatsächlichen bzw. potenziellen Auswirkungen sind dabei auf ihre Eintrittswahrscheinlichkeit und Schwere, unter Berücksichtigung der kurz-, mittel- und langfristigen Zeiträume, zu bewerten (vgl. Baumüller/Mayr 2023f, S. 14–15). Das ist Teil einer Risko-Matrix. Die Implementierung einer Softwarelösung, die alle Standorte und alle Tochterunternehmen eines Unternehmens einzusetzen haben, sollte vom obersten Management forciert werden. Dabei ist auch darauf zu achten, dass klare Definitionen der Kennzahlen erarbeitet und entsprechend angewandt werden. Diese Umsetzung würde die Datenverfügbarkeit und Datenqualität positiv beeinflussen. Die Notwendigkeit für die zuverlässige Bereitstellung von Daten und die Sicherstellung der Datenqualität wurden auch in den Studien von Rau und Yu und Aras Software GmbH bewertet (vgl. Rau/Yu 2022, Abschnitt 2.2.1 S. 6 und vgl. Rollenmüller 2023, S. 38). Maßnahmen zur Zielerreichung 2030 / 2050 (Erderwärmung mit Anstrengung auf 1,5 °C zu begrenzen, bis 2050 Zielerreichung Netto-Null Treibhausgasemissionen; nähere Ausführung siehe Abschnitt 3.2) sollten im Einklang mit der Unternehmensstrategie stehen und entsprechend definiert werden. Wichtig dabei ist, wie Interviewpartnerin B5 erwähnte, dass dahinter gut durchdachte Prozesse stehen sollten. Die zur Zielerreichung erforderliche Anpassung hinsichtlich Nachhaltigkeit von Wirtschaft und Gesellschaft werden auch im europäischen Grünen Deal und von Zemke thematisiert (vgl. Der europäische Grüne Deal 2019, S. 2 und vgl. Zemke et al. 2022, S. 247).

4.8.6 Interpretation Aufwand

Alle Interviewteilnehmer*innen äußerten sich zum Thema Aufwand und bemerkten, dass der Aufwand zugenommen habe, bzw. für die beiden befragten Industrieunternehmen, die bisher keine Nachhaltigkeitsberichterstattung durchführten, der Aufwand riesig wäre. Erwähnt wurden in diesem Zusammenhang der große Umfang und die benötigte Zeit z. B. für die Durchführung der Wesentlichkeitsanalyse und die Datenerhebung. Wie auch im Abschnitt 4.8.5 „Interpretation umgesetzte Maßnahmen" beleuchtet wurde, können Softwarelösungen dabei helfen den Aufwand zu reduzieren.

Große Unternehmen sollten Personal aufstocken, um die Nachhaltigkeitsthemen abdecken und den zugenommen Aufwand bewerkstelligen zu können. Weiters sollten konzernweite Softwarelösungen implementiert werden, wie auch bereits im Abschnitt 4.8.5 erwähnt. Das dafür erforderliche Budget sollte bereitgestellt werden. Der Aufwand wurde auch im Zuge einer EU Studie untersucht. Dabei wurde festgestellt, dass große Unternehmen aufgrund ihrer Komplexität mit einem großen Aufwand für die Nachhaltigkeitsberichterstattung konfrontiert sind (vgl. Groen et al. 2020, S. 120). Auch Schäfer betrachtete das Thema Aufwand in Bezug auf die Nachhaltigkeitsberichterstattung in seinem Artikel und bezeichnete diesen als ressourcenbelastend (vgl. Schäfer 2024, S. 51). Das belegt, dass jegliche Automatisierung durch z. B. eine Softwarelösung dabei helfen kann, den Aufwand zu reduzieren und dadurch Personalressourcen zu schonen.

4.8.7 Interpretation Kostentreiber

Als Kostentreiber konnten im Zuge der durchgeführten Interviews Personalkosten, Kosten für Softwarelösungen, Kosten für den Aufbau eines Datenmanagementprozesses, externe Beratungs- und Prüfungskosten sowie Kosten für die umzusetzenden Maßnahmen detektiert werden. In Relation zum Umsatz und der Unternehmensgröße werden die Kosten für kleinere Unternehmen, aus Sicht zweier Expert*innen, höher ausfallen, als vergleichsweise für große Unternehmen.

Unternehmen sollten Budget einplanen für zusätzlich benötigtes Personal und, sofern zutreffend, für externe Beratung. Die Kosten für die externe Prüfung sollten nicht außer Acht gelassen werden, da diese durch den erhöhten Aufwand zunehmen werden. Budget für eine Softwarelösung sollte ebenfalls eingeplant werden. Dabei ist darauf zu achten, dass, sofern es sich um Unternehmen mit vielen Standorten oder Tochterunternehmen handelt, die Softwarelösung konzernweit verwendet wird. Bei erfolgreicher Implementierung und guten Richtlinien zur Anwendung, sowie einheitlichen Definitionen der Kennzahlen, kann in weiterer Folge viel Zeit für die Konsolidierung der Daten gespart werden. Um das Unternehmen langfristig konkurrenzfähig und nachhaltig auszurichten und weiters, die Ziel der Agenda 2030 bzw. des Pariser Klimaschutzabkommens zu erreichen, muss Budget für die umzusetzenden Maßnahmen eingeplant werden. Die Kostentreiber und der Aufwand wurden auch in einer EU Studie untersucht. So wurde unter anderem der hohe Veraltungsaufwand als Kostentreiber genannt (vgl. Groen et al. 2020, S. 120). Mit einer guten konzernweiten Softwarelösung könnte dieser reduziert werden.

4.8.8 Interpretation Verbesserungsvorschläge

Die am meisten zugewiesenen Textsegmente (in Summe 142) gehören der deduktiven Hauptkategorie „Verbesserungsvorschläge“ an. Der Grund dafür wird zum einen an der Frage nach den Wünschen zur Umsetzung der CSRD-Richtlinie gesehen (siehe Interviewleitfaden im Anhang 9.5, im elektronischen Zusatzmaterial einsehbar) und zum anderen leiten sich viele Verbesserungsvorschläge von anderen Hauptkategorien ab. So wurde zu den Themen ESRS, Wesentlichkeitsanalyse und Risikoanalyse, zur Aufstockung des Personals und hinzuziehen von Wirtschaftsprüfer*innen und Berater*innen, sowie zur Kommunikation mit Stakeholder*innen Verbesserungspotenzial entdeckt.

Für die EFRAG bzw. andere EU-Institutionen wäre es ratsam, um Unternehmen bestmöglich zu unterstützen, die hier gewünschten Punkte umzusetzen. So sollten Q&A Guidelines in strukturierterer Form herausgegeben und in unterschiedlichen Sprachen zur Verfügung gestellt werden. Auf eine gute Übersetzung ist dabei zu achten und der Interpretationsspielraum sollte durch eindeutige Definitionen beseitigt bzw. zumindest vermindert werden. Wünschenswert ist auch die Bereitstellung von Anleitungen und Beschreibungen zur Auswahl von Emissionsfaktoren und Durchführung von Lebenszyklusanalysen, sowie die Herangehensweise der wissenschaftlichen Bewertung von Impacts. Auch ein Musterbeispiel eines Nachhaltigkeitsberichts zur Verfügung zu stellen, würde Unternehmen bei der Umsetzung der Vorgaben der CSRD-Richtlinie und Erstellung der Nachhaltigkeitsberichterstattung helfen, vor allem, wenn die betroffenen Unternehmen erstmalig einen nichtfinanziellen Bericht erstellen müssen. Das Thema der Taggingfähigkeit ist für viele Unternehmen ebenfalls neu, daher wurde der Wunsch geäußert, hier auch ein praktikables Beispiel zur Verfügung gestellt zu bekommen. Als Verbesserungsmöglichkeit in Bezug auf die European Sustainability Reporting Standards wurde die Bereitstellung sektorspezifischer Standards genannt. Die Kennzahlen darin sollten genau definiert werden, damit der Interpretationsspielraum vermindert und die Vergleichbarkeit erhöht werden würde. Hierbei sei auch der Hinweis einer Nachhaltigkeitsexpertin erwähnt, die im Zuge des Interviews auf den Haufe Verlag verwies, da dieser aus ihrer Sicht ein gutes Standardwerk veröffentlicht hat. Die Nachhaltigkeitsexpertin hat den Titel des Buches nicht erwähnt, allerdings ist die Verfasserin dieser Masterarbeit im Zuge der Literaturrecherche auf das Buch „ESRS Kommentar: Kommentar zu den European Sustainability Reporting Standards“ gestoßen. Das ist ein knapp 1170 Seiten starkes Buch mit vielen Kommentaren, Hinweisen und Praxisbeispielen zu den European Sustainability Reporting Standards. Vermutlich hat sich die Nachhaltigkeitsexpertin auf dieses Buch bezogen. Die ESRS-Verordnung ist 284 Seiten lang und das zeigt deutlich, wie komplex das Thema Nachhaltigkeitsberichterstattung und zugehörige Standards ist. Hierfür gute Hilfestellungen bereitzustellen ist essentiell für die richtige Durchführung und in weiterer Folge, für die Vergleichbarkeit der Nachhaltigkeitsberichte. Des Weiteren wäre es hilfreich, wenn die Branchenstandards Heatmaps enthalten würden, um zu sehen, welche Themen als besonders relevant angesehen werden. Ein Verweis auf externe Quellen wie z. B. Tools wäre ebenso wünschenswert. Der Wunsch nach Branchenvorlagen, eventuell auch zur Wesentlichkeitsanalyse, wurde ebenfalls geäußert. Diese Punkte machen deutlich, dass es derzeit für Anwender wenig Vorlagen gibt, die zur Unterstützung für die Nachhaltigkeitsberichterstattung gemäß CSRD-Richtlinie herangezogen werden können. Die unterschiedlichen Auslegungen verschiedener Firmen machen die Bearbeitung und den Austausch nicht einfacher. Daher wären die Empfehlungen zur Erstellung einer Heatmap und Branchenvorlagen, sowie genauere Definitionen von Kennzahlen sicherlich ratsam. Auch die Empfehlung von Nachhaltigkeitsexpertin B4, zur Unterbindung von Auslassungsmöglichkeiten bestimmter Themen für bestimmte Branchen und die Verpflichtung genaue Datenquellen offenlegen zu müssen, würde der Vergleichbarkeit zugutekommen. Ein weiterer Wunsch an die Europäische Kommission ist, ein ESG-Tool zur Verfügung zu stellen. Damit wäre sichergestellt, dass alle Unternehmen einer Branche die gleichen Kennzahlen bewerten und berichten würden. Diese Software sollte benutzeroberflächenfreundlich sein, damit sie leicht anwendbar und integrierbar ist.

Unternehmen kann geraten werden den Austausch der Nachhaltigkeitsexpert*innen untereinander und zu anderen Firmen und Branchen zu forcieren. Den Benchmarks und sammeln von Erfahrungswerten wird der größte Effekt zur erfolgreichen praktischen Umsetzung zugeschrieben. Gerade in der Anfangszeit sollte weiters ein Austausch mit Wirtschaftsprüfer*innen stattfinden, um die Prüfungsanforderungen zu kennen und die Nachhaltigkeitsthemen entsprechend umzusetzen. Auf einen guten Austausch mit den relevanten Lieferant*innen sollte großen Wert gelegt werden und eine Unterstützung großer Unternehmen für ihre kleineren Lieferant*innen sollte in Erwägung gezogen und eingeplant werden. Auf gute Kommunikation ist sowohl unternehmensintern als auch extern zu achten. Große Unternehmen werden bereits über Lieferant*innen-Audits verfügen. Dieser Prozess ist zu evaluieren und um Nachhaltigkeitsaspekte zu erweitern. So könnte im Zuge des Lieferant*innen-Audits ein Stakeholder*innen-Dialog stattfinden. Die Relevanz des Austausches mit den relevanten Stakeholder*innen wird auch im Artikel von Baumüller und Mayr beschrieben (vgl. Baumüller/Mayr 2023f, S. 5–6). Unternehmen sollten ihre bestehenden Prozesse beleuchten und gegebenenfalls um Nachhaltigkeitsaspekte erweitern. Das trifft zum Beispiel auf die Risikoanalyse zu, die um Nachhaltigkeitsaspekte zu erweitern ist. Auch Graewe beschreibt in seinem Artikel „Die Umsetzungsschritte der CSRD in der Praxis“, dass Unternehmen eine Ist-Analyse durchführen und gegebenenfalls ihre Unternehmensstrukturen und Prozesse anpassen sollten (vgl. Graewe 2024, S. 36). Mitarbeiter*innen sollten in Sachen Nachhaltigkeit und Nachhaltigkeitsberichterstattung geschult werden, sowie Weiterbildungsmaßnahmen für Nachhaltigkeitsmanager*innen bewilligt werden. Auch rechtzeitig Personal aufzustocken, damit der zusätzliche Arbeitsaufwand bewerkstelligt werden kann, ist Unternehmen anzuraten. Dies würde die Verfügbarkeit und Qualität der Daten sicherstellen. Wie bereits im Zuge der Interpretation der Herausforderungen angemerkt, wurden Studien durchgeführt, die die Verfügbarkeit und Qualität der Daten betrachteten und Verbesserungspotenzial identifizierten (vgl. Rau/Yu 2022, Abschnitt 2.2.1 S. 6 und vgl. Rollenmüller 2023, S. 38). Das Einplanen von ausreichend Budget für die Umsetzung von Maßnahmen, um die langfristigen Klimaziele zu erreichen, stellt ebenfalls einen wichtigen Punkt zur Verbesserung dar.

4.8.9 Gruppenvergleich

An den Interviews haben zwei Gruppen von Experten und Expertinnen teilgenommen. Eine Gruppe wurde als „Allgemein“ bezeichnet. Dabei handelte es sich um Nachhaltigkeitsexpert*innen, die nicht in einem Industrieunternehmen tätig sind. Zu den „allgemeinen“ Befragten gehörte die Geschäftsführerin einer Unternehmensberatung, ein Nachhaltigkeitsexperte, der im Forschungsbereich für Nachhaltigkeit tätig ist und eine Nachhaltigkeitsexpertin, die mit vielen Unternehmen zusammenarbeitet. Die zweite Gruppe der Befragten umfasste Nachhaltigkeitsexpert*innen, die in großen niederösterreichischen Industrieunternehmen tätig sind. Ein quantitativer sowie qualitativer Gruppenvergleich ausgewählter Hauptkategorien wurde mittels der Software MAXQDA Analytics Pro (24.3.0) durchgeführt, mit Hilfe der Funktion „Fälle & Gruppenvergleiche“. Diese Analyse soll Aufschluss darüber geben, ob es zu gruppenspezifischen Unterschieden in den Antworten kam. Analysiert wurden drei Kategorien, die am meisten zugewiesene Textsegmente enthalten. Dazu gehören Herausforderungen, umgesetzte Maßnahmen und Verbesserungsvorschläge. Die Kategorie Kostentreiber wurde zusätzlich analysiert.

4.8.9.1 Gruppenvergleich Herausforderungen

Für die Hauptkategorie Herausforderungen zeigte der qualitative Gruppenvergleich zwischen den „allgemeinen“ Nachhaltigkeitsexpert*innen und den in der Industrie tätigen, keine besonderen Auffälligkeiten. Zur Datenqualität äußerten sich beide Gruppen. Die Aussage für die Unterkategorie „Qualität der externen Daten" erfolgte von einer Expertin der Gruppe „Allgemein". Zur Sub-Kategorie „Gute Dokumentation" und „Genauigkeit für sämtliche interne Daten" äußerten sich Expert*innen der Gruppe „Industrie". Das kann daran liegen, dass die Nachhaltigkeitsexpert*innen, die in Industrieunternehmen tätig sind, ihren Fokus aktuell auf die Beschaffung und Qualität der internen Daten legen, da diese auch leichter zu beeinflussen sind und für die Nachhaltigkeitsberichterstattung im ersten Jahr sicherlich mehr Relevanz besitzen.

Der quantitative Gruppenvergleich der Hauptkategorie Herausforderungen zeigt ein ziemlich ausgeglichenes Bild und ist Abbildung 4.19 zu entnehmen.

	Allgemein	Industrie	Total
Herausforderungen			
Organisatorische Herausforderunge	66,7%	50,0%	57,1%
Herausforderungen in der Umsetzu			
Interpretationsspielraum ist her	33,3%	50,0%	42,9%
Wissen was gem. CSRD ESRS ge	66,7%		28,6%
Unterschiedlich gesetzliche und		25,0%	14,3%
Wesentlichkeitsanalyse	100,0%	75,0%	85,7%
Risikobewertung		25,0%	14,3%
Praktischer Umgang	100,0%	25,0%	57,1%
Datenmanagement		25,0%	14,3%
Datenmenge	33,3%	50,0%	42,9%
ESG-Daten Tool		25,0%	14,3%
Datenerhebung	100,0%	100,0%	100,0%
Datenaufbereitung	33,3%		14,3%
Datenqualität	33,3%	25,0%	28,6%
Qualität der externen Da	33,3%		14,3%
Einheitliche Datenstrukt		25,0%	14,3%
Datenquellen nicht beka	33,3%		14,3%
Beispiele		50,0%	28,6%
Gute Dokumentation		100,0%	57,1%
Unterschiedliche Ansichten Wirtsch	33,3%	25,0%	28,6%
Σ SUMME	666,7%	675,0%	671,4%
# N = Dokumente	3 (42,9%)	4 (57,1%)	7 (100,0%)

Abbildung 4.19 Quantitativer Gruppenvergleich – Hauptkategorie Herausforderungen. (Quelle: eigene Darstellung, 2024 unter Zuhilfenahme von MAXQDA Analytics Pro (24.3.0))

Wie in Abbildung 4.19 ersichtlich ist, äußerten sich in Summe 666,7 % der Befragten der Gruppe „Allgemein“ zu Herausforderungen und 675,0 % der Befragten der Gruppe „Industrie“. Diese hohen Prozentzahlen kommen aufgrund der Addition der Kategorien zustanden. Je Kategorie können maximal 100 % der Befragten einer Gruppe antworten.

4.8.9.2 Gruppenvergleich umgesetzte Maßnahmen

Der quantitative Gruppenvergleich, der in Abbildung 4.20 ersichtlich ist zeigt, dass mehr Personen der Gruppe „Industrie“ sich zur Kategorie „Umgesetzte Maßnahmen“ äußerten. So haben 433,3 % der Personen der Gruppe „Allgemein“ und 575,0 % der Befragten der Gruppe „Industrie“ sich zu den in Abbildung 4.20 angeführten Kategorien geäußert. Bei der qualitativen Durchsicht der Textsegmente wurde festgestellt, dass die Ist-Analyse nur von einer Nachhaltigkeitsexpertin der Gruppe „Allgemein“ genannt wurde und sich die „allgemeinen“ Expert*innen stärker zur Risikoanalyse (Subkategorie: Risikobewertung angepasst) bezogen. Die Risikoanalyse musste in zwei der vier befragten Industrieunternehmen noch angepasst werden, daher wurden diese Textsegmente nicht für die Hauptkategorie „Umgesetzte Maßnahmen“ kodiert. Es ist nicht weiter verwunderlich, dass die Expert*innen, die in Industrieunternehmen tätig sind, vermehrt über umgesetzte Maßnahmen sprechen, da von den anderen Expert*innen hauptsächlich geäußert wurde, was Unternehmen machen sollten und diese Aussagen der Kategorie „Verbesserungsvorschläge“ zugewiesen wurde.

	Allgemein	Industrie	Total
Umgesetzte Maßnahmen			
Implementierung als externes Projel		25,0%	14,3%
Austausch	33,3%	100,0%	71,4%
Standards erarbeitet	66,7%	100,0%	85,7%
Organisationsstruktur angepasst	100,0%	100,0%	100,0%
Nachhaltigkeitsstrategie festgelegt		50,0%	28,6%
Ist-Analyse gemacht	33,3%		14,3%
Wesentlichkeitsanalyse durchgeführ	66,7%	100,0%	85,7%
Risikobewertung angepasst	66,7%	25,0%	42,9%
Softwarelösung implementiert		75,0%	42,9%
Erste Maßnahmen setzen für Zielerr	66,7%		28,6%
Σ SUMME	433,3%	575,0%	514,3%
# N = Dokumente	3 (42,9%)	4 (57,1%)	7 (100,0%)

Abbildung 4.20 Quantitativer Gruppenvergleich – Hauptkategorie umgesetzte Maßnahmen. (Quelle: eigene Darstellung, 2024 unter Zuhilfenahme von MAXQDA Analytics Pro (24.3.0))

Abbildung 4.20 zeigt, wie viel Prozent der Befragten einer Gruppe sich zu den jeweiligen in der ersten Spalte ersichtlichen Sub-Kategorie äußerten. Als Beispiel dient hier die Zeile Austausch. 33,3 % (d. h. 1 Person) der „allgemeinen“ Gruppe und 100 % (d. h. 4 Personen) der Gruppe „Industrie“ äußerten sich zu dieser Sub-Kategorie. In der letzten Spalte „Total“ sind die Prozentangaben ersichtlich, wie viel Prozent der in Summe sieben Teilnehmer*innen, Informationen zu dieser Kategorie gaben. Qualitative Unterschiede der Aussagen der Gruppen konnten nicht festgestellt werden.

4.8.9.3 Gruppenvergleich Kostentreiber

Für die Hauptkategorie Kostentreiber wurde ebenfalls ein quantitativer Gruppenvergleich mittels MAXQDA Analytics Pro (24.3.0) durchgeführt, wie die folgende Abbildung 4.21 zeigt.

	Allgemein	Industrie	Total
Kostentreiber			
EFRAG Studie - Cost Benefit Analysi	33,3%		14,3%
Personalkosten	100,0%	100,0%	100,0%
Datenmanagement			
Aufbauen	33,3%		14,3%
Softwarelösungen	66,7%	50,0%	57,1%
Beispiel dazu		25,0%	14,3%
Maschinenlesbarkeit	33,3%		14,3%
Umsetzung fraglich		25,0%	14,3%
Externe Beratung	66,7%	75,0%	71,4%
Externe Prüfung	33,3%	25,0%	28,6%
Umzusetzende Maßnahmen		25,0%	14,3%
KMU	66,7%		28,6%
Σ SUMME	433,3%	325,0%	371,4%
# N = Dokumente	3 (42,9%)	4 (57,1%)	7 (100,0%)

Abbildung 4.21 Quantitativer Gruppenvergleich – Hauptkategorie Kostentreiber. (Quelle: eigene Darstellung, 2024 unter Zuhilfenahme von MAXQDA Analytics Pro (24.3.0))

Die Verteilung der Antworten ist ziemlich ausgeglichen wie Abbildung 4.21 zu entnehmen ist. Der geringe Unterschied der höheren Anzahl an Antworten für die Gruppe „Allgemein“, liegt vermutlich an der Zusatzfrage zu Kostentreibern für KMU. Diese wurde nur der Gruppe „Allgemein“ gestellt. Der qualitative Vergleich der beiden Gruppen zeigte keine Auffälligkeiten. Die Aussagen der beiden Gruppen waren vergleichbar.

4.8.9.4 Gruppenvergleich Verbesserungsvorschläge

Der quantitative Gruppenvergleich der Hauptkategorie Verbesserungsvorschläge ist Abbildung 4.22 zu entnehmen. Hier ist interessant, dass sich zu den Sub-Kategorien „Weiterbildung“ und „Budget erforderlich für Umsetzung“ lediglich die Gruppe „Allgemein“ äußerte.

	Allgemein	Industrie	Total
Verbesserungsvorschläge			
ESRS	33,3%	50,0%	42,9%
Anleitungen und Beschreibungen	66,7%	100,0%	85,7%
Weiterbildung	66,7%		28,6%
Gute Kommunikation	100,0%	50,0%	71,4%
Prozesse anpassen	100,0%	100,0%	100,0%
Personal aufstocken - da Engpass	66,7%	50,0%	57,1%
Budget erforderlich für Umsetzung	66,7%		28,6%
Berichte doppelt erstellen			
Nähere Erklärung dazu		25,0%	14,3%
Σ SUMME	500,0%	375,0%	428,6%
# N = Dokumente	3 (42,9%)	4 (57,1%)	7 (100,0%)

Abbildung 4.22 Quantitativer Gruppenvergleich – Hauptkategorie Verbesserungsvorschläge. (Quelle: eigene Darstellung, 2024 unter Zuhilfenahme von MAXQDA Analytics Pro (24.3.0))

Wie auch der MAXQDA-Tabelle in Abbildung 4.22 zu entnehmen ist äußerten sich alle vier Expert*innen der Gruppe „Industrie“, sowie zwei Expert*innen der Gruppe „Allgemein“, zur Sub-Kategorie „Anleitungen und Beschreibungen“. Auffälligkeiten im Zuge des qualitativen Gruppenvergleichs konnten nicht festgestellt werden. Die Aussagen unterscheiden sich nicht gravierend.

4.8.9.5 Kritik zur durchgeführten strukturierenden qualitativen Inhaltsanalyse

Die Auswertung einer Zusammenhangsanalyse (bzw. auch Kontingenzanalyse genannt) wurde angedacht und mittels Funktion (Visual Tools → Code-Relations Browser) in MAXQDA Analytics Pro (24.3.0) gestartet, um festzustellen, ob es Zusammenhänge zwischen den Kategorien gibt. Für die Auswahl der Zeilen und Spalten wurden „alle Codes“ ausgewählt und als Art der Analyse wurde die „Überschneidung von Codes am Segment“ markiert. Das bedeutet die Software analysiert, ob Textsegmente mehreren Codes zugewiesen wurden. Abbildung 4.23 zeigt einen Ausschnitt dieser Zusammenhangsanalyse.

Abbildung 4.23 Ausschnitt der Zusammenhangsanalyse. (Quelle: eigene Darstellung, 2024 unter Zuhilfenahme von MAXQDA Analytics Pro (24.3.0))

Aufgrund der starken Untergliederung der Kategorien (Codes) kann in Abbildung 4.23 nur ein Ausschnitt der Tabelle dargestellt werden, da die Matrix sehr lange ist. Die Kategorien wurden in den Zeilen und Spalten angeführt, um Überschneidungen der Textsegmente zu finden, welche als Punkte in der Matrix dargestellt werden. Die Größe der Punkte ergibt sich aufgrund der Anzahl an Textsegmente, die beiden Kategorien (Schnittpunkte der Matrix) zugewiesen wurden. Es können, aufgrund der starken Unterteilung in Subkategorien, bei der qualitativen Beurteilung der großen Schnittpunkte, keine genauen Aussagen getroffen werden, weshalb die Zusammenhangsanalyse mittels MAXQDA Analytics Pro (24.3.0) abgebrochen wurde. Im Nachhinein betrachtet wäre eine nicht ganz so starke Untergliederung der Kategorien für die Kontingenzanalyse von Vorteil gewesen. Wenngleich hier anzumerken ist, dass sich diese starke Untergliederung bei der Verschriftlichung der Aussagen der Interviewpartner*innen und der darauffolgenden Interpretationen als Vorteil erwies.

4.9 Reflektion der Gütekriterien qualitativer Forschung

Das vorliegende Kapitel dient der Bewertung der im Rahmen dieser Masterarbeit durchgeführten qualitativen Studie. Dafür ist es erforderlich, die lt. Literatur zu betrachtenden Gütekriterien auf diese Arbeit umzulegen. Mayring hebt in seinem Buch „Qualitative Inhaltsanalyse. Grundlagen und Techniken“ die klassischen Gütekriterien Reliabilität, Validität und Objektivität hervor, verweist aber auch darauf, dass diese Kriterien für die Beurteilung qualitativer Inhaltsanalysen oft unter Kritik stehen (vgl. Mayring 2022, S. 118–119). Aus diesem Grund werden die Gütekriterien qualitativer Forschung, die von Ines Steinke in dem Sammelband „Qualitative Forschung. Ein Handbuch“ erwähnt wurden, ebenfalls für die Beurteilung der qualitativen Inhaltsanalyse dieser Masterarbeit herangezogen. Sie ging auf die Gütekriterien kommunikative Validierung, Triangulation und Validierung der Interviewsituation ein, welche auch auf diese Masterarbeit umzulegen sind. Als Kernkriterien bezeichnete sie die intersubjektive Nachvollziehbarkeit, Indikation des Forschungsprozesses, empirische Verankerung, Limitation, Kohärenz und Relevanz (vgl. Steinke 2022, S. 320, 324, 326, 328–330).

Auch Berger-Grabner geht in ihrem Buch „Wissenschaftliches Arbeiten in den Wirtschafts- und Sozialwissenschaften“ auf Gütekriterien qualitativer Forschung ein. Aus ihrer Sicht stellt die intersubjektive Nachvollziehbarkeit (Verfahrensdokumentation) das wichtigste Kriterium qualitativer Forschung dar. Weitere relevante Gütekriterien sind aus ihrer Sicht die argumentative Interpretationsabsicherung, kommunikative Validierung und Nähe zum Untersuchungsgegenstand (vgl. Berger-Grabner 2022, S. 139). Mayring nannte die folgenden Gütekriterien für qualitative Forschung: Verfahrensdokumentation, argumentative Interpretationsabsicherung, Regelgeleitetheit, Nähe zum Gegenstand, kommunikative Validierung und Triangulation (vgl. Mayring 2016, S. 144–148).

Die nachfolgenden Unterkapitel beziehen sich auf die Gütekriterien, die aus Sicht der Autorin dieser Masterarbeit für diese qualitative Inhaltsanalyse relevant sind.

4.9.1 Intercoder- bzw. Intracoderübereinstimmung (Reliabilität)

Laut Mayring wird der Intercoderübereinstimmung bei der Bewertung der Gütekriterien einer Inhaltsanalyse eine wichtige Rolle zugeschrieben. Darunter wird verstanden, dass mehrere Personen die Auswertung des gesammelten Materials durchführen und die Ergebnisse miteinander verglichen werden (vgl. Mayring 2022, S. 53).

Im Fall der vorliegenden Masterarbeit kann die Intercoderübereinstimmung nicht durchgeführt werden, da lediglich die Autorin, dementsprechend eine Person, die Auswertung durchführte. Eine Alternative zur Bewertung der Intercoderübereinstimmung stellt die Intracoderübereinstimmung dar. Hierbei handelt es sich um eine Abwandlung der Intercoderübereinstimmung, wo die gleiche Person nach einer längeren Pause, die Auswertung des Materials wiederholt. Diese Ergebnisse werden im Anschluss verglichen und Abweichungen (sogenannte Un-Reliabilitäten) werden bewertet. Im Fall der vorliegenden Masterarbeit ist die Durchführung der Intracoderübereinstimmung nicht möglich, aufgrund der Vorgabe des Abschlusses der Masterarbeit innerhalb eines halben Jahres.

Das hat keinen negativen Einfluss auf die Ergebnisse dieser Masterarbeit, da die Kodierung, nachdem die zweite Phase der Kodierung abgeschlossen war, noch einmal über den gesamten Inhalt überprüft wurde. Geringfügige Anpassungen wurden vorgenommen. Siehe dazu auch Anmerkungen im Abschnitt 4.7.2 Datenaufbereitung.

4.9.2 Validität

Laut Mayring kann die Validität überprüft werden, wenn Ergebnisse einer bereits durchgeführten vergleichbaren Untersuchung, mit den Ergebnissen dieser Masterarbeit verglichen werden. Das stellt die Validität anhand von Außenkriterien dar (vgl. Mayring 2022, S. 119).

Der Vergleich der Erkenntnisse diese Masterarbeit mit den Ergebnissen vergleichbarer früherer Studien wurde im Abschnitt 4.10 beleuchtet, daher wird an dieser Stelle nicht näher darauf eingegangen. Zusammenfassend kann festgehalten werden, dass die Erkenntnisse früher durchgeführter Studien, mit den Ergebnissen der im Zuge dieser Masterarbeit durchgeführten Befragungen, vergleichbar sind. Das Gütekriterium Validität beurteilt anhand von Außenkriterien, kann demnach als erfüllt angesehen werden.

4.9.3 Objektivität

Die Objektivität stellt aus Sicht der Autorin eine Grundvoraussetzung für die Qualität einer wissenschaftlichen Arbeit dar, unabhängig davon, ob es sich um eine quantitative oder qualitative Analyse handelt. Daher wird dieses Gütekriterium für die im Zuge dieser Masterarbeit durchgeführten Studie beurteilt. Hierbei sind die Ergebnisse auf deren Unabhängigkeit der untersuchenden Person zu bewerten (vgl. Mayring 2022, S. 119).

Die Objektivität der durchgeführten Interviews und anschließender Auswertung ist aus Sicht der Autorin gewährleistet, da während der gesamten Interviews eine angenehme Atmosphäre herrschte und alle Fragen ehrlich beantwortet wurden. Dieser Eindruck kann aufgrund der folgenden Zitate untermauert werden: *„Also wir hatten keine nicht finanzielle Berichterstattung. Also wir haben einen Lagebericht abgegeben und das war's. Weil wir nicht börsennotiert sind.“* (Interview 3 2024, Pos. 43), *„Wir haben beim GRI-Nachhaltigkeitsreport, den wir schon seit einiger Zeit (Hinweis: anonymisiert) machen, auch Themen wie Energie, Emissionen, Diversität usw. berichtet. Und die gleichen Themen sind jetzt auch in der doppelten Wesentlichkeitsanalyse herausgekommen.“* (Interview 7 2024, Pos. 17), *„Wir brauchen trotzdem einfach die externe Beratung, weil es einfach nicht anders geht. Schon alleine um den die Prüfersicht ein bisschen zu verstehen und wie man das alles angeht.“* (Interview 4 2024, Pos. 46).

Das gewählte Auswerteinstrumen, die strukturierende qualitative Inhaltsanalyse, stellt weiters einen wichtigen Schritt zur Gewährleistung der Objektivität dar, da die Textsegmente unverändert kodiert wurden, d. h. die ursprünglichen Aussagen blieben erhalten. Die original Aussagen wurden im Abschnitt 4.7.3 zusammengefasst, die Rohdaten (Transkriptionen) sind dem Anhang 9.8, im elektronischen Zusatzmaterial, zu entnehmen. Die Interpretation mit Bezug auf die Aussagen erfolgte im Abschnitt 4.8. Aus Sicht der Autorin ist somit die Objektivität sichergestellt.

4.9.4 Intersubjektive Nachvollziehbarkeit (Verfahrensdokumentation)

Berger-Grabner bezeichnet die intersubjektive Nachvollziehbarkeit (Verfahrensdokumentation), welche sich auf die gute und nachvollziehbare Dokumentation des gesamten Forschungsprozesses bezieht, als das wichtigste Kriterium qualitativer Forschung. Es wird somit sichergestellt, dass die erhaltenen Ergebnisse beurteilt werden können (vgl. Berger-Grabner 2022, S. 239). Steinke geht ebenfalls in ihrem Buch auf die intersubjektive Nachvollziehbarkeit ein und beschreibt, dass diese auf drei Arten erreicht werden kann. Zum einen durch eine gute Dokumentation des Forschungsprozesses, die beinhaltet ebenfalls die Dokumentation der Erhebungsmethode, der Transkriptionsregeln, der Auswertemethode, Quellenangaben und der Dokumentation von Problemen und Entscheidungen. Die zweite

Möglichkeit stellt die Interpretation in Gruppen dar. Das wird an dieser Stelle nicht näher erläutert, da es für die vorliegende Masterarbeit nicht zutreffend ist. Der dritte Weg ist die Anwendung von kodifizierten Verfahren, welche auch als Regelgeleitetheit Bezeichnung findet (vgl. Steinke 2022, S. 324–326). Die Regelgeleitetheit wird in Unterkapitel 4.9.5 bewertet.

Das Gütekriterium der intersubjektiven Nachvollziehbarkeit (Verfahrensdokumentation) wurde für diese Masterarbeit eingehalten. Der Forschungsprozess wurde ausführlich und nachvollziehbar im vierten Kapitel (Empirischer Teil: Qualitative Analyse) dokumentiert. Zu Beginn wurde theoretisches Hintergrundwissen vermittelt, dann der Aufbau der qualitativen Interviews erklärt und die beiden Interviewleitfäden sind dem Anhang 9.5 (im elektronischen Zusatzmaterial einsehbar) zu entnehmen. Auf die Proband*innen Akquise, den durchgeführten Pretest und qualitativen Interviews, sowie die Auswertung inkl. Theorieteil zur Methode, Datenaufbereitung, Datenauswertung und Interpretation der Ergebnisse (im Kapitel Darstellung der Interviewergebnisse), wurde ebenfalls ausführlich eingegangen. Die Transkriptionen sind dem Anhang 9.8 (im elektronischen Zusatzmaterial einsehbar), der Kodierleitfaden ist dem Anhang 9.7 (im elektronischen Zusatzmaterial einsehbar) zu entnehmen. Für die Kodierung und Auswertung der Daten wurde die Software MAXQDA Analytics Pro (24.3.0) eingesetzt und dem Ablaufschema der strukturierenden qualitativen Inhaltsanalyse nach Kuckartz (Abbildung 4.2 in Abschnitt 4.7.2) gefolgt. Die Vorgehensweise ist mit der strukturierenden qualitativen Inhaltsanalyse nach Mayring vergleichbar (siehe auch Abschnitt 4.7.1).

Die Durchführung des empirischen Teils ist demnach nachvollziehbar dokumentiert und das Gütekriterium entsprechend erfüllt. Das Gütekriterium der Anwendung des kodifizierten Verfahrens wird im Unterkapitel Regelgeleitetheit (4.9.5) bewertet.

4.9.5 Regelgeleitetheit

Das Ziel Intersubjektivität zu erreichen wird durch systematisches Vorgehen, welches auch als Regelgeleitetheit bezeichnet werden kann, erzielt (vgl. Steinke 2022, S. 326). Auch Mayring weist in seinem Buch darauf hin, wie wichtig systematisches Vorgehen für die Durchführung einer qualitativen Inhaltsanalyse ist (vgl. Mayring 2016, S. 145).

Im Fall der vorliegenden Masterarbeit ist das Gütekriterium Regelgeleitetheit anwendbar und wurde eingehalten. Als Analyseinstrument wurde die strukturierende qualitative Inhaltsanalyse gewählt, welche nach dem Ablaufschema von

Kuckartz (Abbildung 4.2 in Abschnitt 4.7.2) durchgeführt und gut dokumentiert wurde. Der Einsatz der Software MAXQDA Analytics Pro (24.3.0), welche diesen Prozess unterstützt, hat ebenfalls dazu beigetragen, den Prozessfluss gut einhalten zu können. Die Software ist darauf ausgelegt, dass Textsegmente Codes (Kategorien) zugewiesen werden können. Es kam zu keinen Abweichungen in der Abfolge des Prozesses der strukturierenden qualitativen Inhaltsanalyse.

4.9.6 Argumentative Interpretationsabsicherung

Zur Bewertung dieses Gütekriteriums müssen die Interpretationen betrachtet werden. Bei Interpretationen ist darauf zu achten, dass diese in sich schlüssig sind und gut begründet wurden (vgl. Mayring 2016, S. 145). So schreibt auch Berger-Grabner, dass Annahmen, die aufgrund von Interpretationen getroffen werden, zu argumentieren sind (vgl. Berger-Grabner 2022, S. 139).

Für alle im Zuge der Masterarbeit getroffenen Interpretationen und Annahmen wurde darauf geachtet, auf eine argumentative Betrachtungsweise wert zu legen. Als Beispiel sei hier das Abschnitt 4.8 „Interpretation der Ergebnisse" genannt. Die Interpretationen erfolgten im Rückschluss auf während der Interviews getroffene Aussagen. Das Gütekriterium der argumentativen Interpretationsabsicherung kann demnach als eingehalten angesehen werden.

4.9.7 Nähe zum Untersuchungsgegenstand

Laut Maring ist es wichtig Personen, die im täglichen Leben mit dem Untersuchungsgegenstand zu tun haben, zu befragen. So solle, wie er schreibt, eine Interessensübereinstimmung mit den Befragten erzielt werden. Das fördere ein offenes Gespräch, welches für eine Befragung wichtig sei (vgl. Mayring 2016, S. 146).

Das Gütekriterium Nähe zum Untersuchungsgegenstand konnte erfüllt werden. Alle an den Interviews beteiligten Personen haben beruflich mit der Nachhaltigkeitsberichterstattung (CSRD-Richtlinie) zu tun. Vier von den Befragten arbeiten in großen niederösterreichischen Industrieunternehmen in führenden Positionen im Nachhaltigkeitsbereich, was der Zielgruppe dieser Masterarbeit entspricht. Um einen weiteren Blick zu ermöglichen, wurden auch Nachhaltigkeitsexpert*innen befragt, die, aufgrund ihrer guten Vernetzung zu großen Unternehmen, eine möglicherweise weitere Betrachtungsebene in die Befragung einbringen können. Daher wurden drei Nachhaltigkeitsexpert*innen der Gruppe „Allgemein" befragt.

Die Befragung der ausgewählten Personen stellte sich als sehr gut heraus. Alle Teilnehmer*innen kannten sich mit dem Thema CSRD-Richtlinie aus, konnten viele Herausforderungen und Verbesserungsvorschläge nennen und zu allen Interviewteilnehmer*innen konnte eine gute Vertrauensbasis aufgebaut werden, da, aus Sicht der Interviewenden, offene und ehrliche Gespräche stattfanden.

4.9.8 Kommunikative Validierung

Steinke, Mayring und Berger-Grabner weisen für die Beurteilung der kommunikativen Validierung darauf hin, dass die getätigten Interpretationen, die aufgrund der Aussagen der Interviewteilnehmer*innen resultieren, dem entsprechenden Interviewpartner / der entsprechenden Interviewpartnerin vorgelegt werden, damit dieser / diese die Übereinstimmung der Sichtweise bestätigt bzw. auf Missinterpretationen hinweist (vgl. Berger-Grabner 2022, S. 139; vgl. Steinke 2022, S. 320 und vgl. Mayring 2016, S. 147).

Dieses Gütekriterium wurde für die vorliegende Masterarbeit nicht überprüft. Die Aussagen der Interviewteilnehmer*innen deckten sich in den meisten Fällen. Die Autorin dieser Masterarbeit erachtete das Gütekriterium der Bestimmung der Validität anhand von Außenkriterien (Abschnitt 4.9.2) als zielführender, demnach erschien die Durchführung der kommunikativen Validierung als nicht erforderlich.

4.9.9 Triangulation

Ziel der Triangulation ist laut Mayring, die Qualität der qualitativen Forschung aufgrund unterschiedlicher Betrachtungsweisen zu erhöhen. Das kann aufgrund der Nutzung unterschiedlicher Datenquellen, unterschiedlicher Interviewpartner*innen und durch Einsatz verschiedener Methoden bzw. Theorieansätzen erfolgen. Diese unterschiedlichen Betrachtungsebenen müssen nicht komplett übereinstimmen, sondern Ziel ist es, die Ergebnisse der unterschiedlichen Betrachtungsebenen miteinander zu vergleichen (vgl. Mayring 2016, S. 147–148).

Wie bereits im Zuge der Beurteilung des Gütekriteriums 4.9.7 Nähe zum Untersuchungsgegenstand begründet, wurde darauf geachtet, unterschiedliche Expertisen von Nachhaltigkeitsexpert*innen abzudecken. So entstanden die beiden Gruppen „Industrie“ und „Allgemein“. Im Zuge des Abschnitt 4.8.9 wurde ein Gruppenvergleich aufgestellt. Dieser zeigte keinen nennenswerten Unterschied beider befragten Gruppen. Auf den Einsatz unterschiedlicher Quellen und Methoden wurde ebenfalls Wert gelegt. So wurde für die Durchführung der strukturierenden qualitativen Inhaltsanalyse die Theorie von Mayring und Kuckartz herangezogen. Das Gütekriterium Triangulation konnte demnach eingehalten werden.

4.9.10 Validierung der Interviewsituation

Für die Bewertung dieses Gütekriteriums ist das jeweilige Interview und der Verlauf des Interviews auf dessen Wahrheitsgehalt zu überprüfen. Es bezieht sich auf Vertrauen, Offenheit und Arbeitsbereitschaft während des Interviews (vgl. Steinke 2022, S. 320).

Wie auch bereits für die Bewertung der Objektivität (Abschnitt 4.9.3) erklärt, herrschte während allen Interviews eine angenehme Gesprächsatmosphäre und der Eindruck der offenen und ehrlichen Beantwortung der Fragen entstand. Die Interviewteilnehmer*innen haben oftmals Beispiele aus ihrem Berufsleben genannt, um ihre Aussagen zu untermauern. Das war bemerkenswert, da zwischen den Interviewteilnehmer*innen und der Erstellerin der Masterarbeit kein Naheverhältnis vorliegt. Die Möglichkeit der Anonymisierung der Interviews half aus Sicht der Autorin für die ehrliche Beantwortung der Fragen. Das Gütekriterium der Validierung der Interviewsituation hat, aufgrund der genannten Punkte, entsprochen.

4.9.11 Indikation des Forschungsprozesses

Steinke weist darauf hin, dass für die Bestimmung der Indikation des Forschungsprozesses, die Angemessenheit des gesamten Forschungsprozesses zu beurteilen ist. Darunter fällt das qualitative Vorgehen, die Methodenwahl, die angewendeten Transkriptionsregeln, die Auswahl der Expert*innen für die Interviews, die Auswertung und die Bewertungskriterien kritisch zu hinterfragen (vgl. Steinke 2022, S. 326).

Das Gütekriterium „Indikation des Forschungsprozesses" kann für diese Masterarbeit als entsprochen angesehen werden. Wie auch für die Beurteilung der Gütekriterien Abschnitt 4.9.2–4.9.11 hingewiesen, konnten alle Kriterien erfolgreich eingehalten werden. Die Befragung der Expert*innen, um die zweite Forschungsfrage zu beantworten, war erfolgreich. Es wurden die richtigen Nachhaltigkeitsexpert*innen befragt und die Auswahl des Auswerteinstruments, die strukturierende qualitative Inhaltsanalyse, erwies sich ebenfalls als geeignet und objektiv.

4.9.12 Abschließende kritische Betrachtung

Bei der Betrachtung der im Zuge dieser Masterarbeit durchgeführten Studie inkl. strukturierender qualitativer Inhaltsanalyse, kann die starke Untergliederung der Hauptkategorien kritisch hervorgehoben werden. Eine Erreichung der Intercoderübereinstimmung könnte herausfordernd sein, da diese lt. Mayring nur für sehr einfach Analysen und einfache Kategoriensysteme leicht anwendbar ist (vgl. Mayring 2022, S. 118–119). Im Fall der vorliegenden hohen Anzahl an Subkategorien kann von einem komplexen Kategoriensystem gesprochen werden. Für die Durchführung der Intercoderübereinstimmung müsste eine klare Anweisung und Definition aller Kategorien und Subkategorien gewährleistet werden, um eine erfolgreiche Durchführung zu ermöglichen.

Abschließend kann allerdings auf die vielen erfolgreich eingehaltenen Gütekriterien verwiesen werden, die bestätigen, dass die vorliegende Masterarbeit objektiv und entsprechend der in der Literatur vorgegebenen Prozesse abgelaufen ist.

4.10 Vergleich der eigenen Befunde mit den Ergebnissen vergleichbarer früherer Studien

Im Zuge der Literaturrecherche konnten viele Studien zum Thema Nachhaltigkeit gefunden werden. Die aus Sicht der Autorin für diese Masterarbeit relevanten, vergleichbaren Studien, werden in den nachfolgenden Unterkapiteln vorgestellt.

4.10.1 Studie von Aras Software GmbH Deutschland 2023

Von Aras Software GmbH Deutschland wurde eine Studie im Jahr 2023 durchgeführt. Sie kam zu dem Ergebnis, dass europäische Industrieunternehmen Aufholbedarf im Sinne von Nachhaltigkeit haben, da sie ihre Lieferketten, Produktionsprozesse und ihre Datennutzung verbessern müssen. Im Zuge der Studie wurden 440 Unternehmen aus 19 europäischen Ländern befragt. Die befragten Unternehmen sind in den Branchen Automotiv, Luftfahrt, Maschinenbau, Chemie und Pharma sowie Medizintechnik und Nahrungsmittel tätig (vgl. Rollenmüller 2023, S. 36). Es mussten unterschiedliche Fragen beantwortet werden, wie z. B. welche Stakeholder*innen den meisten Druck auf Unternehmen ausüben, um die Nachhaltigkeit zu steigern. An erster Stelle wurden Kund*innen genannt, dicht gefolgt von Politik, Eigentümer und Investoren (vgl. Rollenmüller 2023, S. 37).

Durch die Inkraftsetzung der ESRS wurden quantitative und qualitative Datenpunkte vorgegeben, die im Zuge der Nachhaltigkeitsberichterstattung berücksichtigt werden müssen. Unternehmen müssen demnach entsprechende Nachhaltigkeitsdaten erheben. Daher wurden Unternehmen lt. Artikel von Rollenmüller befragt, wie zufrieden sie mit der Qualität ihrer Produktdaten sind. Die Ergebnisse dieser Umfrage werden in Abbildung 4.24 dargestellt (vgl. Rollenmüller 2023, S. 38).

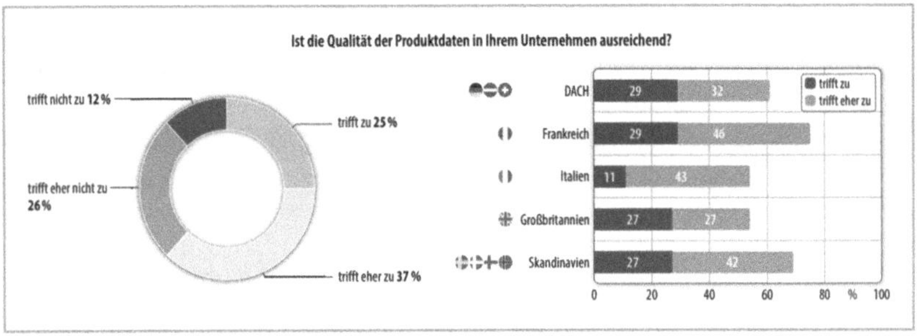

Abbildung 4.24 Darstellung der Zufriedenheit von Unternehmen bezogen auf die Produktdatenqualität. (Quelle: Rollenmüller 2023, S. 38)

Wie Abbildung 4.24 zu entnehmen ist, geben Industrieunternehmen von Deutschland, Österreich und der Schweiz (DACH) an, dass nur 29 % mit ihrer Datenqualität zufrieden und 32 % eher zufrieden sind. Das bedeutet, dass 39 % der Unternehmen mit der Datenqualität nicht zufrieden sind. Wenn die 32 % der „trifft eher zu" Antworten miteingerechnet werden, muss die Datenqualität von 71 % der Unternehmen verbessert werden. Dieses Ergebnis ist vergleichbar mit der Beantwortung der Industrieunternehmen aus Frankreich, Großbritannien und den skandinavischen Ländern. Italien bewertet die Datenqualität am kritischsten. Nur 11 % empfinden ihre Datenqualität als ausreichend. 43 % bezeichnet sie als eher ausreichend (vgl. Rollenmüller 2023, S. 38).

Eine weitere wichtige Frage ist die Datenspeicherung und der Zugriff darauf. Acht von zehn Topmanager*innen sehen das Problem, dass viele ihrer Daten in geschlossenen Systemen bei verschiedenen Stellen liegen und dadurch eine abteilungsübergreifende Arbeit nur schwer möglich ist (vgl. Rollenmüller 2023, S. 38). Die Grafik in Abbildung 4.25 zeigt die Beantwortung der Frage betreffend Zugänglichkeit der gespeicherten Daten.

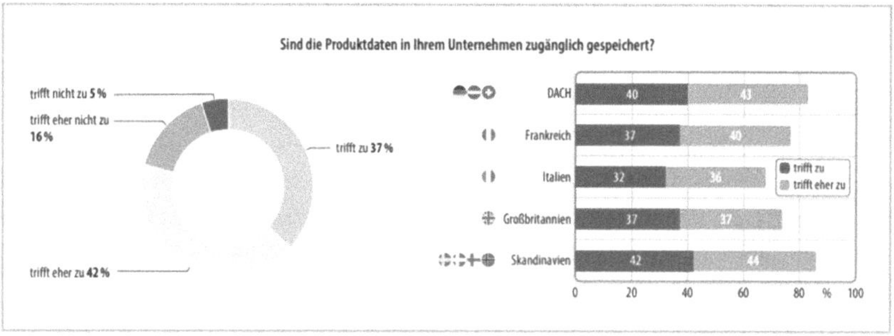

Abbildung 4.25 Darstellung der Zugänglichkeit der gespeicherten Produktdaten. (Quelle: Rollenmüller 2023, S. 38)

Wie Abbildung 4.25 zu entnehmen ist, geben 40 % der Industrieunternehmen der DACH Länder (Deutschland, Österreich und Schweiz) an, dass die gespeicherten Produktdaten zugänglich sind. Das bedeutet im Umkehrschluss, dass 60 % ein Verbesserungspotenzial in der Datenzugänglichkeit sehen. Unternehmen sind gut beraten ihre Prozesse hin zu einer wertschöpfenden Datennutzung anzupassen, um im Anschluss ihre Daten analysieren zu können und für die Nachhaltigkeitsbewertungen und Innovationsentscheidungen zur Verfügung stehen zu haben. Die Arbeit könnte weiters viel effizienter gestaltet werden mit einem funktionierendem System der Datenbereitstellung (vgl. Rollenmüller 2023, S. 38). Wichtige Daten für die Nachhaltigkeitsberichterstattung sind z. B. der Energieverbrauch des Unternehmens und die CO_2-Erzeugung der Produktionsprozesse, Rohstoffe und Produkte (vgl. Rollenmüller 2023, S. 38).

Beim Vergleich der Ergebnisse dieser Studie mit der im Zuge der vorliegenden Masterarbeit durchgeführten Befragungen, konnte festgestellt werden, dass ebenfalls als Verbesserungsvorschläge die Datenqualität geäußert wurde. Das Ergebnis der Expert*inneninterviews ist demnach durch die Aras Studie bestätigt. Auch das Ergebnis der von Aras Software durchgeführten Studie in Bezug auf die Zugänglichkeit der Daten spiegelt die Äußerungen der Expert*inneninterviews wieder, da alle interviewten Nachhaltigkeitsexpert*innen auf eine erforderliche Softwarelösung hinwiesen. Auch dieser Punkt wurde im Zuge der Interviews oftmals als Verbesserungsvorschlag erwähnt.

4.10.2 Studie der University of Cambridge 2022

In dem Artikel von der University of Cambridge vom Dezember 2022 wurde wissenschaftliche Literatur zum Thema Environment, Social and Corporate Governance (ESG) untersucht. Probleme bei der Messung sowie der Qualität von ESG-Daten werden aufgezeigt. Der Artikel geht auf diverse Studien ein und berücksichtig die Sichtweise von Investoren und Unternehmen und hat die Themen ESG und Corporate Social Responsibility (CSR) zum Inhalt (vgl. Rau/Yu 2022, Abstract S. 1). In dem Artikel wird kritisch angemerkt, dass die Wesentlichkeit von ESG Themen nicht klar definiert ist und sich die ESG Themen, abhängig von der jeweiligen Branche des Unternehmens, stark unterscheiden. Eine Ausnahme bilden die ESG Themen Geschäftsethik, Kohlenstoffemissionen, Geschäftsbeziehungen, Abwässer und Abfall, Arbeitssicherheit und Ressourcenverbrauch, da diese für die meisten Industriesektoren als relevant eingestuft werden (vgl. Rau/Yu 2022, Abschnitt 1.2 S. 5).

Bezüglich der Qualität der ESG-Daten halten sie in ihrem Artikel fest, dass die Bereitstellung der ESG-Daten aufgrund der steigenden Offenlegungen der Unternehmen zwar verbessert wird, allerdings die Qualität dieser Daten, insbesondere der ESG-Kennzahlen teilweise in Zweifel gestellt wird, da diese Greenwashing unterliegen könnte. Weiters wird die unternehmensübergreifende mangelnde Vergleichbarkeit und die Uneinigkeit der Ratingagenturen kritisch gesehen (vgl. Rau/Yu 2022, Abschnitt 2.2.1 S. 6). Investorinnen und Investoren sowie Forschende sollten sich der Problematik der ESG-Bewertungen unterschiedlicher Ratingagenturen bewusst sein und diese bei Bewertungen bzw. Entscheidungsfindungen miteinfließen lassen (vgl. Rau/Yu 2022, Abschnitt 2.2.2 S. 7).

Weiters berichten sie in ihrem Artikel, dass immer mehr börsennotierte Unternehmen eigene CSR-Vorstandsausschüsse (CSR-Komitee) etablieren und jährlich Nachhaltigkeitsberichte zur Verfügung stellen (vgl. Rau/Yu 2022, Abschnitt 4.1 S. 12). ESG Aktivitäten im Unternehmen zu etablieren und diese offenzulegen kann einen positiven Einfluss auf die Finanzlage des Unternehmens haben. So führt ein verbessertes Umweltmanagement zu geringeren Kapitalkosten. Die Kosten für Bankdarlehen dürfen auch nicht außer Acht gelassen werden, die für nachhaltige Unternehmen im Vergleich zu Firmen mit CSR-Bedenken geringer ausfallen. Es wird festgehalten, dass Unternehmen mit etablierten ESG-Praktiken ein besserer Zugang zu Finanzmitteln ermöglicht wird (vgl. Rau/Yu 2022, Abschnitt 4.2.1.1 S. 16). Ob der Wert eines Unternehmens mit zunehmenden ESG/CSR Praktiken steigt, konnte mit der gesichteten Literatur nicht eindeutig beantwortet werden (vgl. Rau/Yu 2022, Abschnitt 4.2.2 S. 18).

Zusammenfassend kann festgehalten werden, dass auch Rau und Yu in ihrer Studie fehlende Definitionen bzw. einen Interpretationsspielraum kritisch anmerkten. Sie bezogen sich dabei auf die Wesentlichkeit von ESG Themen, die sich teilweise je nach Branche stark unterscheiden würden. Zu diesem Ergebnis kam auch die im Zuge dieser Masterarbeit durchgeführte Befragung von Nachhaltigkeitsexpert*innen. Der Interpretationsspielraum wurde von allen Befragten kritisch erwähnt. Rau und Yu kamen in ihrer Studie ebenfalls zu dem Schluss, dass die Qualität der ESG-Daten kritisch zu hinterfragen wäre und die unternehmensübergreifende Vergleichbarkeit mangelhaft sei. Diese mangelnde Vergleichbarkeit kann aus Sicht der Autorin aufgrund des Interpretationsspielraumes entstanden sein. Auch diese Erkenntnisse sind mit den Ergebnissen der vorliegenden Masterarbeit vergleichbar.

4.10.3 EU Studie: Study on the Non-Financial Reporting Directive 2020

Eine Studie der EU aus dem Jahr 2020 hat sich unter anderem mit der Frage nach den administrativen Kosten, die Unternehmen aufgrund der Durchführung der nichtfinanziellen Berichterstattung tragen müssen, beschäftigt. Es wurde festgestellt, dass die größten Kostentreiber von der Unternehmensgröße und der Unternehmensbranche abhängig sind. So haben große Unternehmen zwar aufgrund ihrer Komplexität einen hohen Aufwand in der Bearbeitung der nichtfinanziellen Berichterstattung, allerdings verfügten viele dieser Unternehmen bereits vor der NFRD über Erfahrung in Bezug auf nichtfinanzielle Berichterstattung und weisen eine entsprechende Unternehmensstruktur auf, daher halten sich die zusätzlich anfallenden Kosten für die nichtfinanzielle Berichterstattung im Rahmen. Ein anderes Bild zeigte sich für kleinere Unternehmen. Diese hatten oftmals mit höheren relativen Kosten zu kämpfen (vgl. Groen et al. 2020, S. 120).

Als weitere Kostentreiber für die Verwaltungskosten wurden die Verwendung von Rahmenbedingungen bzw. Berichtsstandards (werden von ca. 90 % der befragten Unternehmen verwendet) und die Menge an zu berichtenden Informationen genannt (vgl. Groen et al. 2020, S. 120).

Interessant war auch das Ergebnis der Befragung nach den Auswirkungen der nichtfinanziellen Berichterstattung auf die befragten Unternehmen. Wie Abbildung 4.26 zu entnehmen ist, äußerten zwei Drittel der befragten Unternehmen, dass es Auswirkungen gäbe im Ausmaß von „bis zu einem gewissen Grad“ bis hin zu „in vollem Umfang“ (vgl. Groen et al. 2020, S. 113).

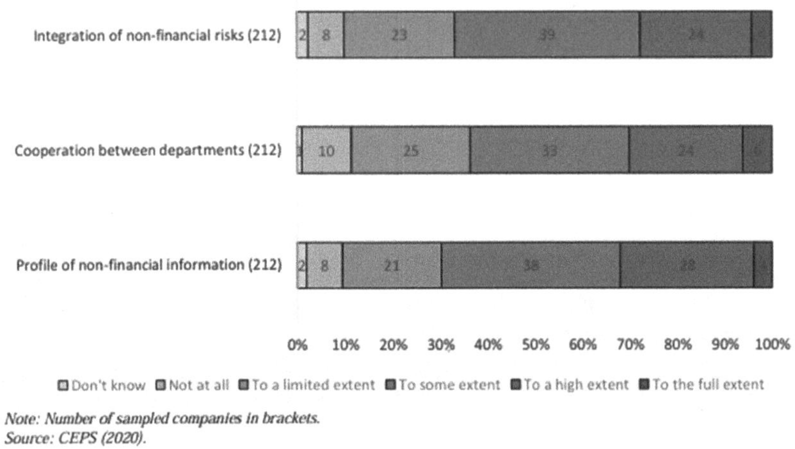

Abbildung 4.26 Darstellung der Auswirkungen auf befragte Unternehmen. (Quelle: Groen et al. 2020, S. 113)

Von den befragten Unternehmen wurden Anpassungen ihrer bestehenden internen Prozesse und Praktiken erwähnt. So wurde die Sensibilisierung der Belegschaft und dem Top-Management hinsichtlich der Nachhaltigkeitsthemen für die nichtfinanzielle Berichterstattung genannt. Hierfür sei eine bessere Einbeziehung des Vorstandes, bessere Einbeziehung der Stakeholder*innen und Mitarbeiter*innen auf allen Ebenen, bessere abteilungsübergreifende Kommunikation und die Errichtung entsprechender Gremien und Arbeitsgruppen erforderlich (vgl. Groen et al. 2020, S. 113).

Die Harmonisierung der Informationen wurde in diesem Zusammenhang auch erwähnt. So müssen alle Risiken und Auswirkungen hinsichtlich ihrer finanziellen und nichtfinanziellen Aspekte konsolidiert werden und der Datenfluss und Informationsaustausch abteilungsübergreifend verstärkt werden. Ein weiterer wichtiger Punkt ist die Harmonisierung der Prozesse. Darunter fallen unter anderem die Formalisierung der Rollen und Sicherstellung einer strukturierten Arbeit im gesamten Unternehmen, die Verbesserung der Kommunikation innerhalb der Gruppe und zu den Tochtergesellschaften und die Vorgabe von standardisierten Erwartungen in allen Märkten, um die Effizienz der nichtfinanziellen Berichterstattung zu erhöhen. Ebenfalls essentiell ist die Anpassung der langfristigen Vision und die stärkere Integration von Nachhaltigkeit in der Unternehmensstrategie (vgl. Groen et al. 2020, S. 113).

Die Frage nach dem Aufwand wurde von Schäfer in seinem Artikel beleuchtet. Demnach müssen viele Versicherungen, Finanzinstitute und Altersvorsorge einen zusätzlichen großen regulatorischen Aufwand, durch die Vorgaben der EU-Taxonomie Verordnung, bewältigen. Auch die, durch die CSRD-Richtlinie hervorgerufenen regulatorischen Belastungen für die Unternehmen und in weiterer Folge auch KMU, werden als ressourcenbelastend eingestuft (vgl. Schäfer 2024, S. 51).

Die Erkenntnisse der im Zuge von der EU durchgeführten Studie decken sich mit den Ergebnissen der Befragungen für die vorliegende Masterarbeit. So weisen die Nachhaltigkeitsexpert*innen im Zuge der durchgeführten Interviews auf gestiegene Kosten hin. Diese werden unter anderem als Personalkosten, Prüfungskosten und Softwarekosten tituliert. Im Zuge der umgesetzten Maßnahmen wurde ebenfalls darauf hingewiesen, dass bestehende Prozesse angepasst werden sollten bzw. angepasst wurden. Diese Erkenntnis deckt sich ebenfalls mit der EU Studie. Die Frage nach dem Aufwand wurde ebenfalls im Zuge der Masterarbeit erfragt. Auch hier waren die Aussagen eindeutig, dass der Aufwand zugenommen habe. Das deckt sich mit der Erkenntnis von Schäfer.

4.10.4 Studie der Task Force 2020; Umfrage von 2018

Die Task Force verwies in ihrem Statusbericht 2020 auf eine Umfrage, die Ende 2018 durchgeführt wurde, um den Status der Umsetzung ihrer Empfehlung und den daraus resultierenden Herausforderungen aufzuzeigen. Die Umfrage wurde an 3000 Unternehmen und Organisationen geschickt. Die Rückmeldungen waren gering mit nur 485 Antworten. Die im Zuge dieser Umfrage am stärksten adressierten Herausforderungen waren (vgl. TCFD 2020, S. 46):

- Governance: 49 % der Befragten geben an, dass es schwierig ist das Thema Klima im Bereich Governance offenzulegen, da Klima in den Prozessen eingebettet ist,
- Strategie: 46 % der Befragten geben an, dass es schwierig ist Szenarios offenzulegen, da diese ebenfalls vertrauliche Geschäftsinformationen beinhalten,
- Risikomanagement: 36 % der Befragten geben an, dass klimabezogene Themen Teil des Risikomanagement-Prozesses sind und es demnach nicht erforderlich ist, diese Risiken gesondert offenzulegen,
- Kennzahlen und Ziele: 42 % der Befragten geben an, dass standardisierte Kennzahlen für die Branchen fehlen (vgl. TCFD 2020, S. 46).

Um diese Umfrageergebnisse besser zu verstehen wurden in weiterer Folge mit 13 Umfrageteilnehmer*innen Interviews durchgeführt, bezogen auf die Themen Governance-Empfehlungen und Risikomanagement-Empfehlungen. Die ersten Herausforderungen waren zu dem Zeitpunkt der Interviews, welche ca. 1 Jahr nach der Umfrage stattfanden, bereits erledigt, da die Unternehmen in der Zwischenzeit an Erfahrung bzgl. nichtfinanzieller Berichterstattung gewinnen konnten. Der zweite Themenblock an Herausforderungen bezog sich auf Missverständnisse bzw. Missinterpretationen der Governance und Risikomanagement-Empfehlungen. Mehr als die Hälfte der Interviewten gaben an, dass sie die Empfehlungen so verstanden hätten, dass Unternehmen getrennte Prozesse benötigen würden für klimabezogene Governance bzw. Risikomanagement-Herausforderungen. Die Task Force hat im Anschluss ihrer Empfehlungen klargestellt, dass keine getrennten Prozesse erforderlich seien (vgl. TCFD 2020, S. 47).

Bezogen auf das Thema Strategie und der kritischen Sichtweise einiger Unternehmen, Szenarien könnten sensible Daten beinhalten, vertritt die Task Force den Vorschlag, Unternehmen könnten in diesem Fall schrittweise diese Daten offenlegen. Zu Beginn könnten umfassendere qualitative Informationen offengelegt werden, welche in weiter Folge zunehmend präzisiert und über die Zeit mit quantitativen Daten bestückt werden würden (vgl. TCFD 2020, S. 50).

Die Task Force hebt in ihrem Statusbericht 2020 hervor, wie wichtig es für Investoren und andere Interessensgruppen ist, dass Unternehmen ihre relevanten, spezifischen, klimabezogenen Kennzahlen und Ziele offenlegen. Sie weisen darauf hin, dass es zahlreiche Organisationen gibt, die Unternehmen dabei unterstützen die TCFD Empfehlungen zu implementieren und relevante Kennzahlen zu identifizieren. Als Beispiel wird in dem Statusbericht 2020 der World Business Council for Sustainable Development genannt (vgl. TCFD 2020, S. 51). Anhang 3 des Statusberichts 2020 zeigt wie viel Prozent der Unternehmen der jeweiligen Industriebranche ihre Offenlegungen gemäß TCFD Empfehlungen umgesetzt haben. Verglichen wurden die Jahre 2017, 2018 und 2019. Es ist zwar in allen Branchen in den TCFD Kategorien Governance, Strategie, Risikomanagement und Kennzahlen & Zielen ein Zuwachs der Unternehmen, die dieser Offenlegung nachkommen zu verzeichnen, allerdings wurde damals schon festgestellt, dass deutlich mehr Unternehmen ihrer Offenlegungspflicht nachkommen sollten (vgl. TCFD 2020, S. 81 – S. 89).

Interessant an der Studie der Task Force von 2020 ist, dass in gewisser Weise der Interpretationsspielraum kritisch angemerkt wird. So wurden teilweise die Vorgaben missinterpretiert, wie im Fall der klimabezogenen Risikoanalyse, die kein eigenständiges Dokument sein muss, sondern Teil der Risikomatrix sein sollte. Bei der Frage der offenzulegenden relevanten Kennzahlen, gibt es zahlreiche Organisationen, die Unternehmen dabei helfen sollen, die relevanten Themen zu identifizieren. Das ist ein weiteres Beispiel, dass das Thema für Unternehmen, sofern das Know How noch nicht gänzlich vorhanden ist, alleine schwer umsetzbar ist.

Auch mit der aktuell durchgeführten Befragung, die ca. sechs Jahre nach der Umfrage der Task Force Studie durchgeführt wurde, ist der Interpretationsspielraum noch immer ein Thema und stellt Unternehmen vor große Herausforderungen. Auch die fehlenden branchenspezifischen Kennzahlen wurden im Zuge der Interviews genannt, und wurden auch im Zuge von der Task Force durchgeführten Studie thematisiert.

5 Fazit und Ausblick

Diese Masterarbeit beschäftigt sich mit Herausforderungen, die im Zuge der Umsetzung der Corporate Sustainability Reporting Directive (CSRD-Richtlinie) in großen Industrieunternehmen auftreten und der Frage, wie gut diese Unternehmen auf die Nachhaltigkeitsberichterstattung gem. CSRD-Richtlinie vorbereitet sind. Es wurde eine Analyse nichtfinanzieller Erklärungen ausgewählter Industrieunternehmen durchgeführt. Diese wurde im Abschnitt 3.6 ausführlich betrachtet. So war feststellbar, dass große Industrieunternehmen, die bereits gemäß Nachhaltigkeits- und Diversitätsverbesserungsgesetz (NaDiVeG) der Berichtspflicht für nichtfinanzielle Erklärungen unterlagen, gut auf die Nachhaltigkeitsberichterstattung gemäß CSRD-Richtlinie vorbereitet sind. Alle betrachteten Unternehmen berichteten gemäß GRI Standards. Diese stellten, wie der Literaturrecherche zu entnehmen war, die Basis für die Erstellung der European Sustainability Reporting Standards dar. Anzumerken ist, dass die Nachhaltigkeitsberichterstattung gemäß CSRD-Richtlinie umfangreicher ist, daher müssen mehr Nachhaltigkeitsaspekte in die nächste Nachhaltigkeitsberichterstattung aufgenommen und bewertet werden.

Auch die im Zuge der Masterarbeit durchgeführte qualitative Analyse (Kapitel 4) belegt, dass bereits viele Maßnahmen umgesetzt wurden, allerdings Unternehmen auch noch vor vielen Herausforderungen stehen. Als große umgesetzte Maßnahme ist die Schaffung der Rolle des Nachhaltigkeitsmanagements am C-Level zu nennen. Es ist zwar diese Umsetzung gemäß CSRD-Richtlinie nicht zwingend erforderlich, da lediglich eine Beschreibung der Rolle gefordert wird, allerdings legen die großen Unternehmen oftmals diese Vorgabe strenger aus, aufgrund der Wertigkeit von Nachhaltigkeitsthemen und auch der Notwendigkeit die Unternehmensstrategie entsprechend anzupassen. Das hat den positiven

K. Schiffleitner, *Die Umsetzung der Corporate Sustainability Reporting Directive*, BestMasters, https://doi.org/10.1007/978-3-658-47608-3_5

Effekt, dass die Betrachtung von Nachhaltigkeit fixer Bestandteil der Unternehmenstätigkeit ist und das Bewusstsein der Mitarbeiter*innen aller Ebenen gestärkt wird.

Als größte erforderliche Änderung zur bisher durchgeführten Nachhaltigkeitsberichterstattung kann, aus Sicht der Autorin dieser Masterarbeit, die Betrachtung der vor- und nachgelagerten Wertschöpfungskette genannt werden, da bisher dazu kaum Daten in den nichtfinanziellen Berichten zu finden sind. Des Weiteren haben die Befragungen ergeben, dass die Sammlung von externen Daten Unternehmen vor Herausforderungen stellt. Die Beschaffung und Qualität der internen Daten waren auch ein großes Thema für die befragten Industrieunternehmen, da vor allem große Unternehmen vor der Herausforderung stehen, diese Daten konzernweit zu konsolidieren. Eine konzernweite Softwarelösung sollte implementiert werden, um ressourcenschonend vorgehen zu können und Fehler zu vermeiden.

Nachbesserungen sind auch für die Wesentlichkeitsanalyse in Bezug auf die geforderte Berücksichtigung der doppelten Wesentlichkeit (Inside-Out und Outside-In-Perspektive) für Risiken, Auswirkungen und Chancen erforderlich. Für die Wesentlichkeitsanalyse sollen Stakeholder*innen involviert werden. Dies erfolgt derzeit unterschiedlich ausführlich. Interessant ist in diesem Zusammenhang die Erkenntnis von Baumüller, die er in seinem Fachartikel festhielt. So stelle die Wesentlichkeitsanalyse den ersten Schritt zur Nachhaltigkeitsberichterstattung dar. Für große Konzerne hielt er fest, dass die Durchführung der Wesentlichkeitsanalyse, diese vor große Herausforderungen stellen könnte, da der erforderliche Detaillierungsgrad nicht mit dem Detaillierungsgrad der Finanzberichterstattung vergleichbar sei. Ein Überblick der Geschäftsbeziehungen müsse erlangt werden, damit in einem darauffolgenden Schritt mit der umfassenden Datenerhebung gestartet werden könne. Die Wesentlichkeitsanalyse sei im Bottom-up Prinzip durchzuführen und ein Kernelement stelle der Stakeholder*innen-Dialog dar (vgl. Baumüller 2024b, S. 33).

Die CSRD-Richtlinie beeinflusst die Risikoanalyse des Unternehmens ebenfalls, da kurz-, mittel- und langfristige Risiken und Chancen zu bewerten sind und die Risikoanalyse um Nachhaltigkeitsaspekte erweitert werden muss. Wie sich im Zuge der Befragungen herausstellte, konnte die Risikoanalyse noch nicht in allen befragten Industrieunternehmen entsprechend angepasst werden.

Einen Schmerzpunkt stellt der Interpretationsspielraum dar, der sowohl in der CSRD-Richtlinie als auch ESRS-Verordnung zu finden ist. Er führte zu Ressourcenverschwendung durch unterschiedliche Sichtweisen von Beratungsunternehmen und Wirtschaftsprüfung. Aus diesem Grund wird die frühzeitige

Absprache mit der zuständigen Wirtschaftsprüfung derzeit als besonders wichtig empfunden.

Abschließend ist das Berichtsformat anzusprechen. Gemäß CSRD-Richtlinie hat die nichtfinanzielle Erklärung Teil des Lageberichts des Unternehmens zu sein, d. h. der Bericht muss finanzielle und nichtfinanzielle Themen abdecken. Wie im Zuge der Analyse der Geschäftsberichte ersichtlich war, wurde das bei der Nachhaltigkeitsberichterstattung des vergangenen Geschäftsjahres noch nicht überall umgesetzt. Im Zuge der Befragungen wurde festgestellt, dass noch nicht überall eindeutig festgelegt wurde, wie der Ganzheitsbericht für das laufende Geschäftsjahr dargestellt werden soll. Es wurde der große Umfang und die Nachvollziehbarkeit für Stakeholder*innen angezweifelt und Überlegungen gestartet, eventuell zwei Ganzheitsberichte zu veröffentlichen, wobei einer alle erforderlichen Daten enthalten wird und der zweite besser aufbereitet und leichter lesbar für Stakeholder*innen sein sollte. An dieser Stelle möchte die Verfasserin dieser Masterarbeit auf die bereits offengelegten Nachhaltigkeitsberichte von Industrieunternehmen verweisen, die gute Beispiele liefern, um die Nachvollziehbarkeit und Datenauffindung zu erleichtern. Eine Überschriftenwahl gemäß der European Sustainability Reporting Standards und die Erstellung eines ESRS-Content Indexes, kann hier sicherlich ebenfalls für Erleichterung sorgen.

Für diese Masterarbeit kann festgehalten werden, dass die Auswahl der befragten Expertinnen und Experten zielführend war. Die Inkludierung „allgemeiner" Nachhaltigkeitsexpert*innen ermöglichte einen breiteren Blickwinkel, der eine gute Ergänzung zu den Nachhaltigkeitsexperten und Nachhaltigkeitsexpertinnen, die in Industrieunternehmen tätig sind, darstellte. Die ausführlichen und ehrlichen Antworten der Interviewteilnehmer*innen, sind anhand der Fülle an genannten Themen nachvollziehbar. Die Auswertung wurde mittels der Software MAXQDA Analytics Pro (24.3.0) durchgeführt, welche sich als sehr hilfreich für die strukturierende qualitative Inhaltsanalyse nach Mayring herausstellte. Die strukturierende qualitative Inhaltsanalyse ist geeignet für die Auswertung der Interviews, da die Rohdaten nicht verändert, sondern lediglich in Kategorien (sogenannte Codes) unterteilt wurden. Dadurch ist die Objektivität bestmöglich gewährleistet. An dieser Stelle sei auch Verbesserungspotenzial erwähnt. Durch die starke Untergliederung der Kategorien in Subkategorien mit bis zu fünf Ebenen, konnte keine Zusammenhangsanalyse mittels MAXQDA Analytics Pro (24.3.0) durchgeführt werden. Diese starke Aufteilung in Subkategorien hätte eine Intercoder- bzw. Intracoderübereinstimmung erschwert, da dadurch das Kategoriensystem umfangreich und komplex wurde.

Die Masterarbeit beleuchtete die Umsetzung der CSRD-Richtlinie in großen Industrieunternehmen. Nicht berücksichtigt wurde die Umsetzung für Klein- und

Mittelunternehmen. Diese sind erst zu einem späteren Zeitpunkt berichtspflichtig und können von den Erfahrungen der anderen Unternehmen, die bereits jetzt berichtspflichtig sind, lernen. Wichtig wäre allerdings für diese Unternehmen, sich bereits jetzt mit dem Thema Nachhaltigkeitsberichterstattung zu beschäftigen, da sie, aufgrund der Vorgabe der Inkludierung der vor- und nachgelagerten Wertschöpfungskette, von großen Unternehmen zur Datenbereitstellung aufgefordert werden könnten.

In Zukunft werden jedes Jahr weitere Unternehmen unter die Berichtspflicht der Corporate Sustainability Reporting Directive (CSRD-Richtlinie) fallen, da die Implementierung in drei Stufen erfolgt. So sind Klein- und Mittelunternehmen ab dem Geschäftsjahr 2026 berichtspflichtig. Eine genaue Unterteilung ist Tabelle 3.1 zu entnehmen. Die Vorgaben für KMU werden weniger umfangreich sein, wie für große Unternehmen und eine entsprechende Vorschrift (ESRS LSME Standards) ist in Erstellung. Anzumerken ist auch, dass die im Zuge der CSRD-Richtlinie genannten Auslassungsmöglichkeiten nur für das erste, bzw. in manchen Fällen, für die ersten drei Berichtsjahre gelten. Eine vollumfängliche Umsetzung der CSRD-Richtlinie und die Beschaffung aller erforderlichen Daten, sollte frühzeitig in Angriff genommen werden. Die sektorspezifischen European Sustainability Reporting Standards sind noch nicht erstellt und sollten in den nächsten Jahren zur Verfügung gestellt werden. Das könnte möglicherweise erneut erforderliche Anpassungen der Nachhaltigkeitsberichterstattung gem. CSRD-Richtlinie zur Folge haben.

5.1 Beantwortung der Forschungsfragen

Die vorliegende Masterarbeit hat zum Ziel zwei Forschungsfragen zu beantworten. So ist einerseits die Frage zu klären, wie gut Unternehmen bereits auf die CSRD-Richtlinie vorbereitet sind, was durch die Beantwortung der ersten Forschungsfrage *„Inwiefern müssen Geschäftsberichte des vergangenen Geschäftsjahres am Beispiel ausgewählter großer Industrieunternehmen um Nachhaltigkeitsaspekte erweitert werden, um den Vorgaben der CSRD-Richtlinie zu entsprechen?“ (FF1)* möglich ist. Anderseits sollen die Herausforderungen und Probleme, die sich mit der Umsetzung der CSRD-Richtlinie ergeben, aufgezeigt werden. Das erfolgt durch die Beantwortung der zweiten Forschungsfrage *„Welche Probleme bzw. Herausforderungen werden im Zuge der geplanten Umsetzung der CSRD-Richtlinie identifiziert?“ (FF2).*

Um die erste Forschungsfrage zu beantworten wurden die nichtfinanziellen Erklärungen ausgewählter Industrieunternehmen analysiert. Es konnte festgestellt werden, dass die untersuchten Unternehmen, aufgrund der Berichterstattung gemäß NaDiVeG und der Verwendung von GRI Standards, bereits gut auf die Vorgaben der CSRD-Richtlinie vorbereitet sind. Verbesserungspotenzial und neu zu berücksichtigende Themen, wie z. B. die Betrachtung der vor- und nachgelagerten Wertschöpfungskette, konnten identifiziert werden. Die Bearbeitung und ausführliche Beantwortung der ersten Forschungsfrage erfolgte in Abschnitt 3.6.

Für die Beantwortung der zweiten Forschungsfrage wurden Befragungen von Nachhaltigkeitsexpert*innen mithilfe eines Interviewleitfadens durchgeführt. Die anschließend durchgeführte strukturierende qualitative Inhaltsanalyse gab Auskunft zu genannten Herausforderungen und Problemen. Inhaltliche Unterschiede beim Vergleich der beiden befragten Expert*innengruppen, konnten nicht festgestellt werden. Eine Vielzahl an Herausforderungen und Verbesserungsvorschlägen wurde identifiziert und ausführlich im empirischen Teil dieser Masterarbeit (Kapitel 4) dokumentiert.

Beide Forschungsfragen konnten im Zuge dieser Masterarbeit beantwortet werden. Offene Fragen, die mit den Forschungsfragen zusammenhängen, blieben nicht zurück.

An dieser Stelle werden die im Vorfeld aufgestellten Hypothesen bewertet.

Für die erste Forschungsfrage wurde folgende Hypothese aufgestellt: *„Die Nachhaltigkeitsthemen, die in den bisherigen Geschäftsberichten dokumentiert sind, sind nicht ausreichend, um den Vorgaben der CSRD-Richtlinie zu entsprechen.“* Diese Aussage konnte verifiziert werden. Die bisher durchgeführten Nachhaltigkeitsberichterstattungen enthalten noch nicht alle gem. CSRD-Richtlinie geforderten Nachhaltigkeitsaspekte. Wobei an dieser Stelle anzumerken ist, dass viele der geforderten Punkte bereits berücksichtigt wurden.

Für die zweite Forschungsfrage wurden drei Hypothesen aufgestellt. So beschäftigt sich die erste Hypothese mit der Aussage: *„Die Hauptproblematik zur Umsetzung der CSRD-Richtlinie wird in der Durchführung der Wesentlichkeitsanalyse (doppelte Wesentlichkeit) gesehen.“* Dieser Hypothese kann nicht zur Gänze zugestimmt werden. Die Wesentlichkeitsanalyse (doppelte Wesentlichkeit) stellt das Grundelement der Nachhaltigkeitsberichterstattung dar. Sie ist bereits in vielen der befragten Unternehmen verbreitet und zum Teil auch durch Wirtschaftsprüfer*innen abgenommen. Als problematischer hat sich die Datensammlung (interne als auch externe Daten) herausgestellt.

Die zweite Hypothese der zweiten Forschungsfrage beschäftigt sich mit folgender Annahme: *„Eine weitere Herausforderung zur Umsetzung der CSRD-Richtlinie wird in der Datenerhebung (interne Daten als auch Daten von Liefe-rant*innen) gesehen."* Diese Aussage konnte eindeutig verifiziert werden. Die Datenerhebung, sowohl interner als auch externer Daten, stellt Unternehmen vor große Herausforderungen. Oftmals ist der Einsatz von Softwarelösungen erst im Aufbau.

Für die letzte Hypothese der zweiten Forschungsfrage ist der Aufwand zu betrachten: *„Der Aufwand zur Durchführung der Nachhaltigkeitsberichterstellung ist hoch und es fehlen teilweise branchenübliche Kennzahlen bzw. Standards."* Auch diese Hypothese konnte bestätigt werden. Die durch die Befragungen gewonnen Erkenntnisse zeigen deutlich, dass der Aufwand erheblich zugenommen hat und nur durch zusätzliches Personal zu bewerkstelligen ist. Das Fehlen der branchenspezifischen Standards wurde auch mehrmals erwähnt.

5.2 Festlegung von Maßnahmen für die Nachhaltigkeitsberichterstattung gem. CSRD-Richtlinie

Die Beantwortung der ersten Forschungsfrage erfolgte in Abschnitt 3.6.4.1. Wie diesem Kapitel zu entnehmen ist, sind Ergänzungen für die Nachhaltigkeitsberichterstattung erforderlich, um den Vorgaben der CSRD-Richtlinie zu entsprechen. Die dafür notwendigen umzusetzenden Maßnahmen sind der Tabelle 5.1 zu entnehmen.

Tabelle 5.1 Erforderliche Ergänzungen für Nachhaltigkeitsberichterstattung

Nummer	Maßnahme	Verantwortlich
1	Nichtfinanzielle Erklärung als Teil des Lageberichts (Vorgabe zur Umsetzung).	Oberes Management
2	Erstellung bzw. Überarbeitung der Wesentlichkeitsanalyse unter Berücksichtigung der doppelten Wesentlichkeit und unter Einbeziehung relevanter Stakeholder*innen. Hinweis: Erforderliche Informationen über Auswirkungen, Chancen und Risiken auf Landesebene, Ebene der Tochtergesellschaft bzw. signifikante Vermögenswerte untergliedern. Das zeigt den hohen vorzuweisenden Detailierungsgrad der Wesentlichkeitsanalyse (vgl. Baumüller 2024b, S. 31–32).	Nachhaltigkeitsmanagement
3	Berücksichtigung der vor- und nachgelagerten Wertschöpfungskette (Vorgabe zur Umsetzung).	Oberes Management
4	Aufnahme wesentlicher Nachhaltigkeitsaspekte der vor- und nachgelagerten Wertschöpfungskette in die nichtfinanzielle Erklärung.	Nachhaltigkeitsmanagement
5	Überarbeitung der Risikoanalyse: Bestimmung der kurz-, mittel- und langfristigen Risiken, Auswirkungen und Chancen sowie Ergänzung der wesentlichen Nachhaltigkeitsaspekte.	Risikomanagement unter Zusammenarbeit mit Nachhaltigkeitsmanagement
6	Ausführlichere Erklärung der Rolle der Verwaltungs-, Aufsichts- und Leitungsorgane inkl. Beschreibung des Anreizsystems für Nachhaltigkeitsaspekte.	Nachhaltigkeitsmanagement
7	Empfehlung: Überschriftenwahl für Nachhaltigkeitsberichterstattung gem. ESRS-Verordnung und Erstellung eines ESRS-Content Indexes zur leichteren Auffindbarkeit der relevanten Nachhaltigkeitsdaten.	Nachhaltigkeitsmanagement

(Quelle: eigene Darstellung, 2024)

Die in Tabelle 5.1 beschriebenen Maßnahmen beziehen sich ausschließlich auf die Erkenntnisse, die durch die Analyse der Nachhaltigkeitsberichte gewonnen werden konnten.

Die Handlungsempfehlungen, die Abschnitt 5.3 zu entnehmen sind, basieren auf den Erkenntnissen beider Forschungsfragen (FF1 und FF2) und sollten ebenfalls beachtet werden, um gut auf die Umsetzung der CSRD-Richtlinie vorbereitet zu sein.

5.3 Handlungsempfehlungen

Die im Zuge der empirischen Untersuchung durchgeführten Interviews mit Nachhaltigkeitsexpert*innen haben einige Herausforderungen und Verbesserungsvorschläge zu Tage gebracht. Des Weiteren konnten durch die Analyse der Geschäftsberichte und des Nachhaltigkeitsberichts Themen identifiziert werden, die für die Nachhaltigkeitsberichterstattung gem. CSRD-Richtlinie aufzunehmen sind. Basierend auf den Erkenntnissen, die durch die Beantwortung beider Forschungsfragen (FF1 und FF2) erlangt werden konnten, wurden Handlungsempfehlungen für große Unternehmen abgeleitet, die möglicherweise mit ihrer Umsetzung der Vorgaben der CSRD-Richtlinie noch nicht ganz so weit vorangeschritten sind. In weitere Folge könnten auch kleinere Unternehmen, die für sie sinnvoll erscheinenden Empfehlungen, für ihr Unternehmen umsetzen.

Die Handlungsempfehlungen für Unternehmen sind Tabelle 5.2 zu entnehmen. An dieser Stelle sei auch noch auf die Maßnahmen (Tabelle 5.1), die aufgrund der Analyse der Geschäfts- bzw. Nachhaltigkeitsberichte abgeleitet werden konnten, verwiesen.

Tabelle 5.2 Handlungsempfehlungen für große Unternehmen

Nummer	Handlungsempfehlung (große Unternehmen)	Verantwortlich
1	Aufstockung von Personal, um gestiegenen Aufwand abdecken zu können.	Oberes Management
2	Schaffung einer Nachhaltigkeitsstelle am C-Level. Das gewährleistet die beste und direkteste Kommunikation mit Entscheidungsträgern und zeigt der gesamten Belegschaft die Wichtigkeit des Themas Nachhaltigkeit.	Oberes Management
3	Gewährleistung der Schulung aller Mitarbeiter*innen betreffend Nachhaltigkeit – Awareness schaffen. Grundvoraussetzung für die Verfügbarkeit und Qualität der für die Nachhaltigkeitsberichterstattung erforderlichen Daten.	Oberes Management
4	Verankerung des Themas Nachhaltigkeit in der Unternehmensstrategie.	Oberes Management
5	Bereitstellung / Aufstockung von Budget für umzusetzende Nachhaltigkeitsmaßnahmen.	Oberes Management
6	Bewilligung der Anschaffung einer konzernweiten Softwarelösung für die Konsolidierung von Daten und Möglichkeit der (automatischen) Berichterstellung.	Oberes Management
7	Bewilligung Projekte zu starten, um bestehende Prozesse zu analysieren und um Nachhaltigkeitsaspekte zu erweitern (z. B. Lieferant*innen-Audits, Risikoanalyse, Wesentlichkeitsanalyse, Stakeholder*innen-Analyse und Stakeholder*innen-Austausch)	Oberes Management
8	Aufsetzen eines Prozesses um sicherzustellen qualitative bzw. quantitative Daten der wesentlichen vor- und nachgelagerten Wertschöpfungskette zu erhalten.	Nachhaltigkeitsmanagement
9	Relevante kleinere Lieferant*innen unterstützen, damit diese, sofern die Vorgaben der CSRD-Richtlinie noch neu sind, ein Verständnis aufbauen und in weiterer Folge die erforderlichen Daten in der richtigen Qualität zur Verfügung stellen können.	Nachhaltigkeitsmanagement

(Fortsetzung)

Tabelle 5.2 (Fortsetzung)

Nummer	Handlungsempfehlung (große Unternehmen)	Verantwortlich
10	Aufsetzen eines Prozesses, um Beschaffung und Qualität interner Daten sicherzustellen (inkl. einheitliche Definition und Berechnung von Kennzahlen)	Nachhaltigkeitsmanagement
11	Möglichkeit der Weiterbildung in Richtung Nachhaltigkeitsberichterstattung gem. CSRD-Richtlinie in Erwägung ziehen und mit oberen Management abstimmen.	Nachhaltigkeitsmanagement
12	Austausch mit eigener Wirtschaftsprüfung und sofern nötig mit Beratungsunternehmen. Dabei ist auf eine einheitliche Betrachtung der Vorgaben und einem gemeinsamen Verständnis der zu erbringenden Daten zu achten.	Nachhaltigkeitsmanagement
13	Überlegungen zum Berichtsformat; eventuell unter Abstimmung mit anderen Nachhaltigkeitsmanager*innen bzw. der Wirtschaftsprüfung, wie die beste Möglichkeit der Darstellung dieses umfangreichen Ganzheitsberichts aussehen könnte.	Nachhaltigkeitsmanagement

(Quelle: eigene Darstellung, 2024)

Um das Unternehmen langfristig konkurrenzfähig weiterführen zu können, ist es wichtig, laufend Daten über Energieverbräuche, Lieferketten und Produktionsprozesse zu sammeln, klassifizieren und zu analysieren. Somit ist es Unternehmen möglich, Erfolgspotenziale frühzeitig zu erkennen und dementsprechend die Nachhaltigkeit des Unternehmens zu steigern (vgl. Rollenmüller 2023, S. 39). An dieser Stelle darf ein von Baumüller in seinem Fachartikel „IFRS Sustainability Disclosure Standards" genannter Hinweis nicht außer Acht gelassen werden. So können Nachhaltigkeitsaspekte, die gemäß CSRD-Richtlinie als wesentlich eingestuft und somit berichtspflichtig sind, bei einer Bewertung gemäß IFRS SDS als unwesentlich angesehen werden. Dieser Umstand hat zur Folge, dass Unternehmen, die eine Nachhaltigkeitsberichterstattung gemäß beider Standards durchführen müssen, vor großen Herausforderungen stehen. Ein modularer Aufbau der Nachhaltigkeitsberichterstattung kann hier möglicherweise Abhilfe schaffen (vgl. Baumüller 2023b, S. 132–133 und S. 136).

In der Mitteilung „Der europäische Grüne Deal" wird darauf verwiesen, dass die Chancen aufgrund des digitalen Wandels genutzt werden müssen, da das eine wesentliche Voraussetzung darstellt, für die Umsetzung der Ziele des europäischen Grünen Deals (vgl. Der europäische Grüne Deal 2019, S. 8).

Die Herausforderungen für die Umsetzung der Vorgaben der CSRD-Richtlinie sind vielseitig. Um Unternehmen bestmöglich bei der Umsetzung zu unterstützen, wären auch Anpassungen durch die EU bzw. EFRAG wünschenswert, wie den Handlungsempfehlungen in Tabelle 5.3 zu entnehmen sind.

Tabelle 5.3 Handlungsempfehlungen für EU / EFRAG

Nummer	Handlungsempfehlung (EU / EFRAG)
1	Interpretationsspielraum reduzieren durch Festlegung eindeutiger Definitionen.
2	Q&A Guidelines in strukturierterer Form herausgegeben und in unterschiedlichen Sprachen zur Verfügung stellen.
3	Eine bessere deutsche Übersetzung der CSRD-Richtlinie und ESRS-Verordnung zur Verfügung stellen.
4	Bereitstellung einer Softwarelösung (ESG-Tool), um für Vergleichbarkeit zu sorgen.
5	Bereitstellung von Anleitungen und Beschreibungen zu den Themenbereichen: Durchführung von Lebenszyklusanalysen, Herangehensweise zur wissenschaftlichen Bewertung von Impacts.
6	Bereitstellung von Musterbeispielen zu Nachhaltigkeitsberichten und Beispiel zur Taggingfähigkeit [Information dazu wie Daten (qualitative und quantitative) aufbereitet sein müssen, um taggingfähig zu sein].
7	Bereitstellung sektorspezifischer Standards so bald als möglich.
8	Heatmaps in Branchenstandards integrieren, damit feststellbar ist, welche Themen besonders relevant sind.
9	Zur Verfügung stellen von Branchenvorlagen bzw. Case Studies unter anderem zur Wesentlichkeitsanalyse.
10	Unterbindung von Auslassungsmöglichkeiten bestimmter Themen für kritische Branchen und die Verpflichtung genaue Datenquellen offenlegen zu müssen, um die Vergleichbarkeit zu erhöhen.

(Quelle: eigene Darstellung, 2024)

5.4 Ableitung von Hypothesen für künftige Forschung

Rückblickend kann bewertet werden, dass die, für die Beantwortung der beiden Forschungsfragen gewählten Methoden, zielführend waren. Die durchgeführten Erhebungen konnten aufzeigen, welche Nachhaltigkeitsaspekte in die Nachhaltigkeitsberichterstattung aufgenommen werden müssen, um der CSRD-Richtlinie zu entsprechen (erste Forschungsfrage). Weiters konnte eine große Anzahl an Herausforderungen und Verbesserungsvorschlägen, in Bezug auf die Umsetzung der CSRD-Richtlinie in großen niederösterreichischen Unternehmen, festgestellt werden (zweite Forschungsfrage). Die daraus abgeleiteten Maßnahmen und Handlungsempfehlungen können den Abschnitten 5.2 und 5.3 entnommen werden.

Aufgrund der Tatsache, dass die CSRD-Richtlinie europaweit Gültigkeit besitzt, liegt die Annahme nahe, dass, mit Ausnahme von branchenspezifischen Vorgaben, alle berichtspflichtigen großen Industrieunternehmen vor ähnlichen Herausforderungen stehen werden. Die Ergebnisse dieser Masterarbeit können demnach, aus Sicht der Autorin, auch auf andere große Industrieunternehmen, die in Europa tätig sind, umgelegt werden.

Zu Unterschieden kann es vermutlich aufgrund der Unternehmensgröße kommen. So könnten Lieferantinnen und Lieferanten, wenn es sich dabei um Klein- und Mittelunternehmen handelt, vor anderen Herausforderungen stehen, als große Unternehmen. Die Berichtspflicht gemäß CSRD-Richtlinie beginnt zwar für diese Unternehmen zu einem späteren Zeitpunkt, nachdem allerdings große Unternehmen Daten ihrer vor- und nachgelagerten Wertschöpfungskette offenlegen müssen, werden vermutlich KMU bereits vorzeitig mit dem Thema der Nachhaltigkeitsberichterstattung konfrontiert werden.

Glöckner rät in seinem Artikel „Die Megatrends 2024 im ESG-Bereich „Governance & Compliance“ mittelständischen Unternehmen, die ab dem Geschäftsjahr 01.Jan.2025 in die Berichtspflicht der CSRD-Richtlinie fallen, bereits jetzt (2024) mit der Durchführung der Wesentlichkeitsanalyse zu beginnen. So ist sichergestellt, dass der Umfang und die erforderlichen Inhalte des Nachhaltigkeitsberichts rechtzeitig bekannt sind. Unternehmen sollten auch rechtzeitig zusätzliche Ressourcen anschaffen, um den zusätzlichen Aufwand für die Nachhaltigkeitsberichterstattung abdecken zu können (vgl. Glöckner 2024, S. 32). Um nicht Gefahr zu laufen betreffend Greenwashing beschuldigt zu werden, sind Unternehmen gut beraten auf Verfahren (wie z. B. der Durchführung von Lebenszyklusanalysen) zurückzugreifen, um ihre getätigten Aussagen belegen zu können (vgl. Glöckner 2024, S. 34).

Mit diesem Hintergrund ergeben sich Möglichkeiten für weitere Studien. So könnte eine Befragung mit dem Fokus auf Klein- und Mittelunternehmen stattfinden. Die Frage nach Herausforderungen und Kostentreibern aus Lieferant*innen-Sicht von KMU wäre interessant zu klären und könnte mit den Ergebnissen, der im Zuge dieser Masterarbeit durchgeführten Studie, verglichen werden.

Im Zuge der Masterarbeit wurden Herausforderungen großer Industrieunternehmen in Zusammenhang mit der Nachhaltigkeitsberichterstattung betrachtet. Die Durchführung einer Befragung von großen Handelsunternehmen (wie z. B. Lebensmittelhandel Rewe, Aldi, Spar) könnte ebenfalls interessante Erkenntnisse liefern. Ein Vergleich der Ergebnisse zur Berichterstattung von Industrieunternehmen könnte im Anschluss angestrebt werden.

Eine nähere Betrachtung der Forderungen der EU-Taxonomie Verordnung und mögliche Auswirkungen auf die Kreditwürdigkeit von großen Unternehmen, wäre auch ein interessantes Untersuchungsfeld und wurde im Zuge der vorliegenden Masterarbeit nicht betrachtet.

Ein Thema, welches mit der Überarbeitung des Bundesgesetzes zu unlauteren Wettbewerb (UWG) an Bedeutung zunehmen wird, ist Greenwashing. Lt. Vortrag von Bruckmüller, gibt es seitens der EU-Kommission Vorschläge zur Änderung der Richtlinie 2005/29/EG und 2011/83/EU, mit dem Ziel Verbraucher*innen eine bewusste Kaufentscheidung zu ermöglichen, um nachhaltige Verbrauchsmuster zu fördern. Somit wird strenger kontrolliert damit Unternehmen zuverlässige Informationen bereitstellen, um die Irreführung von Verbraucher*innen zu unterbinden (vgl. Bruckmüller, WKO-OÖ Webinar 2024, o. S.). Dieser Umstand könnte Prozesse von Unternehmen beeinflussen, da vermutlich vermehrt Lebenszyklusanalysen und andere Instrumente erforderlich sein werden, um getätigte Aussagen zu beweisen. Das könnte ebenfalls ein interessantes Thema für eine Studie sein.

Wie diese Überlegungen zeigen, wird das Thema Nachhaltigkeit auch in Zukunft einen großen Stellenwert besitzen und Unternehmen sind gut beraten, sich damit auseinander zu setzen.

Sustainable Development Goals (SDGs) 6

Die SDGs werden ausführlich in Abschnitt 3.3.3.5 erklärt. Die Masterarbeit lässt sich den folgenden SDGs zuordnen (siehe Tabelle 6.1):

K. Schiffleitner, *Die Umsetzung der Corporate Sustainability Reporting Directive*, BestMasters, https://doi.org/10.1007/978-3-658-47608-3_6

Tabelle 6.1 Auswahl der durch die Masterarbeit betroffenen SDGs

		Ziel	Herausforderung	Begründung
☐		#1: Keine Armut (No poverty): Das Ziel ist es, die extreme Armut in all ihren Formen überall zu beenden.	• Living wages • Menschen sollen die gleichen Zukunftschancen haben. • jeder Mensch Zugang zu Möglichkeiten haben, um aus der Armut herauszukommen, zB durch Mikrokredite	
☐		#2: Kein Hunger (Zero hunger): Das Ziel ist es, den Hunger zu beenden, nachhaltige Landwirtschaft und bessere Ernährung zu fördern und Ernährungssicherheit zu garantieren.	• Betrachtung der gesamten Lieferkette • Kleinere Primärproduzenten • Risken hinsichtlich landwirtschaftlicher Produkte	
☒		#3: Gesundheit und Wohlergehen (Good health and wellbeing): Das Ziel ist es, Gesundheitssysteme zu stärken, Krankheiten zurückzudrängen und ein gesundes Leben für alle zu gewährleisten.	• Kosten für Volkswirtschaften und Unternehmen durch nichtübertragbare Krankheiten • Kosten auf Grund psychischer Gesundheitsprobleme in entwickelten Ländern • Verkehrsunfälle	Siehe 1) Im Zuge der betrieblichen Vorsorge müssen Unternehmen Gesundheits- und Sicherheitsvorschriften bereitstellen und auf deren Einhaltung achten.

(Fortsetzung)

Tabelle 6.1 (Fortsetzung)

		Ziel	Herausforderung	Begründung
☒		#4: Hochwertige Bildung (Quality education): Das Ziel ist es, hochwertige Bildung zu fördern und das lebenslange Lernen voranzutreiben.	• Bewusstseinsbildung für nachhaltige Entwicklung • Partnerschaften Unternehmen und Fachhochschulen • Einsatz von Fachkräften	Siehe 1) Mitarbeiter*innen müssen auf ihre Tätigkeiten eingeschult werden. Gewisse Schulungen (z. B. Sicherheitsunterweisungen, Code of Contact, usw.) werden jährlich aufgefrischt. Lebenslanges Lernen wird immer mehr zum Thema in großen Unternehmen und wird entsprechend gefördert.
☒		#5: Geschlechtergleichheit (Gender equality): Ziel ist es, die Gleichstellung der Geschlechter zu erreichen.	• Zugang zu qualifizierten Mitarbeiter*innen • Flexibilisierung und Work-life-Balance • Diversität in Führungsebenen	Siehe 1) Daten dazu sind in der Nachhaltigkeitsberichterstattung offenzulegen. Auch die EU-Taxonomie Verordnung fordert entsprechende Daten offenzulegen. Um kreditwürdig zu bleiben ist auf diesen Punkt Wert zu legen.

(Fortsetzung)

Tabelle 6.1 (Fortsetzung)

		Ziel	Herausforderung	Begründung
☒		#6: Sauberes Wasser und Sanitär-Einrichtungen (Clean water and sanitation): Das Ziel ist es, diese verfügbar zu machen und eine nachhaltige Bewirtschaftung von sauberem Wasser zu gewährleisten.	• Wasserverbrauch durch Industrien • Bessere Gesundheit durch Zugang zu Trinkwasser und Sanitärsversorgung • Folgen der Übernutzung und des Klimawandels • Betrachtung des gesamten industriellen Wasserkreislaufs	Siehe 2) Wäre die Nachhaltigkeitsberichterstattung bezugnehmend auf die EVN, könnte dieses SDG als erfüllt angesehen werden.
☒		#7: Bezahlbare und saubere Energie (Affordable and clean energy): Ziel ist es den Zugang zu nachhaltiger und bezahlbarer Energie für alle zu garantieren.	• Zugang zu Strom • Energieeffizienz • Erneuerbare Energie	Siehe 2) Wäre die Nachhaltigkeitsberichterstattung bezugnehmend auf die EVN, könnte dieses SDG als erfüllt angesehen werden.
☒		#8: Menschenwürdige Arbeit und Wirtschaftswachstum (Decent work and economic growth): Ziel ist es, ein dauerhaftes und nachhaltiges Wirtschaftswachstum mit menschenwürdiger Arbeit und Vollbeschäftigung zu fördern.	• Mehrwert für lokale Wirtschaft • Menschenrecht in der Lieferkette • Arbeitsplatzsicherheit	Siehe 1) Daten dazu sind in der Nachhaltigkeitsberichterstattung offenzulegen. Auch die EU-Taxonomie Verordnung fordert entsprechende Daten offenzulegen. Um kreditwürdig zu bleiben ist auf diesen Punkt Wert zu legen.

(Fortsetzung)

Tabelle 6.1 (Fortsetzung)

		Ziel	Herausforderung	Begründung
☒		#9: Industrie, Innovation und Infrastruktur (Industry, innovation and infrastructure): Ziel ist es, umweltfreundliche Verkehrsmittel zu fördern, die Infrastruktur auszubauen und nachhaltige Industrialisierung zu fördern.	• Adäquate und belastbare Infrastruktur • Zuverlässige und nachhaltige kommunale Dienstleistungen • Technologische Innovation, Forschung und Entwicklung	Siehe 1) Nachhaltige Industrialisierung zu fördern ist wichtig für Unternehmen, um langfristig bestehen zu können. Die Geschäftsprozesse sind entsprechend auszulegen und Innovationen umzusetzen.
☒		#10: Weniger Ungleichheiten (Reduced inequalities): Ziel ist es, die Ungleichheiten innerhalb und zwischen Ländern zu verringern und die Potenziale aller Menschen zu nutzen.	• Zugang zu finanziellen Services • Verfügbarkeit von Produkten und Services für einkommensschwache Haushalte	Siehe 1) Daten dazu sind in der Nachhaltigkeitsberichterstattung offenzulegen. Auch die EU-Taxonomie Verordnung fordert entsprechende Daten offenzulegen. Um kreditwürdig zu bleiben ist auf diesen Punkt Wert zu legen.
☐		#11: Nachhaltige Städte und Gemeinden (Sustainable cities and communities): Ziel ist es, Städte inklusiv und nachhaltig zu gestalten.	• Auswirkungen der Unternehmenstätigkeit auf die Stadt • Gebäude mit geringem ökologischen Fußabdruck • Mobilität der Mitarbeiter*innen	

(Fortsetzung)

Tabelle 6.1 (Fortsetzung)

		Ziel	Herausforderung	Begründung
☒		#12: Nachhaltige/r Konsum und Produktion (Responsible consumption and production): Ziel ist es, die Wirtschafts- und Lebensweisen innerhalb der natürlichen ökologischen Grenzen zu halten und Konsum und Produktion nachhaltig zu gestalten.	• Veränderungen der Unternehmensaktivitäten auf Grund von Ressourcenknappheit und Klimawandel • Reduktion der Kosten durch Ressourceneffizienz • Lebensmittelabfälle und –verluste entlang der Wertschöpfungskette	Siehe 1) Die Geschäftsprozesse sind in Richtung Nachhaltigkeit auszulegen und Innovationen umzusetzen. Um kreditwürdig zu bleiben ist auf diesen Punkt Wert zu legen.
☒		#13: Maßnahmen zum Klimaschutz (Climate action): Ziel ist es, umgehend Maßnahmen zur Bekämpfung des Klimawandels zu treffen.	• Chancen und Risiken durch Klimawandel • Treibhausgasemissionen • Energieeffizienz • Ökologische Investments	Siehe 1) Daten dazu sind in der Nachhaltigkeitsberichterstattung offenzulegen. Auch die EU-Taxonomie Verordnung fordert entsprechende Daten offenzulegen. Um kreditwürdig zu bleiben ist auf diesen Punkt Wert zu legen.
☐		#14: Leben unter Wasser (Life below water): Ziel ist es, die Meeresressourcen nachhaltig und bedacht zu nutzen.	• Vermeidung und richtige Entsorgung von Plastikabfällen • Nachhaltige Quellen bei Fischen und Meeresfrüchten • Innovation und Investitionen	

(Fortsetzung)

Tabelle 6.1 (Fortsetzung)

		Ziel	Herausforderung	Begründung
☐		#15: Leben am Land (Life on land): Ziel ist es, Ökosysteme an Land zu schützen, wieder aufzubauen und nachhaltig zu bewirtschaften.	• Ökosysteme liefern entscheidenden Betrag für viele Unternehmen • Auswirkungen auf Entwaldung durch Kerntätigkeit • Compliance	
☐		#16: Frieden, Gerechtigkeit und starke Institutionen (Peace, justice and strong institutions): Ziel ist es, friedliche Gesellschaften für nachhaltige Entwicklungen zu fördern.	• Compliance • Transparenz über Unternehmensaktivitäten	
☐		#17: Partnerschaften zur Erreichung der Ziele (Partnerships for the goals): Ziel ist es, Umsetzungsmittel zu verstärken und globale Partnerschaften für nachhaltige Entwicklung einzugehen.	• Partnerschaften bieten Chancen • Komplexe Herausforderungen erfordern integrierte Herangehensweise • Investitionen	

(Quelle SDGs: un.org; FH-Burgenland, 2024)

1) Die in Tabelle 6.1 markierten SDGs wurden ausgewählt, da sich die vorliegende Masterarbeit mit dem Thema Nachhaltigkeitsberichterstattung beschäftigt. Unternehmen sind verpflichtet ihre wesentlichen Themen offenzulegen und darauf zu achten, dass die Themen Umwelt, Soziales und Governance betrachtet werden. Die CSRD-Richtlinie gibt das Rahmenwerk vor, wie die Berichterstattung zu erfolgen hat. Die für große Unternehmen ebenfalls zutreffende EU-Taxonomie Verordnung zwingt berichtspflichte Unternehmen nachhaltiger zu wirtschaften, daher wurden die, aus Sicht der Autorin dieser Masterarbeit allgemein gültigen (d. h. branchenunabhängigen) SDGs, ausgewählt (SDG 3, 4, 5, 8, 9, 10, 12 und 13).

2) Würde sich die Einstufung z. B. auf die EVN beziehen, könnten zusätzlich noch SDG 6 und SDG 7 ausgewählt werden.

Glossar

7

Auswerteeinheit: Ist Teil der Analyseeinheit der qualitativen Inhaltsanalyse und definiert die Reihenfolge der auszuwertenden Textteile (vgl. Mayring 2022, S. 60).

Auswirkungen: Siehe Abschnitt 3.1 Definitionen

CSRD-Richtlinie: Siehe Abschnitt 3.1 Definitionen

Deduktiver Aufbau: Bezieht sich auf den Aufbau der Masterarbeit und bedeutet, dass auf das Thema zu Beginn allgemein und über die nähere Betrachtung detaillierter und genauer auf die Fragestellung eingegangen wird (vgl. Berger-Grabner 2022, ab S. 243).

Doppelte Wesentlichkeit (outside-in und inside-out): Siehe Abschnitt 3.1 Definitionen Bei der Berichterstattung gemäß CSRD ist das Prinzip der doppelten Wesentlichkeit anzuwenden. Trifft eine der beiden Sichtweisen zu (d. h. outside-in oder inside-out), handelt es sich um ein wesentliches Thema, welches im Nachhaltigkeitsbericht offengelegt werden muss (vgl. Borcherding 2022, S. 231).

Gemäß Richtlinie 2013/34/EU ist der Begriff „wesentlich“ folgendermaßen zu verstehen: Als wesentliche Informationen werden Informationen angesehen, wenn davon auszugehen ist, dass Entscheidungen beeinflusst werden, sofern diese Informationen weggelassen werden bzw. fehlerhaft sind (vgl. 2013/34/EU

Ergänzende Information Die elektronische Version dieses Kapitels enthält Zusatzmaterial, auf das über folgenden Link zugegriffen werden kann https://doi.org/10.1007/978-3-658-47608-3_7.

K. Schiffleitner, *Die Umsetzung der Corporate Sustainability Reporting Directive*, BestMasters, https://doi.org/10.1007/978-3-658-47608-3_7

2013, S. L182/28). Nur Themen die wesentlich sind dürfen in der Nachhaltigkeitsberichterstattung berichtet werden. Die Wesentlichkeit kann sich sowohl auf das Unternehmen, als auch auf sein Umfeld beziehen. Nachdem nicht alle wesentliche Themen gleich wichtig sind, muss eine entsprechende Priorisierung vorgenommen und dargelegt werden (vgl. Auer et al. 2022, S. 31).

Due-Diligence-Prozess (Sorgfaltspflicht): Siehe Abschnitt 3.1 Definitionen

Europäische Grüne Deal / EU Green Deal: Ist ein Konzept, das im Dezember 2019 von der EU vorgestellt wurde. Mit diesem Konzept wird das Ziel verfolgt, bis 2050 der erste klimaneutrale Kontinent, bei gleichzeitiger Förderung des Wirtschaftswachstums, zu werden. Mit dem Green Deal wurde weiters die Revision der NFRD angekündigt, welche durch die Verabschiedung der CSRD erfolgte (vgl. Auer et al. 2022, S. 380).

Greenwashing: Darunter wird die Besserstellung von Unternehmen in Bezug auf Nachhaltigkeitsthemen verstanden. Das kann z. B. durch selbst kreierte Gütesiegel auf Produkten und Verpackungen erfolgen, oder durch nichtssagende Aussagen und schön geredete Werbeversprechen. Eine EU-Verordnung (EU-Green-Claims Verordnung) ist derzeit in Erstellung und soll Greenwashing vorbeugen (vgl. Glöckner 2024, S. 34).

Hermeneutischer Zirkel: Grundregel ist, einen Text als Ganzes aus einzelnen Textbausteinen und einzelne Textbausteine als Ganzes zu verstehen. Dafür muss Vorwissen zu einem Thema vorhanden sein und mit jedem Mal, mit dem ein Text (z. B. Interviewtext) durchgegangen wird, wird neues Wissen erlangt und dadurch das Vorwissen erweitert (vgl. Kuckartz 2018, S. 18).

Kodiereinheit: Ist Teil der Analyseeinheit der qualitativen Inhaltsanalyse und beschreibt den kleinsten Textteil, der einer Kategorie zugewiesen werden darf (vgl. Mayring 2022, S. 60).

Kontexteinheit: Ist Teil der Analyseeinheit der qualitativen Inhaltsanalyse und beschreibt den größten Textteil, der einer Kategorie zugewiesen werden darf (vgl. Mayring 2022, S. 60).

Lieferkette: Bezieht sich auf das komplette Wertschöpfungsnetzwerk eines Unternehmens. Die Lieferant*innen und/oder Dienstleistungsbetriebe können über Informations-, Material-, Geld- und Finanzflüsse miteinander verbunden sein (vgl. Auer et al. 2022, S. 381).

Nachhaltigkeit: Im Abschlussbericht der United Nations „Our Common Future“ aus dem Jahr 1987 wird bereits auf nachhaltige Entwicklung eingegangen. Darunter wird die Entwicklung verstanden, die Bedürfnisse der eigenen Generation zu befriedigen, ohne zukünftige Generationen zu gefährden (vgl. United Nations 1987, Punkt 3_27.).

In dem Buch „Corporate Sustainability: Kompass für die Nachhaltigkeitsberichterstattung“ wird im Zuge der Begriffserklärung Nachhaltigkeit auf den Triple Bottom Line – Ansatz verwiesen. Dieser stellt als Grundlage einer nachhaltigen Wirtschaft eine Balance der Bereiche Ökonomie, Ökologie und Soziales dar (vgl. Auer et al. 2022, S. 28). Achten Unternehmen auf die Schnittmenge der zuvor genannten drei Bereiche, kann das ein großes Potenzial für eine nachhaltige Entwicklung eines Unternehmens darstellen (vgl. Auer et al. 2022, S. 28). Die optimale Schnittmenge (chancenreiche Schnittmenge) ist in Abbildung 7.1 ersichtlich.

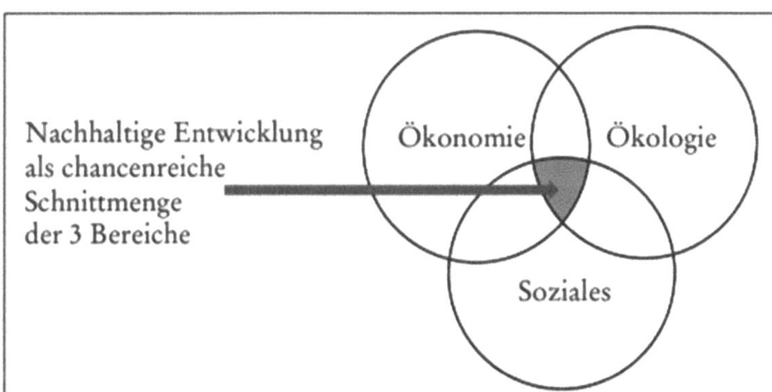

Abbildung 7.1 Chancenreiche Schnittmenge – nachhaltige Entwicklung. (Quelle: Auer et al. 2022, S. 28)

Nachhaltigkeitsaspekt: Nachhaltigkeitsaspekte gliedern sich gem. ESRS in Themen, in Unterthemen und Unter-Unterthemen (vgl. (EU) 2023/2772 2023, S. 27–29/284). Nachhaltigkeitsaspekte aller Kategorien (Themen, Unterthemen und Unter-Unterthemen) sind im Zuge der Wesentlichkeitsanalyse auf mögliche Auswirkungen, Chancen und Risiken zu analysieren (vgl. Baumüller/Mayr 2023f, S. 13). Eine Tabelle mit ESRS Themen, Unterthemen und Unter-Unterthemen ist Anhang 9.1 (im elektronischen Zusatzmaterial einsehbar) zu entnehmen.

Nachhaltigkeitsberichterstattung: Sie kann aufgrund freiwilliger oder gesetzlicher Basis erfolgen und stellt einen wiederkehrenden Prozess dar, indem das Unternehmen seine Entwicklung und auch seine Zukunftsfähigkeit darstellt. Ein funktionierendes Nachhaltigkeitsmanagement stellt die Grundvoraussetzung dar und das Prinzip der Wesentlichkeit ist einzuhalten (vgl. Auer et al. 2022, S. 30–31).

Paraphrasierung: Beschreibt eine Vorgangsweise der qualitativen Inhaltsanalyse. Darunter wird die Reduktion des gesammelten Materials (z. B. Interviews) auf den wesentlichen Inhalt verstanden. Es werden ausschmückende und wiederholende Textbestandteile gelöscht. Weiters wird darauf geachtet, dass die Paraphrasen eine einheitliche Sprachebene aufweisen (vgl. Mayring 2022, S. 70).

Rahmenwerke: Rahmenwerke stellen ein Grundgerüst von Berichtsprinzipien bzw. Berichtsgrundsätzen für die Nachhaltigkeitsberichterstattung dar, die es einzuhalten gilt. Dem gegenüber stehen „Guidance", welche nur als Hilfestellungen dienen (vgl. Auer et al. 2022, S. 383).

Transkriptionsregeln: Sie legen fest, wie die Interviews verschriftlicht werden sollen. Darunter fällt auch, ob non-verbale Merkmale wie z. B. Betonungen, Sprechpausen, Lautstärke, Dialektfärbung, Stöhnen, Räuspern, Lachen, Überschneidungen zwischen den Aussagen unterschiedlicher Interviewpartner*innen, Gestik, Mimik und Störfaktoren wie Telefon klingelt in die Transkription aufgenommen werden sollen (vgl. Kuckartz 2018, S. 166).

„Three Lines of Defence"-Modell: Darunter werden drei Verteidigungslinien verstanden. Die dezentrale Einheit (1.Verteidigungslinie) ist für die Steuerung der Steuerungsthemen (KPIs, Risiken, Chancen) verantwortlich und muss die Vorgaben des Risikocontrollings umsetzen, sowie Nachhaltigkeitsziele und Nachhaltigkeitskennzahlen identifizieren und Risiken und Chancen bewerten. Die zentrale Einheit (2.Verteidigungslinie) ist für die Koordination der Steuerungsthemen verantwortlich. So werden durch das Risikocontrolling (gehört zur 2.Verteidigungslinie) Vorgaben zur Analyse, Bewertung und Berichterstattung der wesentlichen Nachhaltigkeitsaspekte, Chancen und Risiken festgelegt. Sie koordiniert weiters die interne und externe Berichterstattung. Die 3. Verteidigungslinie stellt die interne Revision dar. Sie hat zur Aufgabe die Überwachung der erfolgreichen Umsetzung der Steuerungsmaßnahmen. Auf eine gute Schulung der Mitarbeitenden und der Bereitstellung guter Arbeitsanweisungen ist zu achten (vgl. Wieben et al. 2023, S. 33).

Wertschöpfungskette: Die Wertschöpfungskette bezieht sich auf die kompletten Produktionsschritte von Ausgangsmaterial bis zur Verwendung. Alle Tätigkeiten werden in einer geordneten Reihenfolge aufgeschlüsselt (vgl. Auer et al. 2022, S. 385).

Vollständigkeit: Voraussetzung für die Nachhaltigkeitsberichterstattung ist, dass alle wesentlichen Informationen (siehe auch Begriff Wesentlichkeit) im jeweiligen Berichtszeitraum vollständig anzugeben sind (vgl. Auer et al. 2022, S. 31).

Wesentlichkeit / Wesentlichkeitsanalyse: Siehe Glossar „Doppelte Wesentlichkeit".

Literaturverzeichnis

AGRANA (2023/24). Integrierter Geschäftsbericht. Abgerufen von https://reports.agrana.com/fileadmin/inhalte/2024/AGRANA_iGB_2023_24_DE_web.pdf. Wien. Am 21.Jul.2024

Auer, C., Borcherding, N. & Möller, V. (2022). §2 Zum Hintergrund des Nachhaltigkeitsmanagements. In Freiberg, Bruckner (Hrsg.). Corporate Sustainability – Kompass für die Nachhaltigkeitsberichterstattung (S. 27–32). Freiburg: Haufe-Lexware GmbH & Co. KG

Auer, C., Borcherding, N. & Möller, V. (2022). §8 Frameworks, Standards, Guidance. In Freiberg, Bruckner (Hrsg.). Corporate Sustainability – Kompass für die Nachhaltigkeitsberichterstattung (S. 115–205). Freiburg: Haufe-Lexware GmbH & Co. KG

Auer, C., Borcherding, N. & Möller, V. (2022). Glossar. In Freiberg, Bruckner (Hrsg.). Corporate Sustainability – Kompass für die Nachhaltigkeitsberichterstattung (S. 379–386). Freiburg: Haufe-Lexware GmbH & Co. KG

Baumüller, J. (2023a). Erstanwendung der European Sustainability Reporting Standards. Darstellung und Würdigung der Regelungen zum "Phase-in". ZfRM Zeitschrift für Risikomanagement (S.121–127). Berlin: Erich Schmidt Verlag. Abgerufen von https://www.researchgate.net/profile/Josef-Baumueller-2/publication/374861217_Erstanwendung_der_European_Sustainability_Reporting_Standards/links/6568d7443fa26f66f43b4794/Erstanwendung-der-European-Sustainability-Reporting-Standards.pdf?_tp=eyJjb250ZXh0Ijp7ImZpcnN0UGFnZSI6InByb2ZpbGUiLCJwYWdlIjoicHVibGljYXRpb24ifX0. Am 15.Mar.2024

Baumüller, J. (2023b). IFRS Sustainability Disclosure Standards. Eine Globale Baseline für die Nachhaltigkeitsberichterstattung und ihre Implikationen für europäische Unternehmen. ZCG Zeitschrift für Corporate Governance (S.132–137). Berlin: Erich Schmidt Verlag. Abgerufen von https://www.researchgate.net/profile/Josef-Baumueller-2/publication/371361706_IFRS_Sustainability_Disclosure_Standards/links/649d6839c41fb852dd3e5914/IFRS-Sustainability-Disclosure-Standards.pdf?_tp=eyJjb250ZXh0Ijp7ImZpcnN0UGFnZSI6InByb2ZpbGUiLCJwYWdlIjoicHVibGljYXRpb24iLCJwcmV2aW91c1BhZ2UiOiJwcm9maWxlIn19. Am 15.Mar.2024

Baumüller, J. (2023c). Sustainability Due Diligence & Governance in den ESRS. Die ESRS 1 und 2 und ihre Rolle am Weg zu einer neuen Sustainable Corporate Governance. ZCG Zeitschrift für Corporate Governance (S.279–285). Berlin: Erich Schmidt Verlag.

K. Schiffleitner, *Die Umsetzung der Corporate Sustainability Reporting Directive*, BestMasters, https://doi.org/10.1007/978-3-658-47608-3

Abgerufen von https://www.researchgate.net/profile/Josef-Baumueller-2/publication/376248069_Sustainability_Due_Diligence_Governance_in_den_ESRS/links/6595b7743c472d2e8eb0847f/Sustainability-Due-Diligence-Governance-in-den-ESRS.pdf?_tp=eyJjb250ZXh0Ijp7ImZpcnN0UGFnZSI6InByb2ZpbGUiLCJwYWdlIjoicHVibGljYXRpb24iLCJwcmV2aW91c1BhZ2UiOiJwcm9maWxlIn19. Am 15.Mar.2024

Baumüller, J. (2023d). 23 (unangenehme) Wahrheiten zu ESG. Welche Unternehmen in Österreich sind künftig zu einer Nachhaltigkeitsberichterstattung verpflichtet? Was müssen sie berichten? Wer prüft und welche Strafen erwarten säumige Unternehmen? Antworten auf 23 brisante Fragen zu ESG. Industriemagazin (APA) (S.28–36). 02/2023. o.O. Abgerufen von www.wiso-net.de über Zugriff FH-Burgenland. Am 15.Mar.2024

Baumüller, J. (2023e). ESG: Alle Neuerungen 2024. 2024 dürfte ein Schlüsseljahr für die betriebliche Umsetzung von ESG werden. Industriemagazin (APA) (S.12–13). 12/2023–01/2024. o.O. Abgerufen von www.wiso-net.de über Zugriff FH-Burgenland. Am 15.Mar.2024

Baumüller, J. & Mayr, J. (2023f). Quick Guide. Wesentlichkeitsanalyse gemäß CSRD und ESRS. Umweltverband WWF Österreich (Hrsg.). Abgerufen von https://www.researchgate.net/profile/Josef-Baumueller-2/publication/376558463_WWF_CSRD_Quick-Guide_Wesentlichkeitsanalyse_gemass_CSRD_und_ESRS/links/657d6e2eaff8b16813a9cd95/WWF-CSRD-Quick-Guide-Wesentlichkeitsanalyse-gemaess-CSRD-und-ESRS.pdf?_tp=eyJjb250ZXh0Ijp7ImZpcnN0UGFnZSI6InB1YmxpY2F0aW9uIiwicGFnZSI6InB1YmxpY2F0aW9uIn19. Am 15.Mar.2024

Baumüller, J., Lopatta, K. & Hrinkow, M. (2023g). §3 ESRS 1 – Allgemeine Anforderungen. In Freiberg, J. & Lanfermann, G. (Hrsg.). ESRS Kommentar. Kommentar zu den European Sustainability Reporting Standards (S.87–173). Freiburg: Haufe-Lexware GmbH & Co. KG

Baumüller, J. (2024a). Berichtspflichten in Sachen Nachhaltigkeit. Was sind die Folgen für KMU?. Webinarserie WKO-OE. Vortrag vom 29.Februar 2024. Abgerufen von https://www.wko.at/ooe/umwelt-energie/baumueller-wkooe-20240229.pdf (Folien) https://www.youtube.com/watch?v=5DeLC6Y8O0I (Video). Am 11.Apr.2024

Baumüller, J. (2024b). Implementierungsfragen zur Wesentlichkeitsanalyse im Konzern. Anforderungen der ESRS zu den Grundlagen der neuen europäischen Nachhaltigkeitsberichterstattung. ZCG Zeitschrift für Corporate Governance (S.29–33). Berlin: Erich Schmidt Verlag. Abgerufen von https://www.researchgate.net/profile/Josef-Baumueller-2/publication/377831408_Implementierungsfragen_zur_Wesentlichkeitsanalyse_im_Konzern/links/65e6d9dde7670d36abfd4d21/Implementierungsfragen-zur-Wesentlichkeitsanalyse-im-Konzern.pdf?_tp=eyJjb250ZXh0Ijp7ImZpcnN0UGFnZSI6InByb2ZpbGUiLCJwYWdlIjoicHVibGljYXRpb24iLCJwcmV2aW91c1BhZ2UiOiJwcm9maWxlIn19. Am 15.Mar.2024

Berger-Grabner, D. (2022). Wissenschaftliches Arbeiten in den Wirtschafts- und Sozialwissenschaften. Hilfreiche Tipps und praktische Beispiele (4. überarbeitete und erweiterte Auflage). Wiesbaden: Springer Fachmedien

BKA (2017). Nachhaltigkeits- und Diversitätsverbesserungsgesetz NaDiVeG. Bundesgesetzblatt für die Republik Österreich. 2017. Abgerufen von https://www.ris.bka.gv.at/Dokumente/BgblAuth/BGBLA_2017_I_20/BGBLA_2017_I_20.rtf. Am 25.Aug.2023

BMEIA (o.J.). Sustainable Development Goals (SDG). Abgerufen von https://www.bmeia.gv.at/ministerium/aktuelles/sustainable-development-goals-sdg. Bundesministerium Europäische und internationale Angelegenheiten. Am 18.Dez.2023

Borcherding, N. (2022). §9 Handelsrechtliche Nachhaltigkeitsberichterstattung. In Freiberg, Bruckner (Hrsg.). Corporate Sustainability – Kompass für die Nachhaltigkeitsberichterstattung (S. 207–236). Freiburg: Haufe-Lexware GmbH & Co. KG

Borcherding, N. (2022). §12 Taxonomie-Verordnung. In Freiberg, Bruckner (Hrsg.). Corporate Sustainability – Kompass für die Nachhaltigkeitsberichterstattung (S. 261–279). Freiburg: Haufe-Lexware GmbH & Co. KG

Brandenburg, M., Brix, M., Freise, M., Seuring, S. & Warasthe, R. (2022). §16 Lieferkettensorgfaltspflichtengesetz – wissenschaftliche Perspektive und Handlungsempfehlungen für die Unternehmenspraxis. In Freiberg, Bruckner (Hrsg.). Corporate Sustainability – Kompass für die Nachhaltigkeitsberichterstattung (S. 335–377). Freiburg: Haufe-Lexware GmbH & Co. KG

Bruckmüller, G. (2024). „Green washing" erkennen und vermeiden. Green claims – Grünes Licht oder grüne Täuschung? Eine rechtliche Analyse von Greenwashing-Praktiken. Webinarserie WKO-OE. Vortrag vom 11.Jänner 2024. Abgerufen von https://www.wko.at/ooe/umwelt-energie/wko-webinar-greenwashing-praesentation-dr-georg-bruckmueller.pdf. (Folien) https://www.youtube.com/watch?v=hd0zemNz2W4. (Video). Am 27.Jul.2024

Consilium (o.J.). Pariser Klimaschutzübereinkommen. Die EU-Mitgliedstaaten unterstützen nachdrücklich das Übereinkommen von Paris und dessen Ziele, die Erderwärmung innerhalb sicherer Grenzen zu halten. Die EU wird bis 2050 klimaneutral sein. Europäischer Rat. Rat der Europäischen Union. Abgerufen von https://www.consilium.europa.eu/de/policies/climate-change/paris-agreement/. Am 23.Feb.2024

Consolidated Set of the GRI Standards (2023). Abgerufen von https://www.globalreporting.org/how-to-use-the-gri-standards/gri-standards-english-language. Am 25.Aug.2023

Consultation Document – Review of the Non-Financial Reporting Directive (2020). European Commission. Brüssel. 2020. Abgerufen von https://commission.europa.eu/document/download/cbc0a861-55a1-42be-bdf7-9e8dc60b5236_en?filename=2020-non-financial-reporting-directive-consultation-document_en.pdf. Am 11.Apr.2024

Das europäische Lieferkettengesetz. Die Bedeutung der CSDDD für österreichische Unternehmen. (2024). Abgerufen von https://globalcompact.at/project/csddd. Am 24.Mar.2024

DeloitteESGNow – Global ESG Disclosure Standards Converge. ISSB Finalizer IFRS S1 and IFRS S2. (30.Jun.2023). In Heads up. Volume 30, Issue 11. Abgerufen von https://www.iasplus.com/de/publications/us-amerikanische-publikationen/copy_of_heads-up/2023/issue-11/at_download/file/Heads%20Up%20-%20DeloitteESGNow%20-%20Global%20ESG%20Disclosure%20Standards%20Converge%20ISSB%20Finalizes%20IFRS%20S1%20and%20IFRS%20S2%20-%20June%2030,%202023.pdf. Am 22.Mar.2024

Der europäische Grüne Deal (2019). Mitteilung der Kommission an das europäische Parlament, den europäischen Rat, den europäischen Wirtschafts- und Sozialausschuss und den Ausschuss der Regionen. Europäische Kommission. Brüssel. 2019. Abgerufen von https://eur-lex.europa.eu/resource.html?uri=cellar:b828d165-1c22-11ea-8c1f-01aa75ed71a1.0021.02/DOC_1&format=PDF#:~:text=Der%20europ%C3%A4ische%20Gr%C3%BCne%20Deal%20wird,und%20des%20digitalen%20Wandels%20anzugehen. Am 29.Sep.2023

EFRAG (2024a). ESRS for listed small- and medium-sized enterprises (ESRS LSME) (January 2024). EFRAG Exposure Draft. Open for comments until 21.May 2024. Abgerufen von https://www.efrag.org/Assets/Download?assetUrl=%2Fsites%2Fwebpublishing%2FSiteAssets%2FESRS%2520LSME%2520ED.pdf. Am 01.Mar.2024

EFRAG (2024b). Sector Specific ESRS. Abgerufen von https://www.efrag.org/lab5#subtitle2. Am 14.Apr.2024

EFRAG (2024c). Voluntary ESRS for non-listed small- and medium-sized enterprises (VSME ESRS) (January 2024). EFRAG Exposure Draft. Open for comments until 21.May 2024. Abgerufen von https://www.efrag.org/Assets/Download?assetUrl=%2Fsites%2Fwebpublishing%2FSiteAssets%2FVSME%2520ED%2520January%25202024.pdf. Am 01.Mar.2024

EU 2013/34/EU (2013). Richtlinie 2013/34/EU des europäischen Parlaments und des Rates vom 26.Juni 2013 über den Jahresabschluss, den konsolidierten Abschluss und damit verbundene Berichte von Unternehmen bestimmter Rechtsformen und zur Änderung der Richtlinie 2006/43/EG des Europäischen Parlaments und des Rates und zur Aufhebung der Richtlinien 78/660/EWG und 83/349/EWG des Rates. Amtsblatt der Europäischen Union. Brüssel. 2013. Abgerufen von https://eur-lex.europa.eu/legal-content/DE/TXT/PDF/?uri=CELEX:32013L0034&rid=1. Am 29.Sep.2023

EU 2014/95/EU (2014). Richtlinie 2014/95/EU des europäischen Parlaments und des Rates vom 22.Oktober 2014 zur Änderung der Richtlinie 2013/34/EU im Hinblick auf die Angabe nichtfinanzieller und die Diversität betreffender Informationen durch bestimmte große Unternehmen und Gruppen. Amtsblatt der Europäischen Union. „CSR bzw. NFRD". Brüssel. 2014. Abgerufen von https://eur-lex.europa.eu/legal-content/DE/TXT/PDF/?uri=CELEX:32014L0095. Am 01.Sep.2023

EU 2019/2088 (2019). Verordnung (EU) 2019/2088 des europäischen Parlaments und des Rates vom 27.November 2019 über nachhaltigkeitsbezogene Offenlegungspflichten im Finanzdienstleistungssektor. Amtsblatt der Europäischen Union. Straßburg. 2019. Abgerufen von https://eur-lex.europa.eu/legal-content/DE/TXT/PDF/?uri=CELEX:32019R2088&qid=1696016604731. Am 29.Sep.2023

EU 2020/852 (2020). Verordnung (EU) 2020/852 des europäischen Parlaments und des Rates vom 18.Juni 2020 über die Einrichtung eines Rahmens zur Erleichterung nachhaltiger Investitionen und zur Änderung der Verordnung (EU) 2019/2088. Amtsblatt der Europäischen Union. „EU-Taxonomie Verordnung" Brüssel. 2020. Abgerufen von https://eur-lex.europa.eu/legal-content/DE/TXT/PDF/?uri=CELEX:32020R0852. Am 29.Sep.2023

EU 2021/1119 (2021). Verordnung (EU) 2021/1119 des europäischen Parlaments und des Rates vom 30.Juni 2021 zur Schaffung des Rahmens für die Verwirklichung der Klimaneutralität und zur Änderung der Verordnungen (EG) Nr. 401/2009 und (EU) 2018/1999 („Europäisches Klimagesetz"). Amtsblatt der Europäischen Union. Brüssel. 2021. Abgerufen von https://eur-lex.europa.eu/legal-content/DE/TXT/?uri=CELEX%3A32021R1119. Am: 29.Sep.2023

EU 2022/0051 (CSDDD) (2022). Vorschlag für eine Richtlinie des europäischen Parlaments und des Rates über die Sorgfaltspflichten von Unternehmen im Hinblick auf Nachhaltigkeit und zur Änderung der Richtlinie (EU) 2019/1937. CSDDD Corporate Sustainability Due Diligence Directive. Europäische Kommission. Brüssel. 2022. Abgerufen von https://www.parlament.gv.at/dokument/XXVII/EU/95155/imfname_11139776.pdf. Am 14.Feb.2024

EU 2022/2464 (2022). Richtlinie (EU) 2022/2464 des europäischen Parlaments und des Rates vom 14.Dezember 2022 zur Änderung der Verordnung (EU) Nr. 537/2014 und der Richtlinien 2004/109/EG, 2006/43/EG und 2013/34/EU hinsichtlich der Nachhaltigkeitsberichterstattung von Unternehmen. Amtsblatt der Europäischen Union. „CSRD-Richtlinie". Straßburg. 2022. Abgerufen von https://eur-lex.europa.eu/legal-content/DE/TXT/?uri=CELEX:32022L2464&qid=1671184282280. Am 25.Aug.2023

EU 2023/2772 (2023). Delegierte Verordnung (EU) 2023/2772 der Kommission vom 31.Juli 2023 zur Ergänzung der Richtlinie 2013/34/EU des Europäischen Parlaments und des Rates durch Standards für die Nachhaltigkeitsberichterstattung. Amtsblatt der Europäischen Union. „ESRS-Verordnung". Brüssel. 2023. Abgerufen von https://eur-lex.europa.eu/legal-content/DE/TXT/PDF/?uri=OJ:L_202302772. Am 29.Feb.2024

EVN (2022/23). Ganzheitsbericht. Nachhaltigkeit handeln, in morgen investieren. Abgerufen von https://www.evn.at/getmedia/9b032d11-3933-42e6-b1f5-56e8aa408bfa/EVN-Ganzheitsbericht-2022-23.pdf. Maria Enzersdorf. Am 21.Jul.2024

Flöter, I. & Byrne, H. (2024). Die Megatrends 2024 im ESG-Bereich „Social & Human Rights". Regulatorik wird der neue Fokus. ESGZ Fachzeitschrift für Nachhaltigkeit und Recht (S.18–20). Jan.2024. o.O. Abgerufen von www.wiso-net.de über Zugriff FH-Burgenland. Am 15.Mar.2024

Freiberg, J. & Bruckner, A. (2022). Vorwort zur 1. Auflage. In Freiberg, Bruckner (Hrsg.). Corporate Sustainability – Kompass für die Nachhaltigkeitsberichterstattung (S. 7–8). Freiburg: Haufe-Lexware GmbH & Co. KG

Global Goals for people and planet (o.J.). Abgerufen von The SDGs Explained for Business | UN Global Compact. United Nations Global Compact. Am 25.Jan.2024

Glöckner, A. (2024). Die Megatrends 2024 im ESG-Bereich „Governance & Compliance". Welche Herausforderungen im Jahr 2024 auf Unternehmen zukommen. ESGZ Fachzeitschrift für Nachhaltigkeit und Recht (S.32–34). Jan. 2024. o.O. Abgerufen von www.wiso-net.de über Zugriff FH-Burgenland. Am 15.Mar.2024

Graewe, D. (2024). Die Umsetzungsschritte der CSRD in der Praxis. Wie sollten Projektteams die Umsetzung der nicht-finanziellen Berichterstattung angehen? ESGZ Fachzeitschrift für Nachhaltigkeit und Recht (S.34–37). Feb. 2024. o.O. Abgerufen von www.wiso-net.de über Zugriff FH-Burgenland. Am 15.Mar.2024

GRI-ESRS Interoperability Index (Draft) (2023). GRI & EFRAG. 30.November 2023. Abgerufen von https://www.globalreporting.org/media/z2vmxbks/gri-standards-and-esrs-draft-interoperability-index_20231130-final.pdf. Am 06.Dez.2023

GRI Sector Program – List of prioritized sectors revision 3 (2022). Approved by the GSSB on 19.October 2021. Abgerufen von https://www.globalreporting.org/media/mqznr5mz/gri-sector-program-list-of-prioritized-sectors.pdf. Am 06.12.2023

GRI Standards (o.J.). A short introduction to the GRI standards. Abgerufen von https://www.globalreporting.org/media/wtaf14tw/a-short-introduction-to-the-gri-standards.pdf. Amsterdam. Am 06.Dez.2023

Groen, W. P., Alcidi, C., Simonelli, F., Campmas. A., Di Salvo M., Musmeci, R., Oliinyk I., & Tadi, S. (2020). Study on the Non-Financial Reporting Directive. Final Report. European Commission. Abgerufen von https://op.europa.eu/en/publication-detail/-/publication/1ef8fe0e-98e1-11eb-b85c-01aa75ed71a1/language-en. Brüssel. Am 21.Jan.2024

IFRS Foundation completes consolidation with Value Reporting Foundation. (01.August.2022). Abgerufen von https://www.ifrs.org/news-and-events/news/2022/08/ifrs-foundation-completes-consolidation-with-value-reporting-foundation/. Am 26.Jan.2024

Industriemagazin (2023). Ranking. Top Unternehmen Niederösterreichs. Das sind die größten Industrieunternehmen in Niederösterreich. (09.Aug.2023). Abgerufen von https://industriemagazin.at/rankings-2/das-sind-die-groessten-industrieunternehmen-in-niederoesterreich/#blockid-4272093. Am 13.Mar.2024

Industrie Niederösterreich. Startseite (2024). Abgerufen von https://www.noeindustrie.at/. Am 11.Mar.2024

Industrielandkarte Niederösterreich (2024). Vereinigung der Österreichischen Industrie. Landesgruppe Niederösterreich (Industriellenvereinigung Niederösterreich). In: https://iv-noe.emerge.at/. Abgerufen am 11.Mar.2024

Kommentar: Die Rolle der Sustainable Development Goals (SDGs) beim CSR-Reporting (o.J.). Abgerufen von https://nachhaltigkeitsberatung-sfr.de/news-artikel/die-rolle-der-sustainable-development-goals-sdgs-beim-csr-reporting/. Scholz&Friends Reputation. Am 18.Dez.2023

Kuckartz, U. (2018). Qualitative Inhaltsanalyse. Methoden, Praxis, Computerunterstützung. (4. Auflage). Weinheim: Beltz Juventa

Lanfermann, G. (2022). Geleitwort. In Freiberg, Bruckner (Hrsg.). Corporate Sustainability – Kompass für die Nachhaltigkeitsberichterstattung (S. 5–6). Freiburg: Haufe-Lexware GmbH & Co. KG

Lanfermann, G. (2023). §1 Einführung in die European Sustainability Reporting Standards (ESRS). In Freiberg, Lanfermann (Hrsg.). ESRS Kommentar. Kommentar zu den European Sustainability Reporting Standards (S. 17–50). Freiburg: Haufe-Lexware GmbH & Co. KG

Martens, J. & Ellmers, B. (2020). Agenda 2030: Wo steht die Welt? 5 Jahre SDGs – eine Zwischenbilanz. Global Policy Forum (Hrsg.). Bonn. Abgerufen von https://www.2030agenda.de/sites/default/files/2030/zwischenbilanz/Agenda_2030_Zwischenbilanz_online-2.pdf. Am 19.Apr.2024

Mayring, P. (2016). Einführung in die qualitative Sozialforschung. (6. Auflage). Weinheim: Beltz Verlag

Mayring, P. (2022). Qualitative Inhaltsanalyse. Grundlagen und Techniken. (13. überarbeitete Auflage). Weinheim: Beltz

Morgenstern-Einenkel, A. (2022a). Qualitative Inhaltsanalyse – Schritt für Schritt – mit MAXQDA 2022. Erklärvideo. Abgerufen von https://www.youtube.com/watch?v=8mGdHCkZGbQ&t=236s. Am 03.06.2024

Morgenstern-Einenkel, A. (2022b). Visual Tools von MAXQDA 2022 – Daten & Ergebnisse visualisieren. Erklärvideo. Abgerufen von https://www.youtube.com/watch?v=zYY3RaBILdg. Am 15.07.2024

Österreich und die Agenda 2030. Freiwilliger nationaler Bericht zur Umsetzung der nachhaltigen Entwicklungsziele / SDGs (FNU). (2020) Bundeskanzleramt (Hrsg.). Wien. Abgerufen von https://www.bmk.gv.at/dam/jcr:7365a677-6028-41d7-8cdf-1911d2353ac4/Austrias_Voluntary_National_20200608.pdf. Am 19.Apr.2024

Rau, P. R. & Yu, T. (2022). A Survey on ESG: investors, institutions and firms. University of Cambridge. Cambridge UK. 2022. Emerald Insight. Abgerufen von Emerald Publishing Limited https://doi.org/10.1108/CFRI-12-2022-0260. über Zugriff FH-Burgenland. Am 06.Okt.2023

Rollenmüller, J., (2023). Europas Industrie unter nachhaltigem Druck. Warum Nachhaltigkeit auf einem digitalisierten Produktlebenszyklus basiert. Studie Nachhaltigkeit. QZ Qualität und Zuverlässigkeit (S.36–39). Jahrgang 68 (2023) 6. München: Carl Hanser Verlag. Abgerufen von www.wiso-net.de über Zugriff FH-Burgenland. Am 15.Mar.2024

Sadoun, B. (2022). §3 Entwicklung des Nachhaltigkeitsmanagements in Unternehmen. In Freiberg, Bruckner (Hrsg.). Corporate Sustainability – Kompass für die Nachhaltigkeitsberichterstattung (S. 35–48). Freiburg: Haufe-Lexware GmbH & Co. KG

Sadoun, B. (2022). §4 Quantitative und qualitative nichtfinanzielle Leistungsinformation. In Freiberg, Bruckner (Hrsg.). Corporate Sustainability – Kompass für die Nachhaltigkeitsberichterstattung (S. 49–56). Freiburg: Haufe-Lexware GmbH & Co. KG

SASB (o.J.a). *Download SASB Standards.* Abgerufen von https://sasb.ifrs.org/standards/download/?lang=de-de#language-switcher-select-language. Am 18.Apr.2024

SASB (o.J.b). Why Companies use SASB Standards. Abgerufen von https://sasb.ifrs.org/company-use/ Am 18.Apr.2024

Schäfer, H. (2024). Fünf Jahre EU-Aktionsplan „Nachhaltige Finanzierung“ – ein wirtschaftspolitisches Experiment läuft aus dem Ruder. ESGZ Fachzeitschrift für Nachhaltigkeit und Recht (S. 46–52). Jan. 2024. o.O. Abgerufen von www.wiso-net.de über Zugriff FH-Burgenland. Am 15.Mar.2024

Stauder, C. (2024). Die Megatrends 2024 im ESG-Bereich „Sustainable Finance“. Wie Regulatorik, Greenwashing und Kennzahlen den Finanzsektor beschäftigen. ESGZ Fachzeitschrift für Nachhaltigkeit und Recht (S. 42–44). Jan.2024. o.O. Abgerufen von www.wiso-net.de über Zugriff FH-Burgenland. Am 15.Mar.2024

Stawinoga, M. (2024). Nachhaltigkeitsberichterstattung und Enforcement – Eine Analyse des ESMA-Konsultationsentwurfs. Der Konzern (S. 60–64). 02/2024. o.O. Abgerufen von www.wiso-net.de über Zugriff FH-Burgenland. Am 15.Mar.2024

Steinke, I. (2022). Gütekriterien qualitativer Forschung. In Flick, U., Kardorff, E. und Steinke, I. (Hrsg.). Qualitative Forschung; Ein Handbuch (S. 319–331). (14. Auflage). Reinbek bei Hamburg: Rowohlt Taschenbuch Verlag

Task Force on Climate-related Financial Disclosure (TCFD) (2020). Status Report 2020. Abgerufen von https://assets.bbhub.io/company/sites/60/2020/09/2020-TCFD_Status-Report.pdf. Am 06.Dez.2023

United Nations (1987). Report of the World Commission on Environment and Development. Our Common Future. Abgerufen von https://www.are.admin.ch/dam/are/de/dokumente/nachhaltige_entwicklung/dokumente/bericht/our_common_futurebrundtlandreport1987.pdf.download.pdf/our_common_futurebrundtlandreport1987.pdf. Am 16.Jan.2024

voestalpine (2023/24). Geschäftsbericht. Abgerufen von https://www.voestalpine.com/group/static/sites/group/.downloads/de/publikationen-2023-24/2023-24-geschaeftsbericht.pdf. Linz. Am 21.Jul.2024

voestalpine (2022/23). Corporate Responsibility Report. Abgerufen von https://reports.voestalpine.com/2023/cr-bericht/_assets/downloads/entire-va-crb23.pdf. Linz. Am 21.Jul.2024

VÖNIX Nachhaltigkeitsindex (2022/23). Analyse der Aktien im VÖNIX-Nachhaltigkeitsindex 2022/23. Abgerufen von https://voenix.at/img/csr-guide-2023_voenix-doppelseite.jpg. Am 24.Jul.2024

Wieben, H.-J., Schmal, St. & Lang, F., (2023). Under Pressure – ESG-Berichtspflichten als Antreiber. Unternehmensführung muss Steuerung und Risikomanagement überarbeiten.

ESGZ Fachzeitschrift für Nachhaltigkeit und Recht (S. 31–34). Jan.2023. o.O. Abgerufen von www.wiso-net.de über Zugriff FH-Burgenland. Am 15.Mar.2024

WKO-NÖ (2024). Auskunft per E-Mail von Wirtschaftskammer Niederösterreich – Abteilung Umweltpolitik. St. Pölten. Erhalten am 17. + 18.Jan.2024 und 12.Mar.2024

Zemke, G., & Troost, D. (2022). §11 Offenlegungsverordnung. In Freiberg, Bruckner (Hrsg.). Corporate Sustainability – Kompass für die Nachhaltigkeitsberichterstattung (S. 247–259). Freiburg: Haufe-Lexware GmbH & Co. KG

Kolibri 360 GmbH
Ferdinand-Jühlke-Straße 7
99095 Erfurt, Deutschland
produktsicherheit@kolibri360.de